홍원표의 지반공학 강좌 기초공학편 2

사면안정

홍원표의 지반공학 강좌   기초공학편 2

사면안정

사면은 자연사면과 인공사면의 두 종류로 구분된다. 사면이 붕괴되어 재해가 발생되었을
경우도 산사태와 사면파괴의 두 가지로 구분된다. 자연사면에 발생된 경사면 붕괴현상을
산사태라 하고 인공사면에 발생된 경사면 붕괴현상을 사면파괴라고 통상적으로 부른다.
사면파괴는 평면파괴면, 원호파괴면, 임의파괴면과 같이 다양한 형태의 파괴면에 따라 발
생한다.

홍원표 저
중앙대학교 명예교수
홍원표지반연구소 소장

씨아이알

'홍원표의 지반공학 강좌'를
시작하면서

    2015년 8월 말 필자는 퇴임강연으로 퇴임식을 대신하면서 34년간의 대학교수직을 마감하였다. 이후 대학교수 시절의 연구업적과 강의노트를 서적으로 남겨놓는 작업을 시작하였다. 퇴임 당시 주변에서 이제부터는 편안히 시간을 보내면서 즐기라는 권유도 많이 받았고 새로운 직장을 권유받기도 하였다. 여러 가지로 부족한 필자의 여생을 편안하게 보내도록 진심어린 마음으로 해준 조언도 분에 넘치게 고마웠고 새로운 직장을 권하는 사람들도 더 없이 고마웠다. 그분들의 고마운 권유에도 귀를 기울이지 않고 신림동에 마련한 자그마한 사무실에서 막상 집필 작업에 들어가니 황량한 벌판에 외롭게 홀로 내팽겨진 쓸쓸함과 정작 집필을 수행할 수 있을까 하는 두려운 마음이 들었다.

    그때 필자는 자신의 선택과 앞으로의 작업에 대하여 많은 생각을 하였다. '과연 나에게 허락된 남은 귀중한 시간을 무엇을 하는 데 써야 행복할까?' 하는 질문을 수없이 되새겨보았다. 이제 드디어 나에게 진정한 자유가 허락된 것인가? 자유란 무엇인가? 자신에게 반문하였다. 여기서 필자는 "진정한 자유란 자기가 좋아하는 것을 하는 것이며 행복이란 지금의 일을 좋아하는 것"이라고 한 어느 글에서 해답을 찾을 수 있었다. 그 결과 퇴임 후 계획하였던 집필작업을 차질 없이 진행해오고 있다. 지금 돌이켜 보면 대학교수직을 퇴임한 것은 새로운 출발을 위한 아름다운 마무리에 해당한 것이라고 스스로에게 말할 수 있게 되었다. 지금도 힘들고 어려우면 초심을 돌아보면서 다짐을 새롭게 하고 마지막에 느낄 기쁨을 생각하면서 혼자 즐거워한다. 지금부터의 세상은 평생직장의 시대가 아니고 평생직업의 시대라고 한다. 필자에게 집필은 평생직업이 된 셈이다.

    이러한 평생직업을 가질 수 있는 준비작업은 교수 재직 중 만난 수많은 석·박사 제자들과의 연구에서부터 출발하였다고 생각한다. 그들의 성실하고 꾸준한 노력이 없었다면 오늘 이런 집필작업은 꿈도 꾸지 못하였을 것이다. 그 과정에서 때론 크게 격려하기도 하고 나무라기도 하였던 점이 모두 주마등처럼 지나가고 있다. 그러나 그들과의 동고동락하던 시기가 내 인생 최고의 시기였음을 이 지면에서 자신 있게 분명히 말할 수 있고 늦게나마 스승으로서보다는 연구동반자로 고마움을 표하는 바이다.

신이 허락한다는 전제 조건하에서 100세 시대의 내 인생 생애주기를 세 구간으로 나누면 제1구간은 탄생에서 30년까지로 성장과 활동의 시기였고, 제2구간인 30세에서 60세까지는 노후 집필의 준비시기였으며, 제3구간인 60세 이상에서는 평생직업을 갖는 인생 마무리 주기로 정하고 싶다. 이 제3구간의 시기에 필자는 즐기면서 지나온 기록을 정리하고 있다. 프랑스 작가 시몬드 보부아르는 "노년에는 글쓰기가 가장 행복한 일"이라고 하였다. 이 또한 필자가 매일 느끼는 행복과 일치하는 말이다. 또한 김형석 연세대 명예교수도 "인생에서 60세부터 75세까지가 가장 황금시대"라고 언급하였다. 필자 또한 원고를 정리하다 보면 과거 연구가 잘못된 점도 발견할 수 있어 늦게나마 바로 잡을 수 있어 즐겁고 연구가 미흡하여 계속 연구를 더 할 필요가 있는 사항을 종종 발견하기도 한다. 지금이라도 가능하다면 더 계속 진행하고 싶으나 사정이 여의치 않아 아쉬운 감이 들 때도 많다. 어찌하였든 지금까지 이렇게 한발 한발 자신의 생각을 정리할 수 있다는 것은 내 인생 생애주기 중 제3구간을 즐겁고 보람되게 누릴 수 있다는 것이 더없는 영광이다.

우리나라에서 지반공학 분야 연구를 수행하면서 참고할 서적이나 사례가 없어 힘든 경우도 있었지만 그럴 때마다 "길이 없으면 만들며 간다."라는 신용호 교보문고 창립자의 말을 생각하면서 묵묵히 연구를 계속하였다. 필자의 집필작업뿐만 아니라 세상의 모든 일을 성공적으로 달성하기 위해서는 불광불급(不狂不及)의 자세가 필요하다고 한다. 미치지(狂) 않으면 미치지(及) 못한다고 하니 필자도 이 집필작업에 여한이 없도록 미쳐보고 싶다. 비록 필자가 이 작업에 미쳐 완성한 서적이 독자들 눈에 차지 못할 지라도 그것은 필자에겐 더없이 소중한 성과일 것이다.

지반공학 분야의 서적을 기획집필하기에 앞서 이 서적의 성격을 우선 정하고자 한다. 우리 현실에서 이론 중심의 책보다는 강의 중심의 책이 기술자에게 필요할 것 같아 이름을 「지반공학 강좌」로 정하였고 일본에서 발간된 여러 시리즈 서적물과 구분하기 위해 필자의 이름을 넣어 「홍원표의 지반공학 강좌」로 정하였다. 강의의 목적은 단순한 정보전달이어서는 안 된다고 생각한다. 강의는 생각을 고취하고 자극해야 한다. 많은 지반공학도들이 본 강좌서적을 활용하여 새로운 아이디어, 연구테마 및 설계·시공 안을 마련하기를 바란다. 앞으로 이 강좌에서는 말뚝공학편, 토질역학편, 기초공학편, 건설사례편 등 여러 분야의 강좌가 계속될 것이다. 주로 필자의 강의노트, 연구논문, 연구프로젝트보고서, 현장자문기록 등을 정리하여 서적으로 구성하였고 지반공학도 및 설계·시공기술자에게 도움이 될 수 있는 상태로 구상하였다. 처음 시도하는 작업이다 보니 조심스러운 마음이 많다. 옛 선현의 말에 "눈길을 걸어갈 때 어지러이 걷지 마라. 오늘 남긴 내 발자국이 뒷사람의 길이 된다."라고 하였기에 조심 조심의 마음으로 눈 내린 벌판에 발자국을 남기는 자세로 진행할 예정이다. 부디 필자가 남긴 발자국이 많은 후학들의 길 찾기에 초석이 되길 바란다.

2015년 9월 '홍원표지반연구소'에서

저자 **홍원표**

「기초공학편」 강좌
서 문

인생을 전반전, 후반전, 연장전의 세 번의 시대구간으로 구분할 경우 전반전은 30세에서 50세까지로 구분하고 후반전은 51세에서 70세까지로 구분하며 연장전은 71세 이후로 구분한다. 이렇게 인생을 구분할 경우 필자는 이제 막 후반전을 끝마치고 연장전을 준비하는 선수에 해당한다. 인생 전반전과 같이 젊었을 때는 삶의 시간적 여유가 길어 20년, 30년의 계획을 세워보기도 한다. 그러다가 50 고개를 넘기게 되면 10여 년씩의 설계를 해보게 된다. 그러나 필자와 같이 연장전에 들어가야 할 시기에는 삶의 계획을 지금까지와 같이 여유 있게 정할 수는 없어 2년이나 3년으로 짧게 정한다.

70세 이상의 고령자가 전체인구의 20%가 되는 일본에서는 요즈음 70세가 되면 '슈카쓰(終活)연하장'을 쓰며 내년부터는 연하장을 못 보낸다는 인생정리단계에 진입하였음을 알리는 것이 유행이란다. 이런 인생정리단계에 저자는 70세가 되는 2019년 초에 「홍원표의 지반공학 강좌」의 첫 번째 강좌로 '수평하중말뚝', '산사태억지말뚝', '흙막이말뚝', '성토지지말뚝', '연직하중말뚝'의 다섯 권으로 구성된 「말뚝공학편」 강좌를 집필·인쇄 완료하였다. 이는 저자가 정년퇴임하면서 결정하였던 첫 번째 작품이었기에 가장 뜻깊은 일이라 스스로 만족하고 있다.

지금까지의 시리즈 서적은 대부분이 수명 혹은 수십 명의 공동 집필로 되어 있다. 이는 개별 사안에 대한 전문성을 높인다는 점에서 장점이 있겠으나 서술의 일관성이 결여되어 있다는 단점도 있다. 비록 부족한 점이 있다 하더라도 한 사람이 일관된 생각에서 꿰뚫어보는 작업도 필요하다. 그런 의미에서 「홍원표의 지반공학 강좌」용 서적 집필은 저자가 평생 연구하고 느낀 바를 일관된 생각으로 집필하는 것이 목표이다. 즉, 저자가 모형실험, 현장실험, 현장자문 등으로 파악한 지식을 독자인 연구자 및 기술자 여러분과 공유하고자 빠짐없이 수록하려 노력하고 있다.

두 번째 강좌로는 「기초공학편」 강좌를 집필할 예정이다. 「기초공학편」 강좌에는 '얕은기초', '사면안정', '흙막이굴착', '지반보강', '깊은기초'의 내용을 다룰 것이다. 첫 번째 강좌인 「말뚝공학편」 강좌에서는 말뚝에 관련된 내용을 위주로 취급하였던 점과 비교하면 「기초공학편」 강좌에서는 말뚝 관련 내용뿐만 아니라 말뚝이외의 내용도 포괄적으로 다룰 것이다.

「말뚝공학편」 강좌를 집필하는 동안 느낀 바로는 노후에 어떤 결정을 하느냐는 물론 중요하지만 결정 후 어떻게 실행하느냐가 더 중요하였던 것 같다. 늙는다는 것은 약해지는 것이고 약해지니 능률이 떨어짐은 당연한 이치이다. 그러나 우리가 사는 데 성실만 한 재능은 없다고 스스로 다짐하면서 지난 세월을 묵묵히 쉬지 않고 보냈다. 사실 동토아래에서 겨울을 지내지 않고 열매를 맺는 보리가 어디 있으며, 한여름의 따가운 햇볕을 즐기지 않고 영그는 열매들이 어디 있겠는가. 이와 같이 보람은 항상 대가를 필요로 한다.

인생의 나이는 길이보다 의미와 내용에서 평가되는 것이다. 누가 오래 살았는가를 묻기보다는 무엇을 남겨주었는가를 묻는 것이 더 중요하다. 법륜스님도 그 동안의 인생이 사회로부터 은혜를 받아왔다면 이제부터는 베푸는 삶을 살아야 한다고 하였다. 이 나이가 들어 손해볼 줄 아는 사람이 진짜 멋진 사람이라는 사실을 느끼게 되어 다행이다. 활기찬 하루가 행복한 잠을 부르듯 잘 산 인생이 행복한 죽음을 가져다준다. 그때가 오기 전까지 시간의 빈 공간을 무엇으로 채울까? 이에 대한 대답으로 '내가 하고 싶은 일을 하고 그것도 내가 할 수 있는 일을 하자'를 정하고 싶다. 큰일을 하자는 것이 아니다 그저 할 수 있는 일을 하자는 것이다.

2019년 1월 '홍원표지반연구소'에서

저자 **홍원표**

『사면안정』
머리말

필자는 사면과 각별한 운명적 인연이 세 번이나 이어지고 있다. 대학교 1학년 여름, 늦장마로 윗집의 석축과 벽돌 담장이 무너지면서 토사가 자고 있던 필자의 새벽 잠자리를 덮치는 바람에 목숨이 위태로웠던 산사태재해로부터 필자와 산사태의 인연이 시작되었다. 두 번째 인연은 일본 오사카대학 유학시절 연구 주제가 산사태억지말뚝이 되면서 계속되었다. 마지막 세 번째 인연은 '산사태억지말뚝'과 '사면안정' 두 권의 서적을 집필하게 되면서 이어지고 있다. 이는 필자와 사면의 인연이 우연의 형태로 다가온 필연이 아닌가 싶다.

산사태재해가 발생한 현장에 복구대책을 마련하면 항상 두 가지 측면에서 마음이 편하지 못하였다. 첫 번째는 제시된 대책공법이 과연 효과적일까 하는 걱정이고 두 번째는 제시된 대책공법대로 복구작업이 잘 수행되었을까 하는 걱정이다. 필자가 대책공법을 마련한다 하여도 그것은 어디까지나 현재의 기술 수준에 의해 개발·제안되는 것이기 때문에 언제나 만병통치일 리는 없고 또한 현장에서 작업하는 사람들에게 필자의 의도가 제대로 잘 전달되었을지 걱정스럽다. 따라서 사면재해에 대한 복구대책은 거의 실명제나 다름없어 매번 조심스럽다. 그러나 지금까지는 복구대책이 마련된 후에 재발사고가 없어 다행이다. 앞으로도 지금까지와 같이 하나님의 은혜가 있기를 기원하는 마음이다.

'홍원표의 지반공학 강좌'의 첫 번째 시리즈 교재 주제로 「말뚝공학편」을 선택하고 그 두 번째 서적으로 『산사태억지말뚝』을 집필할 때 사면안정에 대한 내용이 상당히 광범위하여 별도의 서적에서 이들 모든 사항을 다시 한번 다뤄야겠다고 생각한 바 있다. 그 결과 두 번째 강좌 시리즈로 「기초공학편」을 선택하고 두 번째 교재의 주제를 선택할 때 필자는 주저 없이 『사면안정』으로 정하였다.

지반윤회상 우리나라의 국토는 만·장년기의 지형에 속하기 때문에 급경사면이 많으며 지층 간의 특성이 서로 다른 곳이 많으므로 산사태가 발생할 수 있는 잠재적 요인이 늘 존재하고 있다. 또한 우리나라는 국토의 약 70%가 산지임에도 불구하고 지질특성이 비교적 양호한 지질환경 덕에 산지관리에 덜 신경써왔다. 그러나 요즈음은 내륙의 구릉지와 산지를 개발하는 경우가 빈빈히 늘어나서 산사태와 같은 사면재해가 날로 늘어나고 있으며 그로 인환 피해도 나날이 증대하고 있는 실정이다. 이러한 사회환경 속에서 사면안정에 대한 학문적 정리를 한 번 해보고 싶던 차에 이번에 『사면안정』을 집필하게 되었다.

『사면안정』은 전체가 11장으로 구성되어 있다. 먼저 제1장에서는 사면안정의 기본 개념에 대하여 정리하였다. 여기서는 사면파괴와 산사태의 개념을 구분·정리하였고 사면파괴형태, 사면파괴 원인을 열거·설명하였다. 또한 사면이 불안전해지는 요소로 외적 요인과 내적 요인을 잘 파악할 수 있도록 사면파괴 요인을 열거하였다. 그리고 제2장에서는 강우와 산사태의 관계를 우리나라의 기상학적 자료에 근거하여 분석하였다.

다음으로 제3장에서 제 7장까지는 사면안정해석에 대하여 설명하였다. 이 중 제3장에서 제6장까지는 한계평형해석법에 대하여 설명하고 제7장에서는 인공신경망해석에 관한 사항을 설명하였다. 우선 제3장에서는 한계평형해석에 대한 기본 개념에서부터 문제점까지 분석함으로써 우리가 가장 많이 사용하는 해석법의 장점과 한계점을 파악하였다. 다음으로 제4장에서 제6장까지는 파괴면의 형상에 따른 한계평형사면안정해석법을 정리하였다. 즉, 제4장에서는 무한사면과 같은 단일평면파괴면에 대한 사면안정해석을, 제5장에서는 원호파괴면에 대한 사면안정해석을, 제6장에서는 임의파괴면에 대한 사면안정해석을 체계적으로 정리·설명하였다. 마지막으로 제7장에서는 최근 부각이 되고 있는 인공신경망을 이용한 사면안정성 평가법을 설명하였다.

다음으로 제8장에서 제10장까지는 사면안정공법을 정리·설명하였다. 먼저 제8장에서는 현재 적용되고 있는 사면안정공법을 전체적으로 분류·설명하였고, 제9장과 제10장에서는 사면안정공법의 큰 두 분류인 안전율 유지법과 안전율 증가법에 의한 사면안정 현장사례를 각각 설명하였다. 끝으로 제11장에서는 활동억지 시스템으로 보강된 사면의 안정해석 프로그램 개발에 대하여 설명하였다.

본 사면안정에는 정년퇴임 이전에 대학원생들에게 강의한 내용과 대학원생들의 연구지도 결과를 정리 수록하였다. 그들 중 특히 제7장과 제11장은 박사과정 대학원생이었던 송영석 박사의 기여가 컸음을 밝혀두고 싶다.

사면안정은 필자의 관심이 많았던 주제이고 유난히 많은 대학원생의 석사학위논문 지도를 수행한 주제이므로 본 서적에 수록된 연구성과 또한 컸다. 우선 강우와 관련된 석사학위논문을 쓴 제자로는 김마리아, 김윤원, 백한기, 최승호, 장두호, 이현구, 김민수 군을 열거할 수 있으며 활동억지 시스템에 관련된 석사학위논문을 쓴 제자로는 박성현, 이재학, 엄기훈, 김동민, 이호문, 이재용, 한현희, 김영신, 김학규 군을 열거할 수 있다. 또한 사면안정해석과 프로그램 개발 분야에 관련된 석사학위논문을 쓴 제자로는 김형오, 임석규, 손규만 군을 열거할 수 있다. 이들 모두의 연구성과 또한 본 서적집필에 많은 도움이 되었음을 밝히며 이 자리를 빌려 감사의 뜻을 표하는 바이다.

끝으로 본 서적이 세상의 빛을 볼 수 있게 된 데는 도서출판 씨아이알의 김성배 사장의 도움이 가장 컸다. 이에 고마운 마음을 여기에 표하는 바이다. 그 밖에도 도서출판 씨아이알의 박영지 편집장의 친절하고 성실한 도움은 무엇보다 큰 힘이 되었기에 깊이 감사드리는 바이다.

2019년 3월 '홍원표지반연구소'에서

저자 **홍원표**

목 차

CHAPTER 08 **사면안정공법**

CHAPTER 09 **안전율유지법에 의한 사면안정 사례**

기본 개념

01 기본 개념

우리나라는 매년 자연재해로 인하여 재산상·인명상 많은 피해를 입고 있다.[2-5] 이러한 현상은 전 세계적으로 공통되게 직면해 있는 문제라 할 수 있다.[8,10,11,16,17] 지구온난화 등 인위적인 재해의 원인을 제공함으로써 문제는 더욱 심각하다 할 수 있다. 특히 우리나라에서 발생되는 자연재해의 원인은 강우에 의한 것이 대부분이고 이로 인한 사면파괴나 산사태에 대한 피해는 날로 심각해지는 실정이다.[1-7]

국가의 산업 발전에 따라 토지의 수요가 날로 증대하였다. 우리나라에서는 이런 토지수요 증대에 부응하기 위한 토지공급 수단으로 주로 두 가지 방법이 사용되어왔다. 그중 하나는 해안매립이고 나머지 하나는 산지개발이다. 즉, 우리나라는 서해안과 남해안이 리아스식 해안으로 형성되어 있어 연안매립을 할 수 있는 장소가 많아 수많은 매립지를 조성하여 공업단지, 주택단지 등을 조성할 수 있었다.

반면에 내륙지역에서는 국토의 약 70%가 산지인 특성으로 산지나 구릉지를 개발하여 대규모 단지를 조성할 수 있었다. 이와 같이 우리나라의 내륙지역에서는 도시의 주택문제를 해결하기 위해 산지나 구릉지를 절·성토하여 대단위 주택단지를 건설하는 경우가 급격히 늘어나고 있다. 그러나 자연사면의 절·성토 시 사면안정에 대한 대책을 소홀히 함으로써 사면파괴나 산사태 발생이 늘어나고 있다.

자연사면은 지구가 생성된 시기부터 가장 안전한 상태로 균형을 유지하면서 존재하려는 자연순응 경향을 가진다. 그러나 산지개발과정에서 이러한 자연사면의 균형이 무너지며 그 결과 사면파괴와 산사태가 발생하게 된다.

지반윤회상 우리나라는 만·장년기의 지형에 속하기 때문에 급경사면이 많으며, 지층 간의 특성이 서로 다른 곳이 많으므로 사면파괴가 발생될 수 있는 잠재적 요인이 늘 존재하고 있다.[5,6]

이런 지반의 취약한 소인이 존재하는 상태에서 강우와 같은 외부요인이 가하여져 사면파괴가 일어나기 쉬운 구조적 취약성을 가지고 있다. 즉, 우리나라의 연평균강우량은 약 1,100~1,400mm로서 이 중 대부분이 6월에서 9월 사이의 우기에 집중적으로 내리기 때문에 매년 많은 사면파괴나 산사태가 이 시기에 발생하고 있다.[1,6] 예를 들면 1972년 8월 21일 집중호우로 발생된 서울 평창동 산사태의 경우 37명이 사망·실종되었으며 2011년 7월 27일에는 서울 양재동 우면산에서 산사태가 발생하여 16명의 귀중한 생명이 희생되었다.[2]

한편 최근의 급격한 도시 팽창 및 국토 개발에 따른 자연의 이용과정에서 균형을 유지하여 안정된 상태에 있는 산지나 구릉의 자연사면의 균형을 인위적으로 무너트려 산사태를 유발하고 있다. 원래 산사태는 자연사면의 붕괴에 의한 자연재해로 취급되어왔으나 최근에 이르러는 국토의 인위적 개발에 의거 산사태의 발생이 증가함에 따라 자연재해라고 하기보다는 인재(인위적 재해)로 표현되어야 할 정도이다.

이제 우리는 이러한 사면파괴의 발생을 더 이상 방치하여 둘 수는 없는 시점에 도달하였다. 사면안정에 대한 위기의식을 강화하여야 함은 물론이고 사면파괴와 같은 자연재해로부터 귀중한 인명과 재산을 보호하여야 한다.

그러나 불행히도 사면파괴 발생 기구가 대단히 복잡한 관계로 사면파괴 발생의 정확한 진단을 실시하기가 용이하지 못하였다. 다행히 사면안정에 관한 연구가 지속적으로 진행되고 있어 산사태가 발생되는 원인을 정성적으로 파악해가기 시작하였고[20,25-28] 사면안정대책도 하나 둘 마련되어 가고 있는 실정이다.[1,19,20-24] 특히 억지말뚝을 사용하여 산사태를 방지하는 기술이 도입되어 점차 적용 사례도 늘어나고 그 효과도 입증되고 있다.[12,13,21-23]

1.1 사면파괴 형태

사면파괴는 평면파괴면, 원호파괴면, 임의파괴면과 같이 다양한 형태의 파괴면에 따라 발생한다. 먼저 무한사면에서는 대개 토층이 경사면에 평행하게 분포되어 있다. 이 경우는 사면파괴가 토층 경계면을 따라 혹은 사면경사면에 평행하게 평면파괴면의 형태로 발생한다.

반면에 댐이나 제방에서와 같이 균질한 토층의 사면에 한 점을 중심으로 한 원호모양의 활동파괴가 발생할 경우에는 사면지반 속에 원호파괴면의 형태로 사면파괴가 발생한다. 이 원호는 그림 1.1에 도시된 바와 같이 한 개의 원호파괴면으로 발생한 단일활동파괴의 경우와 복수의 원호파괴면으로 발생한 복수활동파괴의 경우 및 연속활동파괴의 경우가 있다.

단일활동파괴의 경우는 그림 1.1(a)에서 보는 바와 같이 사면의 경사면 내에서 활동파괴가 발생하는 경사면파괴의 경우와 파괴면이 사면지반의 심층 저면을 지나는 저면파괴의 경우를 들 수 있다. 복수활동파괴의 경우는 그림 1.1(b)에서 보는 바와 같이 저면의 단단한 지층에 접하는 여러 개의 원호파괴면으로 사면파괴가 발생된 경우를 의미한다. 연속활동파괴는 그림 1.1(c)에서 보는 바와 같이 활동파괴면이 분명하지는 않지만 여러 개의 활동면이 지표에 연속하여 발생된 경우를 들 수 있다.

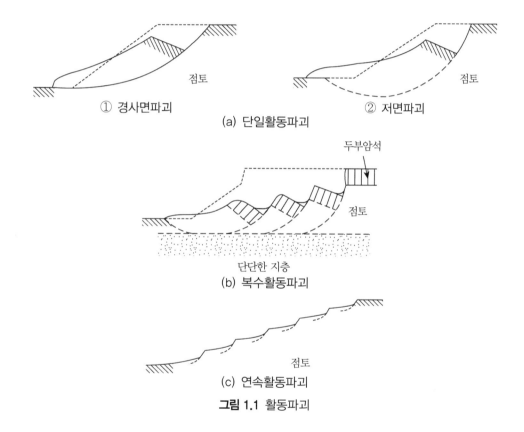

① 경사면파괴   ② 저면파괴

(a) 단일활동파괴

두부암석

점토

단단한 지층

(b) 복수활동파괴

점토

(c) 연속활동파괴

그림 1.1 활동파괴

한편 임의파괴면은 지층 구성과 기하학적 형상이 불규칙하고 지층간의 강성이 급격히 차이가 있는 사면에서 발생되는 사면파괴 형태이다.

그림 1.2는 지도 도면에 표시된 사면파괴 시 발생되는 여러 현상과 등고선도에 도시된 사면파괴 및 변형의 영역이다. 우선 사면에 발생한 균열과 샘(spring)은 그림 1.2(a)와 같이 표시한다. 사면이 파괴되거나 변형하면 사면 정상부의 사면지표면은 침하하여 단차가 발생하고

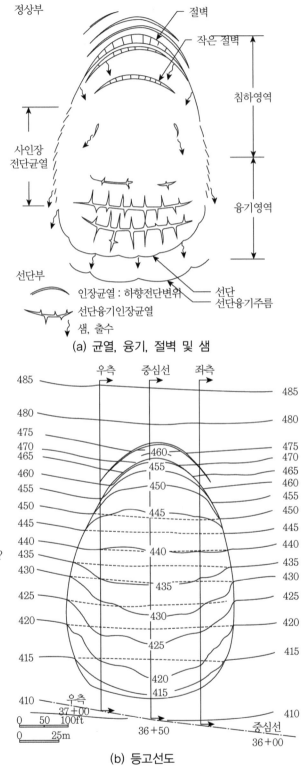

정상부

절벽

작은 절벽

침하영역

사인장
전단균열

융기영역

선단부

인장균열 : 하향전단변위
선단융기인장균열
샘, 출수

선단
선단융기주름

(a) 균열, 융기, 절벽 및 샘

485 480 475 470 465 460 455 450 445 440 435 430 425 420 415 410

485 480 475 470 465 460 455 450 445 440 435 430 425 420 415 410

우측   중심선   좌측

460 455 450 445 440 435 430 425 420 415

?

우측
37+00
0 50 100ft
0   25m

36+50

중심선
36+00

(b) 등고선도

그림 1.2 사면파괴 영역

사면의 선단부의 사면지표면에는 융기가 발생한다. 이때 사면지표면의 침하, 절벽, 융기도 그림 1.2(a)에서 보는 바와 같이 표시할 수 있다.

한편 그림 1.2(b)는 등고선도에 사면의 파괴영역 혹은 변형영역을 도시한 그림이다. 즉, 실선으로 도시한 등고선은 현재의 등고선을 의미하며 점선은 변형 전의 등고선 위치를 도시한 그림이다. 이 그림에서 실선의 등고선이 점선의 등고선보다 상부에 있으면 사면지반이 침하하였음을 의미한다. 그러나 실선의 등고선이 점선의 등고선보다 하부에 있으면 사면지반이 융기되었음을 의미한다. 만약 점선의 등고선이 그려져 있지 않으면 변형영역 좌우의 등고선을 연결하여 추정 혹은 판단할 수 있다. 이 그림으로부터 사면이 사면선단 방향으로 변형되었는가 혹은 파괴가 발생한 영역이 등고선도에 조개를 업어놓은 듯한 영역이 존재하고 있는가를 조사하여 판단할 수 있다. 예를 들면 그림 1.2(b)에서 사면변형영역은 조개껍데기를 덮어놓은 형상과 일치함을 볼 수 있다.

그러나 이들 사면파괴면에 대한 사면안정해석은 지반특성이 밝혀진 단순한 지형의 사면에만 적용이 가능하다는 한계성이 있다. 특히 지질특성이 복잡하면 기하학적 형상과 지반특성을 이상화시키기가 어렵다. 따라서 이런 경우는 현재로선 정량적인 사면안정해석이 불가능하고 정성적인 판단만 가능할 뿐이다. 예를 들면 다음과 같은 파괴유형은 사면파괴라 하여도 현재의 해석법으로는 해석이 어려운 사면파괴 유형이다.

① 지반 크리프(soil creep) : 완만한 진행성 토사 이동
② 이토활동(mud slides) : 해석적으로 규명 불가능하고 다만 정성적 규명만 가능하다.
③ 토양류(solifluction) : 아이스 렌즈(ice lense)가 형성되었다가 녹으면서 얕은 mud slide를 유발한다.

1.2 사면파괴와 산사태의 차이

사면은 자연사면과 인공사면의 두 종류로 구분된다. 사면이 붕괴되어 재해가 발생되었을 경우도 산사태와 사면파괴의 두 가지로 구분된다. 자연사면에 발생된 경사면 붕괴현상을 산사태라 하고 인공사면에 발생된 경사면 붕괴현상을 사면파괴라고 통상적으로 부른다.

다시 말하면 제방 경사면이나 댐 비탈면이 붕괴되어 사고가 발생할 경우 '사면파괴가 발생

하였다'고 하지 '산사태가 발생하였다'고 하지 않으며 산지나 구릉지의 경사면이 붕괴되어 재해가 발생한 경우 '사면파괴가 발생하였다'고 표현하기보다는 '산사태가 발생하였다'고 표현하는 경우가 많다.

그러나 자연사면과 인공사면의 어느 쪽인가로 명확히 구분하기 어려운 경우도 있다. 예를 들면 자연사면을 가지고 있는 산지에 도로를 축조하기 위해 절토와 성토를 실시하여 생성된 사면을 어느 쪽으로 분류할 것인가 하는 경우이다. 이 사면을 인공사면으로 분류하는 경우도 있으나 산사태 발생 요인 중에 하나인 인위적 요인이 자연사면의 절·성토인 점을 감안한다면 이 경우의 사면은 무의식중에 자연사면으로 구분되고 있는 것이라 할 수 있다.

따라서 자연사면과 인공사면을 다음과 같이 분류한다. 인공사면은 '비교적 평탄한 지역에 제방, 댐 등과 같은 흙구조물을 축조하는 과정에서 순전히 인공적으로 생성된 절·성토 경사면'으로 하고 자연사면은 '산지나 구릉지에 자연순응원리에 의하여 생성된 경사면'으로 한다. 비록 도로축조나 주택단지 조성 시 자연사면의 일부에 절·성토를 실시하여 인공적으로 생성된 사면이 일부 존재한다 하더라도 이 사면이 본래의 자연사면 특성을 여전히 가지고 있으면 이 경우는 자연사면으로 취급한다.

한편 산사태와 같은 자연사면의 붕괴는 학자에 따라 여러 가지 방법으로 분류 설명되고 있어 용어의 정의조차 힘든 면이 있다. 그러나 자연사면에 붕괴가 발생하는 시간적 차원에서 간단히 다음과 같이 두 가지로 분류한다. 하나는 시간적으로 장시간에 걸쳐 완속으로 사면이 서서히 이동하는 형태의 크리프성 붕괴이고 다른 하나는 사면의 이동이 토석류를 동반하여 돌발적으로 급격히 발생하는 경우이다. 이 두 가지 경우는 발생하는 지역이나 지질의 상황에 따라서도 다르고 거동 자체도 차이가 많다. 일반적으로 인식되고 있는 산사태라 하면 주로 후자의 경우로 이는 협의의 산사태에 해당한다. 그러나 저자는 두 경우의 산사태 모두를 포함하여 광의의 산사태로 취급하여 다루도록 한다.[6]

이러한 산사태를 미연에 방지하거나 혹은 그 피해를 최소한으로 줄이기 위해서는 산사태 발생 지역, 발생 시기 및 발생 규모를 잘 예측할 필요가 있다. 이 경우 장시간에 걸쳐 발생하는 산사태는 관측이 가능하지만 순간적으로 토석류를 동반하여 발생하는 산사태는 예측하기가 대단히 어렵다. 종래 일반적으로 실시되고 있는 변형상태의 관측으로는 지표 부분에서 이동, 침하, 경사, 변형률 등을 대상으로 조사하고 지중에서는 지중경사, 지하수위 및 배수유량을 대상으로 조사하고 있다. 그 외에도 최근에는 암석이 파괴하중에 근접하면 발생하는 미세한 소리를 탐지하는 방법도 연구되고 있다. 다만 금후의 과제는 이들 관측 결과에서 어떻게 산사태 발생을 예측할 것인가이다.

1.3 사면파괴 원인

사면파괴의 발생 원인을 규명하는 것은 사면파괴의 발생 기구를 파악하여 사전에 사면의 불안정을 예측하고 그 대책을 강구하는 데 대단히 중요한 사항이다. 대부분의 사면파괴는 지각운동으로 인한 파쇄대가 많은 지역과 같은 지형 지질의 악조건하에 호우나 폭설이 자주 발생하는 영향에 의하여 발생하게 된다. 이와 같이 사면파괴는 자연사면 자체의 취약성(素因)이 있는 지역에 사면외부의 영향(誘因)에 의거하여 발생하게 된다.

홍원표(2018)는 산사태의 발생 원인을 내적 요인(잠재적 요인이라고도 부름)과 외적 요인(직접적 요인이라고도 부름)의 두 가지로 크게 나눠 설명한 바 있다.[7] 내적 요인으로는 지질, 토질, 지질구조, 지형 등의 취약성과 같은 잠재적 취약요인을 열거할 수 있고 외적 요인으로는 강우, 융설, 지하수, 하천해안의 침식, 지진 등과 같은 자연적 유인과 절토, 성토 및 댐 건설 등과 같은 인위적 유인과 같은 산사태 발생의 직접적 동기가 되는 유인을 열거하였다.

사면의 안정성은 사면지반 내에 발달하는 전단응력과 전단강도를 비교한 식 (1.1)의 사면안전율로 판단한다.

$$F_s = \frac{\tau}{\tau_m} \qquad\qquad (1.1)$$

여기서, τ : 사면지반의 전단강도($\tau = c + \sigma \tan\phi$)

τ_m : 사면활동면에 발달한 전단응력

사면이 불안전해지고 파괴가 발생하는 것은 그림 1.3에 도시된 전단응력이 전단강도와 같아질 때이다. 즉, $F_s = 1$(전단응력 = 전단강도) 상태에 도달하기 위해서는 다음의 두 경우에 해당한다. 따라서 사면파괴원인으로는 아래 두 경우에 도달하게 하는 원인을 생각할 수 있다.

① 전단응력이 증가한 경우

② 전단강도가 감소한 경우

사면파괴의 첫 번째 원인인 전단응력 증가 요인은 안전하던 사면을 불안정하게 하는 원인으로 이는 사면파괴 발생 유인이며 외적 요인이다. 사면파괴의 두 번째 원인인 전단강도 감소 요인은 사면이 여러 가지 취약성(결함)을 지니고 있을 경우는 사면지반의 전단강도가 낮게 된다. 따라서 이는 사면파괴 발생 소인이라 하며 내적 요인이다. 이하 이들 요인들에 대하여 설명하기로 한다.

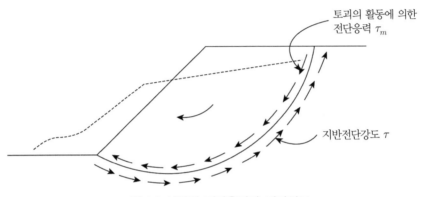

그림 1.3 사면의 전단응력과 전단강도

1.3.1 전단응력 증가 요인(외적 요인)

먼저 전단응력을 증가시키는 주요 요인(이를 외적 요인 혹은 유인이라고도 칭한다)을 열거하면 다음과 같다.

① 사면의 측면지지력 소실(그림 1.4 참조)
② 상재하중의 증가
③ 수위 급강하
④ 인장균열이나 얇은 협재 지층 속의 수압 증가
⑤ 바람직하지 않은 침투력의 생성
⑥ 하중의 순간재하

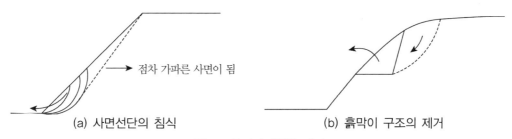

점차 가파른 사면이 됨

(a) 사면선단의 침식   (b) 흙막이 구조의 제거

그림 1.4 측면지지하중 제거

(1) 측면지지력

사면을 지지하는 측면지지력이 제거되면 사면의 안정성은 감소한다. 측면지지력이 제거되는 경우는 그림 1.4에 도시된 바와 같이 자연적인 요인과 인위적인 요인을 생각할 수 있다. 먼저 자연적인 요인으로는 그림 1.4(a)에서 보는 바와 같이 해안이나 하천에서 사면의 선단부가 강물의 흐름과 파도에 의해 세굴되는 경우를 생각할 수 있다. 사면 선단부가 세굴되면 사면의 구배가 점차 가파르게 되므로 사면이 불안정해진다.

한편 그림 1.4(b)에서 보는 바와 같이 채석장, 운하, 갱, 트렌치 등에서 지반을 절토할 때도 흙막이구조물을 제거하면 측면을 지지하던 힘이 제거되므로 사면이 불안정해진다.

(2) 상재하중

사면 특히 정상부에 상재하중이 가해지면 사면의 안정성은 감소한다. 상재하중으로는 그림 1.5에 도시된 바와 같이 자연적인 요인과 인위적인 요인을 생각할 수 있다.

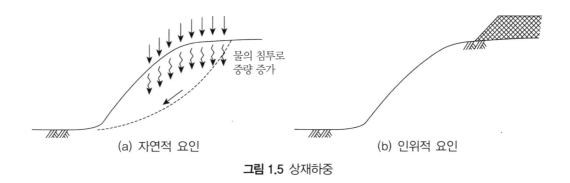

물의 침투로
중량 증가

(a) 자연적 요인   (b) 인위적 요인

그림 1.5 상재하중

먼저 자연적인 요인으로는 그림 1.5(a)와 같이 비나 눈이 내리면 우수가 사면 내로 침투하여 사면지반의 중량이 증가하게 되어 전단응력이 증가하게 된다. 하천이 범람하여 물이 사면

에 침투할 경우도 동일한 영향을 받을 수 있다.

한편 그림 1.5(b)와 같이 사면의 정상부에 성토나 광석 등을 야적할 경우도 사면의 전단응력을 증가시키게 되어 사면의 안정성을 감소시킨다. 그 밖에도 사면 정상부에 빌딩을 축조할 경우에도 사면은 동일한 영향을 받게 되어 사면안전성이 감소된다.

(3) 기타 전단응력증가 유인

사면 내 전단응력을 증가시키는 기타 유인으로는 그림 1.6에 도시한 네 가지 경우를 열거할 수 있다. 먼저 그림 1.6(a)는 호수나 저수지에 물을 채운 후 갑자기 배수시킨 경우이다. 이때 호수나 저수지의 수위가 급히 강하하게 된다. 수위를 급강하시키면 호수나 저수지 내의 물은 급히 내려갈 수 있지만 사면지반 속의 수위는 갑자기 내려갈 수가 없다. 따라서 사면 내의 토사중량은 물의 중량만큼 무겁게 작용하므로 전단응력이 증가하게 된다. 이때 부력효과도 감소하여 사면이 더욱 불안정해진다.

그림 1.6(b)는 사면정상부에 인장균열이 발생하였거나 지중에 얇은 점토층(seam)이 존재할 경우 그 균열이나 점토층 속에 물이 들어가면 수압이 증가하여 전단응력이 증가하게 된다.

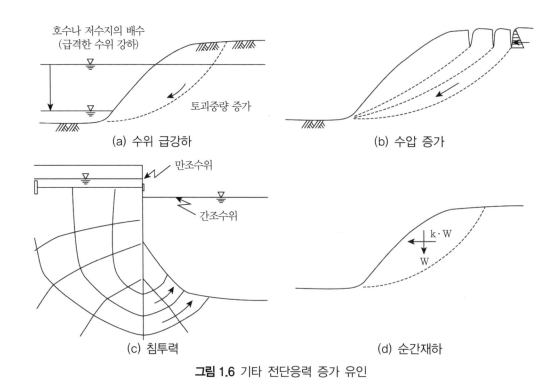

그림 1.6 기타 전단응력 증가 유인

한편 그림 1.6(c)에 도시된 바와 같이 조수 간만의 차로 안벽 배면에 만조 때의 수위가 간조 때의 수위 차에 의해 침투력이 발생하게 되며 이 침투력으로 인해 전단응력이 증가하게 된다.

마지막으로 그림 1.6(d)는 지진, 발파, 항타 등이 발생하게 되면 이때 수평방향 가속도에 의한 수평력이 순간재하로 가해지며 이로 인하여 전단응력이 증가하게 된다.

1.3.2 전단강도 감소 요인(내적 요인)

다음으로 전단강도를 감소시키는 주요 요인(이를 내적 요인 혹은 소인이라고도 칭한다)을 열거하면 다음과 같다.

① 사면지반의 고유취약성(그림 1.7 참조)
② 유효수직응력의 감소
③ 풍화
④ 교란
⑤ 액상화
⑥ 반복재하

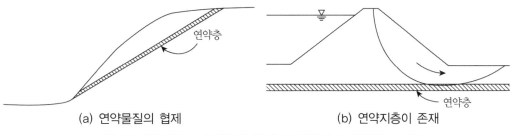

| (a) 연약물질의 협제 | (b) 연약지층이 존재 |

그림 1.7 연약물질이 협제되어 있거나 연약지층이 존재하는 사면

(1) 고유취약성

사면 속에 바람직하지 않은 단층이나 절리가 존재하면 사면은 기본적으로 내부취약성을 가지게 되어 지반고유의 전단강도를 발휘할 수 없게 된다. 예를 들면 그림 1.7(a)에서와 같이 사면 지층구조상에 연약물질(예를 들면 seam)이 협제되어 있을 때는 사면지반 고유의 전단강도를 발휘할 수 없게 된다. 그 밖에도 그림 1.7(b)에서 보는 바와 같이 사면파괴면이 연약지층에

접하게 되면 전단강도가 제대로 발휘되지 못한다.

(2) 유효수직응력의 감소

유효응력해석에서 전단강도 τ는 유효수직응력 σ'의 함수로 식 (1.2)와 같이 정해진다. 따라서 유효응력의 변화는 전단강도의 변화를 초래하게 된다.

$$\tau = c' + \sigma' \tan \phi' \tag{1.2}$$

만약에 점토가 팽창하거나 지하수위의 변화, 기타 충격력이 가해질 때는 간극수압이 증가하게 된다. 간극수압 u가 증가하면 유효수직응력 $\sigma'(= \sigma - u)$이 감소되고 식 (1.2)에서 보는 바와 같이 유효응력상태 전단강도가 감소한다. 이는 유효응력상태 전단강도의 마찰력성분 $\sigma' \tan \phi'$이 유효수직응력 σ'에 비례하여 발휘되기 때문이다.

(3) 풍 화

풍화는 흙의 전단강도를 감소시키는 가장 큰 요인 중에 하나이다. 풍화는 물리적 풍화와 화학적 풍화의 두 가지로 구분된다. 먼저 동결, 열팽창은 물리적 풍화의 대표적 현상이다. 동결, 열팽창에 의해 흙의 물리적 결합력이 소멸되면 지반의 강도가 감소한다. 특히 암석에서는 전단강도가 급격히 감소될 수 있다. 또한 점토에서는 건조하면 균열과 할렬이 발생하여 점토의 전단강도를 상당히 감소시킨다.

한편 화학적 풍화의 대표적 현상은 점토광물의 수화작용(hydration)과 용탈(leaching)을 들 수 있다. 수화작용(hydration)은 점토광물 속의 금속원소가 수소원소로 바뀌는 현상으로 이때 점토의 점착력이 감소한다.

용탈현상(leaching)은 해성점토의 간극 속에는 원래 염수가 차 있으나 강우 등에 의해 간극수 중의 염분이 유출되거나 다른 고결촉매제의 유출에 의한 현상이다. 용탈현상이 발생된 예민점토에서는 외부 충격이 가해지면 강도를 급작스럽게 잃어버리게 된다. 이런 현상의 점토를 quick clay라 부른다.

(4) 기타 전단강도 감소 요인

그 밖에 전단강도 감소 요인으로는 지반의 교란, 순간재하에 의한 액상화, 반복하중에 의한 진행성파괴 등을 들 수 있다.

우선 빙하퇴적층에 존재하는 느슨한 포화 실트층으로 구성된 무늬점토(varved clay)에서는 외부 충격에 의해 지반입자구조가 교란되면 전단강도가 감소하거나 소멸된다.

한편 지진이나 발파, 말뚝항타 등을 실시할 때는 지반에 액상화가 발생하여 지반의 전단강도가 소멸된다. 이 경우 전단응력증가요인에서 설명한 바와 같이 수평가속도가 발생하여 이에 따른 영향으로 전단응력이 증가하기도 한다. 즉, 충격력이나 지진력의 순간재하 시에는 전단강도는 감소하고 전단응력은 증가하여 2중으로 사면이 불안정해진다.

마지막으로 반복하중이 작용할 때 점토와 같은 변형률연화물질에서는 전단강도가 점차 감소하여 진행성파괴가 발생할 수 있다.

1.3.3 사면안전율의 변화거동

이상 앞에 열거한 요인들의 영향으로 사면의 안전성은 시간에 따라 변할 수 있다. 그림 1.8은 위에 열거한 여러 요인의 영향을 받는 특수한 환경에서 사면파괴가 돌발적으로 발생될 수 있는 과정을 예시한 그림이다.

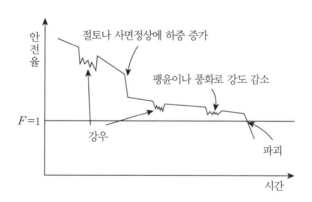

그림 1.8 여러 요인의 영향으로 시간에 따라 변하는 사면안전율

먼저 강우에 의하여 사면안전율이 약간 감소한다. 비가 온 후 날씨가 개면 사면안전율은 일부 회복된다. 아직 파괴에 이르기까지는 충분한 여유가 있다. 여기에 사면선단부 절토나 사면

정상부 하중 증가가 발생하면 사면안전율이 상당히 감소된다. 그런 상태가 계속되다가 비가 다시 오면 사면안전율이 다시 감소한다. 만약 점토가 습윤 팽창하거나 풍화의 영향을 받으면 전단강도가 또 다시 감소하고 사면안전율이 더욱 감소한다. 이런 과정 중에 사면안전율이 1 이하가 되면 돌발적으로 사면파괴가 발생한다.

1.4 전응력해석과 유효응력해석

사면지반의 전단강도정수와 사면안정해석법 사이의 관련성은 매우 크기 때문에 명확히 연결 사용할 필요가 있다. 일반적으로 사면지반의 전단강도정수(c, ϕ)는 각종 전단시험으로 구할 수 있다. 예를 들면 삼축압축시험은 공시체의 압밀단계와 전단단계에서의 배수조건에 따라 비압밀비배수전단시험(UU시험), 압밀비배수전단시험(CU시험) 및 압밀배수전단시험(CD시험)의 세 가지 방법이 있다. 이들 각각의 시험법에서 전단강도정수(c, ϕ)가 다르게 구해진다. 따라서 어떤 경우에 어떤 전단강도정수를 적용해야 하는지 분명히 인식할 필요가 있다.

일반적으로 사면설계에서는 설계에 앞서 적합한 사면안정해석이 수행되어야 하는데 실내 및 현장에서 시험으로 구한 사면지반의 전단강도를 사면안정해석법에 적용하게 된다. 이때 시험의 조건과 사면의 상태(특히 배수상태)는 서로 일치해야 한다.

통상적으로 사면지반의 전단강도는 비배수전단강도와 배수전단강도로 크게 분류하여 사면안정해석법의 두 가지 형태인 전응력해석과 유효응력해석에 연계시킨다.[18] 즉, 비배수전단강도시험으로 구해지는 비배수전단강도 c_u, ϕ_u는 전응력해석법($\phi_u = 0$ 해석법)에 적용하며 배수전단사험으로 구해지는 배수전단강도정수 c_d, ϕ_d는 유효응력해석법(c', ϕ' – 해석법)에 적용한다.

1.4.1 전응력해석법

우선 전응력해석법에서는 외력에 평형하도록 발달하는 전단응력 혹은 발휘되는 전단강도 τ_m은 $\phi_u = 0$ 토질에서 다음 식으로 표현된다.

$$\tau_m = \frac{c_u}{F} \tag{1.3}$$

여기서, c_u : 비배수전단시험으로 구해지는 점착력 혹은 비배수전단강도

F : 설계사면안전율

포화점토사면의 안정해석을 예로 들어 그림 1.9로부터 사면안전율을 구하면 식 (1.4)와 같이 된다.

$$F = \frac{\sum c_u l_i}{\sum W_i \sin \alpha_i} \tag{1.4}$$

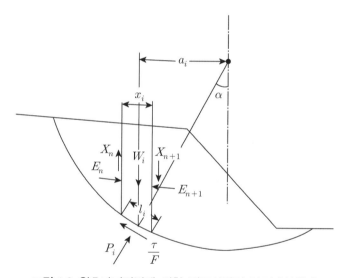

그림 1.9 원호파괴면법에 의한 점토사면의 안정해석원리

포화점토의 점착력 c_u 는 일축압축강도 q_u 의 반에 해당한다. 이 값은 교란되지 않은 시료에 대한 비배수전단시험(일축, 삼축, 일면전단) 혹은 원위치 베인전단시험으로 구할 수 있다. c_u 값은 통상 깊이에 따라 변화하므로 파괴면의 깊이에 따라 적절한 값을 취해야 한다.

전응력해석법이 사용되는 것은 현장조건이 실험실의 시험조건과 합치하는 경우이다. 즉, 현장에서 전단응력이 비배수상태(함수비일정과 동일한 의미)인 경우에만 가능하다.

결국 이 방법은 구조물 축조 직후의 안정문제에 적용되므로 축조 직후법(end of construction method)이라 부른다.[14] 또한 시기적으로는 축조 직후가 가장 불안정한 경우이므로 단기안정 법(short-term stability method)이라 부르기도 한다.[15]

이 해석법은 겉보기에는 지반의 전단강도가 성토나 절토와 같이 하중조건이 변화한 직후에도 일정하다는 가정하에서 이뤄진다. 그러나 실제는 재하(loading)와 제하(unloading)의 영향을 받는 점토가 압밀 또는 팽창함에 따라 전단강도도 변한다.

비배수전단강도 c_u가 하중 또는 시간에 따라 변하는 영향을 고려하려면 다음 절에서 설명하는 유효응력해석법을 이용해야 한다.

1.4.2 유효응력해석법

유효응력해석법에서는 평형을 이루는 전단응력 τ_m을 다음 식 (1.5)로 표현한다.

$$\tau_m = \frac{c'}{F} + (\sigma - u)\frac{\tan\phi'}{F} \tag{1.5}$$

여기서 c', ϕ'는 각각 유효응력에 의거한 점착력과 내부마찰각이다(정규압밀점토에서는 $c' = 0$이다). 이 유효전단정수는 재하속도나 압밀의 이방성에 영향을 받는 경우가 비교적 적다. 따라서 이 유효전단정수는 꽤 넓은 범위의 실제문제에 적용할 수 있다.

식 (1.5)에서 하중과 시간에 따라 변화한다고 생각할 수 있는 것은 간극수압 u다. 따라서 전응력해석법에서와 같이 사면지반의 전단강도정수는 변하지 않고 대신 간극수압 u가 변한다.

유효응력해석법에서는 사면지반의 전단강도를 배수전단강도로부터 구한 c_d, ϕ_d를 이용해야 하는데 배수전단시험은 장시간이 걸린다는 단점이 있다. 이에 $c' \fallingdotseq c_d$, $\phi' = \phi_d$인 실험 결과로부터 장시간을 필요로 하는 배수전단시험을 비교적 단시간의 압밀비배수전단시험으로 c', ϕ'를 구하여 대체 적용한다.

식 (1.5)의 안전율 F는 원호파괴면에 따라 한계평형을 가정하여 구할 수 있다. 파괴면에 수직인 수직응력(전응력 σ)의 값은 도식해법이나 계산으로 원호상의 토괴로부터 구한다.

한편 간극수압 u는 안정문제에 따라 구하는 방법이 다르다. 즉, 한마디로 간극수압이라 하여도 외적으로 응력변화에 관계없는 경우와 관계있는 경우의 두 경우가 있다.

전자에서는 간극수압 u값을 침투류가 없으면 지하수위로부터 피에조메타 수두를 이용하여 구한다. 그러나 침투류가 있으면 어스댐 내 침투류 등은 유선망으로 계산한다.

한편 후자는, 즉 어스댐이나 연약지반상의 성토와 같이 간극수압이 응력변화의 함수로 되어 있다. 안정된 어스댐을 예를 들면 얻어지는 실제 간극수압을 근거로 u값을 예상하여 축조 중에 측정할 수 있는 현장실측치를 반영할 수 있다.

활동토괴가 강도정수 c', ϕ'가 다른 다층지반으로 구성되어 있는 경우 혹은 간극수압이 불규칙하게 분포해 있어도 분할법을 이용하여 해석할 수 있다. 유효응력법은 장기안정법(long-term stability method)이라고도 불린다.

1.4.3 포화점토지반사면

(1) 성토사면

그림 1.10은 수평지표면을 가지는 포화연약점토지반 상에 성토를 축조한 경우 시간에 따른 성토고, 간극수압, 사면안전율의 거동을 도시한 그림이다. 먼저 그림 1.10(a)에 도시한 바와 같이 성토 하부 연약지반 내부의 가상원호파괴면상의 한 점 P에서의 응력상태를 조사해본다.[9]

그림 1.10(b)에는 성토고의 시간적 변화와 함께 성토하중에 의해 P점에서의 평균전단응력 τ_m의 변화를 도시하고 있다. 성토고와 전단응력은 그림 1.10(b)에서 보는 바와 같이 서로 상관관계가 있다. P점에서의 점토지반 속에 발생한 과잉간극수압은 식 (1.6)과 같다.

$$\Delta u = B[\Delta \sigma_3 + A(\Delta \sigma_1 - \Delta \sigma_3)] \tag{1.6}$$

특히 포화토에서는 간극수압계수 $B=1$이 되고 간극수압 증분은 정의 값으로 나타난다. 간극수압의 최댓값은 그림 1.10(c)에서 보는 바와 같이 성토축조 완료 직후에 나타난다. 성토공사가 매우 느린 경우가 아니거나 점토지반 내에 투수층이 협재되어 있지 않은 한 간극수압은 축조기간 중 거의 소산되지 않는다. 이 간극수압은 성토 완료 후 서서히 감소하여 종국적으로는 지하수위에 대응하는 값에 도달한다. 활동면 전체에 걸친 평균간극수압도 이 P점에서의 값과 같이 변화한다.

따라서 유효응력에 의거한 안정해석법(c', ϕ' - 해석법)에 의해 계산된 안전율 F는 그림 1.10(d)에 도시된 바와 같이 성토축조 직후 또는 그 부근에서 최솟값을 나타내지만 그 후는 시간이 지남에 따라 안전율이 상승하여 종국적으로는 일정한 안전율에 수렴한다. 이와 같은 정상조건에 상당하는 장기안정문제에 대하여는 배수전단시험으로 얻어지는 강도정수 c', ϕ'을 적용해야 한다.

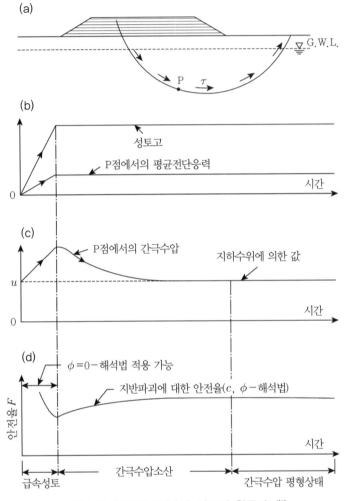

그림 1.10 포화점토지반상 성토의 활동파괴[9]

성토 완료 직후의 사면안전율이 최소로 된 시점에 대하여 유효응력법을 이용하기 위해서는 현지에서의 간극수압이 알려져 있거나 또는 측정되어 있어야 한다. 이와 같은 간극수압의 현지측정은 예를 들어 어스댐과 같은 중요한 구조물에서는 실시되지만 소규모 성토의 경우는 일반적이 아니다. 간극수압의 측정도 지반 내 응력상태와 간극수압계수 A를 가정하는 어려움 때문에 성토 완료 직후의 안정계산은 비배수전단강도에 의거한 전응력해석법($\phi_u = 0$ 해석법)

이 적용되고 있다.

그러나 어스댐 축조 중에 간극수압이 상당히 소산되는 상황인 경우 예를 들어 성토공사가 장기간 시공되거나 점토층 내에 수평한 모래층이 존재하거나 샌드드레인이 타설되어 있는 경우 안정계산은 비경제적 설계가 될 우려가 있다. 이 경우는 당연히 유효응력법이 필요하다.

(2) 절토사면

한편 그림 1.11은 점토지반에 절토사면이 조성된 경우의 간극수압과 사면안전율의 거동을 도시한 그림이다. 즉, 절토굴착 기간 중 및 굴착 후의 간극수압 u와 안전율 F의 변화를 하나의 활동면상의 임의점 P를 대상으로 도시하였다.

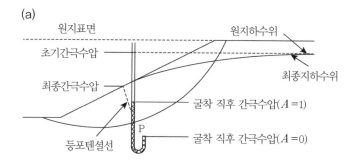

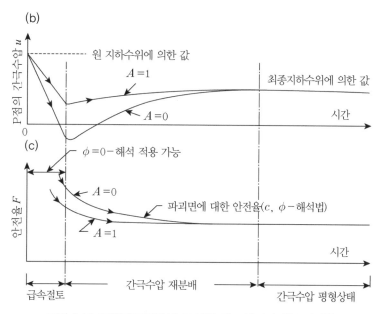

그림 1.11 포화점토지반에 조성된 절토사면의 활동파괴[9]

간극수압변화 Δu와 간극수압계수 $B=1$이 되는 포화점토에 대하여 식 (1.7)이 성립한다.

$$\Delta u = \frac{\Delta \sigma_1 + \Delta \sigma_3}{2} + \left(A - \frac{1}{2}\right)(\Delta \sigma_1 - \Delta \sigma_3) \tag{1.7}$$

굴착으로 인하여 식 (1.7)의 우변 제1항의 평균주응력은 감소하고 우변 제2항에서 $A < 1/2$ 이면 간극수압이 감소하는 것으로 알려졌다.

간극수압 $A=1$과 $A=0$의 두 경우에 대하여 간극수압 u와 안전율 F의 시간적 거동을 도시하면 각각 그림 1.11(b) 및 (c)와 같다.

두 경우 모두 굴착 완료 시 간극수압은 최소가 되고 장기간 경과하여 간극수압이 정상침투에 대한 유선망으로 구해지는 상태에 도달하면 사면안전율은 최소가 된다. 따라서 그림 1.11(c)에 기입된 바와 같이 전응력해석법($\phi_u = 0$ 해석법)이 적용될 수 있는 경우는 사면굴착 완료까지의 극히 짧은 기간이며 그 이후는 장기간(소위 정상조건)에 대해서는 유효응력에 의한 안정해석, 즉 c', $\phi' -$ 해석법을 적용해야 한다.

(3) 어스댐의 안전성 변화

Bishop and Bjerrum(1960)은 어스댐 축조 과정과 축조 후의 사면안전성을 조사하여 그림 1.12의 결과를 제시하였다.[9] 즉, 그림 1.12는 어스댐 축조 과정과 축조 후의 전단응력, 간극수압 및 사면안전율의 변화를 도시한 그림이다. 어스댐의 상류사면과 하류사면의 활동파괴면을 도시하였고 수위급강하 이전단계에서의 등포텐셜선도 함께 표시하였다.

먼저 그림 1.12(a)에는 어스댐의 단면을 도시하였다. 상류사면의 가상파괴면상 P점의 거동을 조사하기로 한다. 그림 1.12(b)는 상류사면 내 가상활동면상의 한 점 P점에서의 평균전단응력의 변화를 개략적으로 도시한 그림이다. 먼저 어스댐을 축조하는 단계에서는 성토고가 증가함에 따라 P점에서의 평균전단응력도 증가하였다.

이 전단응력은 댐 축조 완료 후 댐저수지에 담수를 시작하기 전까지 일정한 최대전단응력을 유지하다가 담수를 시작하면서 상류사면의 전단응력은 감소한다. 그러나 하류사면의 전단응력은 변함없이 일정한 상태를 유지한다. 이런 상태는 댐저수지에 물이 만수위를 유지할 때 계속된다.

댐저수지에 저류한 물을 어느 날 갑자기 빼면 수위가 급히 강하된다. 이때 상류사면의 전단응력은 하류사면의 전단응력과 동일한 크기까지 다시 증가한다. 그리고 저류된 물을 전부 뺀 후에는 전단응력이 일정한 상태로 유지될 것이다.

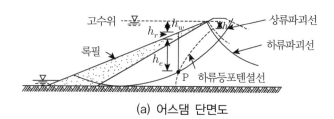

(a) 어스댐 단면도

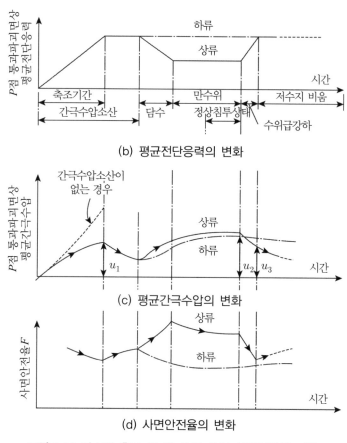

(b) 평균전단응력의 변화

(c) 평균간극수압의 변화

(d) 사면안전율의 변화

그림 1.12 어스댐 축조 중 및 축조 후의 사면안전성 거동

이 과정에서 P점에 발생한 간극수압을 도시하면 그림 1.12(c)와 같다. 처음 댐 축조 과정에서는 간극수압이 소산되지 않으므로 전단응력이 증가하는 동안 간극수압도 증가하여 완료 직

후 최대간극수압이 발생한다. 이때 만약 간극수압의 소산이 전혀 없다면 그림 중 점선으로 표시한 바와 같이 선형적으로 간극수압이 증가하나 일부 간극수압은 소산될 것이므로 선형적 증가거동과는 차이가 있을 것이다.

이미 발생되었던 간극수압은 이후 댐저수지에 담수를 시작하기까지 서서히 소산되기 시작할 것이다. 그러나 댐저수지에 담수가 시작되면 댐의 상류사면과 하류사면에서 모두 간극수압이 다시 증가하여 일정한 값에 수렴하게 된다.

이후 수위급강하가 발생하면 상류사면에서는 간극수압이 감소하나 하류사면에서는 그다지 큰 변화는 발생하지 않는다.

전단응력과 간극수압의 이러한 변화과정에서 사면안전율은 그림 1.12(d)와 같이 변하게 된다. 이 결과에 의하면 댐 축조 완료 직후 사면안전율이 최소치가 되고 댐저수지에 담수가 시작하기 전까지 상류사면과 하류사면 모두에서 간극수압의 소산으로 사면안전율이 증가하게 된다.

댐저수지에 담수가 시작되면 사면안전율은 상류사면과 하류사면에서 각각 다르게 거동하였다. 먼저 상류사면에서는 담수를 완료할 단계까지 사면안전율이 서서히 증가한다. 그러나 사면안전율은 수위급강하 시 급히 감소한다. 물이 다 빠진 후에는 사면안전율이 다시 증가한다. 이에 반하여 하류사면에서는 댐저수지에 담수를 시작한 시기부터 사면안전율이 서서히 감소하여 일정 값에 수렴하였다.

결론적으로 상류사면과 하류사면에서의 안전성이 위험한 시기는 동일하지 않고 축조단계 및 저수지 상황에 따라 다름을 알 수 있다. 예를 들면 상류사면의 경우는 사면안전성이 시공단계와 수위급강하 시기에 위험하다고 할 수 있다. 따라서 댐 축조 직후의 사면안성은 단기안전성(short-term stability)이 검토되어야 할 것이다. 반면에 댐저수지에 담수를 시작하고 이후 정상침투상태에 이르기까지 사면안전율은 상류사면에서보다 하류사면에서 더 감소한다. 따라서 이때의 사면안전성은 장기안전성(long-term stability)이 검토되어야 할 것이다.

참고문헌

1. 대한토목학회(2000), "사면붕괴 방지대책 제도화를 위한 기본방안 연구", 행정자치부 국립방재연구소, pp.3~6.

2. 대한토목학회(2012), "우면산 산사태 원인조사 추가 및 보완조사보고서".

3. 산업기지개발공사(1982), "'82 대청댐 우안옹벽 안전성검사 보고서".

4. 진해시(1987), "장복로 사면붕괴방지대책 연구용역 보고서".

5. 최경(1986), "한국의 산사태 발생요인과 예지에 관한 연구", 강원대학교 박사학위논문.

6. 홍원표(1990), "사면안정(VIII)", 대한토질공학회, 제6권, 제3호, pp.88~98.

7. 홍원표(2018), 산사태억지말뚝, 도서출판 씨아이알.

8. ASCE(1982), Application of Walls to Landslide Control Problems. Proc., two sessions sponsored by the Committee on Earth Retaining Structures of the Geotechnical Engineering Division of the Amarican Society of Civil Engeers at the ASCE National Convention Las Vegas, Nevada, April 29, 1982.

9. Bishop, A.W. and Bjerrum, L.(1960), "The relevance of the triaxial test to the solution of the stability problems", Proc., ASCE Research Conf., on Shear Strenbth of Cohesive Soils, Boulder, Colorado, pp.437~501.

10. Brinch Hansen, J.(1962), "Relationship between stability analyses with total and with effective stresses", Bulletin No.15, The Danish Geotechnical Institute, Copenhagen, Denmark.

11. Farris, J.E.(1975), "Roadbed Stabilization", Amer. Rail. Eng. Assoc., Bull. 76, pp.419~431.

12. Ito, T., Matsui, T. and Hong, W.P.(1981), "Design method for stabilizing piles against landslide-one row of piles", Soils and Foundations, JSSMFE, Vol.21, No.1, pp.21~37.

13. Ito, T., Matsui, T. and Hong, W. P.(1982), "Extended design method for multi-row stabilizing piles against landslides", Soils and Foundations, JSSMFE, Vol.22, No.1, pp.1~13.

14. Janbu, N., Bierrum, L. and Kjaernali, B.(1958), Soil Mechanics Applied to Some Engineering Problems(in Norwgian), NGI-Publ., Vol.16, No.11-12, pp.17~26.

15. Lambe, T.W. and Whiteman, R.V.(1969), Soil Mechanics, John Wiley, New York.

16. Popescu, M.E.(1991), "Landslide control by means of a row of piles", Keynote paper, Proc., the International Conference on Slope Stability organized by the ICE and held on the Isle of Wight on 15-18 April 1991, pub. by Thomas Telford, pp.389~394.

17. The Japan Landslide Society(1996), "Landslide in Japan(the 5th revision)", The Japan

Landslide Society National Conference of Landslide Control.

18. 赤井浩一(1974), 土質力學特論, 森北出版, 東京.

19. 藤原明敏(1979), 地すべりの解析と防止對策－特に土木工事に關聯する地すべりの發生豫知, 理工圖書, 東京.

20. 藤原明敏(1979), 地すべり調査と解析－實豫に基づく調査・解析法－, 理工圖書, 東京.

21. 福本安正(1976), "地すべり防止グイの擧動について", 土質工學會論文報告集, Vol.16, No.2, pp.91~103.

22. 福本安正(1975), "地すべり防止杭の擧動に關する實驗的研究(2)", 地すべり, Vol.12, No.2, pp.38~43.

23. 福本安正(1975), "地すべり防止杭打工法について", 地すべり, Vol.11, No.2, pp.21~29.

24. 山口貢一(1967), "地すべりの素因と誘因について", 地すべり, Vol.4, No.1, pp.4~11.

25. 山田邦光(1982), 最新の斜面安定工法(設計,施工), 理工圖書, 東京.

26. 山田剛二・渡正亮・小橋燈治(1971), 地すべり・斜面崩壞の實態と對策, 山海堂, 東京.

27. 吉松弘行(1981), "降雨と地すべり運動", 地すべり, Vol.18, No.1, pp.26~32.

28. 渡正亮・中村浩之(1968), "地すべり防止工法の設計について", 地すべり, Vol.5, No.1, pp.25~31.

강우와 산사태의 관계

02 강우와 산사태의 관계

2.1 서 론

인구의 증가 및 산업시설의 증가로 인하여 산지나 구릉지를 토지로 활용하는 빈도가 점차 높아지고 있다. 그러나 이러한 토지개발로 인하여 변형된 지형은 산사태와 같은 자연재해에 대하여 취약성을 가지게 된다. 따라서 해마다 산사태 피해가 증가하고 있으며 피해 대상도 과거와 다르게 변하고 있다.[1,9] 즉, 옛날의 피해 대상은 주로 1차 산업인 논경지의 피해가 큰 비중을 차지하고 있었으나 최근에는 철도, 도로 등의 교통시설을 비롯하여 하천, 이수시설 등의 공공시설의 피해 비중이 커지고 있으며 발생 장소도 산간부에 국한되지 않고 도시의 여러 지역에 걸쳐 대규모로 발생되고 있다.[3,5-7] 예를 들면 1987년 7월 중순부터 8월 말 사이에는 수차례에 걸친 태풍과 집중호우 시 발생된 산사태 및 제방 붕괴 등으로 인하여 예년에 보기 드문 인명과 재산상의 막대한 피해를 입었다.[2]

최근의 피해 사례로는 2011년 7월 27일에 기록적인 집중호우로 서울 서초구에 있는 우면산에서 대규모 산사태가 발생하여 16명이 사망하는 큰 피해가 발생한 사례를 들 수 있다.[4]

이제 이와 같은 자연재해를 그대로 방치하여 들 수만은 없으며 산사태로부터 귀중한 인명을 보호하여야 할 것이다. 그러기 위해서는 산사태에 대한 철저한 인식과 산사태 발생 기구의 규명[21-23]은 물론이고 신뢰할 수 있는 방지 대책을 마련해야 한다.[15,17-19]

2.2 한국의 산사태 특징

지구윤회상 우리나라는 만장년기의 지형에 속하기 때문에 급경사면이 많으며, 토층 간의 특성이 서로 다른 곳이 많으므로 산사태가 많이 발생될 내적 요인(잠재적 요인 혹은 소인이라고도 부름)을 구비하고 있다.[13] 또한 우리나라의 연평균강우량은 1,100~1,400mm로서 이 중 대부분이 6월에서 9월 사이의 우기철에 집중적으로 내리기 때문에 매년 많은 산사태가 이 시기에 발생하고 있다.

표 2.1은 1960년대부터 2000년까지 20명 이상의 인명피해를 입은 산사태 발생 현황을 정리한 표이다.[1] 이 표에서 보는 바와 같이 산사태가 모두 6월에서 9월 사이에 발생되고 있음을 알 수 있다.

표 2.1 산사태 발생 현황(1960~2000년)[1]

기간	위치	인명피해(명)
1963. 6. 24~25.	경상남도 장승포	69
1965. 7. 16~17.	경기도 포천	55
1965. 8. 12.	부산	21
1969. 8. 4.	강원도 화천	60
1969. 9. 14~15.	경상남도 김해	39
1969. 9. 15.	경상남도 창령	70
1972. 8. 19.	서울 평창동	90
1976. 8. 13~15.	강원도 원주	20
1977. 7. 8.	경기도 안양 ~ 시흥	122
1979. 8. 5~6.	강원도 평창	23
1979. 8. 25~27.	경상남도 진해	38
1985. 7. 5.	부산 문현동	36
1987. 7. 27.	서울 시흥동	20
1991. 7. 21.	경기도 용인	32

최경(1986)은 1980년부터 1984년까지 4년간 우리나라에서 발생된 산사태의 규모에 대한 연구를 수행하여 그림 2.1을 제시하였다.[5]

그림 2.1은 산사태 발생 빈도에 따른 산사태의 길이, 폭, 깊이 및 면적과의 관계를 나타낸 것이다. 그림에서 보는 바와 같이 산사태의 길이가 20m인 경우는 전체 산사태의 50% 정도이

지만, 100m 이상인 경우는 전체 산사태의 14% 정도밖에 되지 않는다. 산사태의 폭은 5m인 경우가 가장 많으며, 20m 이하인 경우가 전체 산사태의 90% 정도에 해당한다.

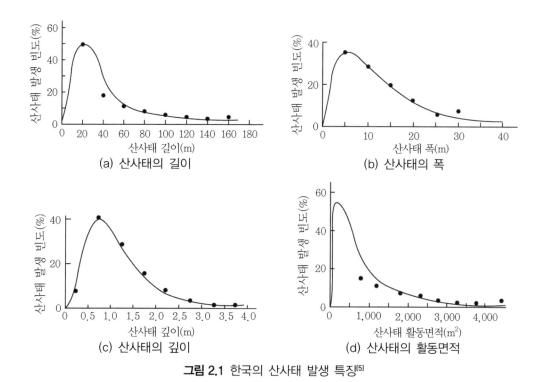

(a) 산사태의 길이

(b) 산사태의 폭

(c) 산사태의 깊이

(d) 산사태의 활동면적

그림 2.1 한국의 산사태 발생 특징[5]

한편 산사태 발생 깊이는 1m 정도인 경우가 가장 많으며, 2m 이하의 경우는 전체 산사태의 90% 정도에 해당한다. 그리고 산사태 활동 면적은 2,000m³ 이하의 경우가 대부분인 것으로 나타났다.

따라서 우리나라 산사태는 발생 빈도는 높은 편이나 활동면적은 비교적 작은 것으로 조사되었다. 즉, 우리나라의 산사태 발생 유형은 표층파괴 형태로서 산사태 길이에 비해 폭이 좁으며, 다발적으로 발생됨을 알 수 있다. 그러나 조사 대상이 되었던 산사태는 조림사업이 실시된 산림이 우거진 자연사면에서 발생된 산사태가 대부분이었을 것으로 생각된다.

이러한 발생 패턴의 예로써 1991년 7월 21일 경기도 용인군의 산사태를 들 수 있다. 이 산사태는 당일 11시부터 15시까지 내린 집중호우(평균강우량 180mm, 최고강우량 226mm, 최대 강우강도 100mm/hr)로 인하여 발생되었으며, 이 기간 동안 소규모 산사태가 1,152개소나 다발적으로 발생하였다.[13]

그러나 최근에는 도로건설이나 택지개발을 위한 산지나 구릉지의 절토로 인하여 대규모의 산사태 발생이 점차 늘어나고 있는 실정이다. 이와 같이 인위적으로 지형을 변경시켜 자연사면의 균형을 무너뜨린 경우에는 대규모 산사태가 주로 발생되고 있다.

결론적으로 우리나라의 산사태 발생 패턴은 두 가지로 구분할 수 있다. 즉, 자연산림지역에서는 다발적인 소규모 산사태가 발생되며 인위적인 개발로 인한 지형 변경이 실시된 지역에서는 대규모 산사태가 많이 발생된다.

2.3 자연재해

2.3.1 자연재해의 정의

우리나라는 매년 각종 자연재해로 인명과 재산상의 막대한 피해를 입고 있다. 이러한 현상은 우리나라뿐만 아니라 전 세계적으로 직면한 문제이다.[8,9,11,13,14] 특히 지구가 온난화되고 산업이 발달함에 따라 인위적인 재해의 원인을 제공함으로써 재해문제는 더욱 심각하다 하겠다.

이와 같이 발생되는 재해 중 안정된 상태로 있던 자연이 내적, 외적인 불균형에 의해서 파괴되고 특히 천변지리에 의한, 즉 태풍, 지진 등 인간의 힘이 미치지 못하는 자연력과 인위적인 개발에 기인한 재해요인의 부가로 재해는 더욱 증가하게 되었다. 따라서 지반공학적 입장에서의 재해에 대한 원인을 규명하고 그 대처 방안을 마련하는 것은 인간생활 측면에서 필요하다.

우리나라의 자연재해의 원인으로는 태풍, 호우, 폭풍 등과 같은 기상학적 자연현상에 의해 발생되고 있다. 이러한 자연재해는 지반과 관련되어 발생되는 지반재해의 경우가 많다. 예를 들면 호우 시 발생되는 사면붕괴(인공사면 붕괴나 산사태), 하천제방붕괴, 옹벽 및 석축붕괴 등을 들 수 있으며 그 밖에도 폭풍에 의한 해일 방조제 붕괴와 추운지방의 동결융해 피해 등을 들 수 있다.

이러한 자연재해로 인한 피해액과 복구비도 해마다 증가하고 있다. 특히 도시의 팽창과 더불어 최근의 피해는 인구밀집지역에 집중되어 있어 해마다 재해 발생 시기가 되면 전 국민이 자연재해에 대한 공포에 시달리고 있는 실정이다.

자연재해는 자연의 큰 힘(자연력)과 지역사회의 내력이 불균형적 상태에 있는 지역사회에서 발생된다. 천변지리(天變地理)에 근거한 자연력, 예를 들면 태풍이나 지진 등의 파괴력은 과거에도 발생되었고 미래에도 발생될 것이다. 이러한 자연의 힘에 대항하여 인류는 여러 가지 지식과 경험을 동원하여 대처하여왔다. 자연재해에 대한 인간의 대처사업은 토목사업으로 취급하여 예로부터 국가의 가장 큰 사업의 하나로 여겨왔다. 즉, 토목사업을 통하여 자연재해로부터 백성의 생명과 재산을 보호하기 위한 치산, 치수, 해안보전 등 국토보존사업을 실시하였다.

자연재해로부터 인간 및 인간의 사회생활을 보호하려는 방재 노력은 예로부터 끊임없이 지속되고 있다. 그러나 불행히도 자연재해의 완전방재는 불가능하였다. 다행히 많은 노력의 결과 자연재해를 많이 감소시킬 수는 있었다.

이와 같은 자연재해를 방지하거나 최소화시키기 위해서는 자연재해현상에 대하여 깊은 관찰을 할 필요가 있다. 이에 우선 본 절에서는 우리나라의 재해 상황 특성을 행정구역별, 수계별, 월별 그리고 원인별로 각각 나누어 관찰해본다.

재해는 국문학적이나 법률적으로 다양하게 정의될 수 있지만 공학적 입장에서 정의하면, "지금까지 안정된 상태나 환경에 자연적 혹은 인공적 변화로 인하여 유발되는 인적(정신적 포함)·사회적·경제적 및 기술적 손실"이라고 할 수 있다. 이러한 재해에 자연을 첨가하게 되면 자연이란 과연 어떤 의미를 가질 수 있을 것인가? 자연이라고 하는 것이 유인(誘因)과 소인(素因)으로서의 자연적인 것만을 가리키는 것인가?

그렇다면 호우는 자연적인 유인으로 이해할 수 있으나 산지의 수목을 벌채한 인공적인 유인이 겹쳐서 발생된 홍수에 의한 재해는 자연재해가 아닌가? 또한 인공적인 절토사면이 지진에 의해 무너진 경우의 재해도 자연재해가 아닌가? 등 구별하기가 어렵게 된다. 그러나 재해는 개발에 뒤따른 현상임을 생각해야만 한다. 즉, 문명의 흔적이 없는 곳에 재해가 존재하지 않는 것은 고대에서 현대에 이르기까지 변함이 없다.

이와 같이 개발, 문명, 문화와 재해는 불가분의 관계가 있게 된다. 따라서 자연재해는 그 시대에 전능하지 못한 인간이 필요에 부응하여 쌓아올린 문명에 자연적 유인이 초래한 재해로 취급될 수 있다.

또한 자연재해는 자연의 큰 힘인 자연력이 인간이 구축한 지역사회의 내력(耐力)과 불균형을 이루는 곳에서 발생될 수 있었다. 따라서 '자연재해'는 "자연현상의 이상한 자연력이 원동력이 되어 인간사회의 생활이나 생산 환경에 끼치는 손상이나 위해 혹은 인명에 끼치는 손상이나 공포"라고 정의할 수 있다.

2.3.2 자연재해 통계

우리나라의 자연재해의 원인은 태풍, 호우, 폭풍, 폭풍우, 대설, 폭풍설, 우레, 해일, 지진 등을 들 수 있다.[1]

표 2.2는 1978년부터 1987년까지 10년간 우리나라에서 발생된 각종 자연재해의 원인을 정리한 결과이다.[13,14] 이 결과에 의하면 우리나라는 매년 평균적으로 22.4회의 자연재해가 발생되었으며 이 자연재해의 원인 중 가장 큰 원인은 호우, 폭풍, 태풍, 폭풍우의 순으로 되어 있음을 알 수 있다. 호우에 의한 자연재해 발생 빈도는 전체의 36.6%이고 폭풍 및 폭풍우는 각각 25.4%와 3.6%이며, 태풍은 11.6%에 달하고 있다. 이들 재해 발생 원인은 모두 강우와 관련되어 있으며 이러한 재해 중의 상당부분이 산사태 발생에 의한 것이다. 즉, 강우와 관련된 자연재해는 전체 자연재해의 77.2%에 달하고 있다. 최근 지진의 발생 빈도가 늘어나기는 하였지만 여전히 우리나라는 지진과 같은 재해의 발생은 매우 적은 반면 강우로 기인된 자연재해의 발생률은 매우 높음을 알 수 있다.

표 2.2 '78~'87년 사이의 자연재해 통계[13]

발생 원인	태풍	호우	폭풍	폭풍우	대설	폭풍설	우레	해일	지진	결빙 등 기타	계
총 발생 횟수	26	82	57	8	4	7	27	8	1	4	224
연평균 발생 횟수	2.6	8.2	5.7	0.8	0.4	0.7	2.7	0.8	0.1	0.4	22.4
발생 빈도 (%)	11.6	36.6	25.4	3.6	1.8	3.1	12.0	3.6	1.8	1.8	100

한편 표 2.3은 표 2.2와 유사하게 1981년부터 1995년까지 15년간 발생된 각종 자연재해의 원인을 정리한 결과이다.[13] 이 결과에 의하면 우리나라는 매년 평균적으로 26.6회의 자연재해가 발생되었으며, 이 자연재해의 원인 중 가장 큰 원인은 호우, 폭풍, 우박, 태풍의 순으로 되어 있음을 알 수 있다. 즉, 호우에 의한 자연재해 발생 빈도는 전체의 35.3%이고 폭풍 및 우박은 각각 34.8%와 10%이고, 태풍은 8.0%에 달하고 있다.

이 결과를 표 2.2의 1977년부터 1987년까지 10년간의 통계와 비교해보면, 연평균 재해 발생 횟수는 22.4회에서 26.6회로 증가하였다. 이는 우리나라에서 자연재해가 해마다 증가하고 있음을 의미한다.

표 2.3 '81~'95년 사이의 자연재해 통계[8]

발생 원인	태풍	호우	폭풍	폭풍우	대설	폭풍설	해일	우박	기타[주]	계
총 발생 횟수	32	141	139	4	3	14	11	40	15	399
연평균 발생 횟수	2.1	9.4	9.3	0.3	0.2	0.9	0.7	2.7	1.0	26.6
발생 빈도 (%)	8.0	35.3	34.8	1.0	0.8	3.5	2.8	10.0	3.8	100

기타 [주] : 낙뢰, 돌풍, 설해, 결빙, 우레

강우와 관련된 이러한 재해 중 호우와 태풍에 의한 재해는 표 2.4에서 보는 바와 같이 거의가 6월에서 9월 사이에 집중적으로 발생하였다. 즉, 1916년부터 1984년까지 69년간의 기록에 의하면 호우와 태풍의 재해는 6월과 9월 사이에 전체의 88.8%가 발생하였다.

표 2.4 호우와 태풍재해의 월별 발생 빈도(1916~1984)[8]

월	1	2	3	4	5	6	7	8	9	10	11	12	계
호우재해(회)	0	1	1	16	15	41	102	93	47	10	5	2	330
태풍재해(회)	0	0	0	0	1	3	23	56	31	2	0	0	116
합계(회)	0	1	1	16	16	44	125	149	78	12	2	2	446
비율(%)	0	0.2	0.2	3.6	3.6	9.9	28.0	33.4	17.5	2.7	0.45	0.45	100

이러한 경향은 1981년에서 1995년까지의 재해기록을 그림으로 나타낸 그림 2.2에서도 동일하게 확인할 수 있다. 즉, 이 그림에서 보는 바와 같이 폭풍은 연중 비교적 고르게 발생하고 있으나 태풍과 호우는 거의가 6월에서 9월 사이에 전체의 87.4%가 발생하였다. 특히 7월과 8월에 호우의 집중률이 59.1%에 달하여 일 년 중 이 기간에 호우가 압도적으로 집중되었음을 알 수 있다.

이와 같이 우리나라는 세계적으로 다우지역에 속하면서도 호우의 집중률이 커서 여름철 자연재해의 발생률이 크다. 여름철 강우집중률이 높은 관계로 산사태가 많이 발생될 수 있는 지리적 환경에 놓여 있다. 더욱이 우리나라는 지형상 전국의 약 70%가 산지로 이루어져 있어 호우 시 유출률이 큰 점도 토석류형 산사태가 많이 발생될 수 있는 소인(素因)이 구비되어 있다.

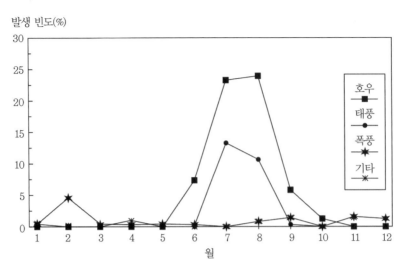

발생 빈도(%)

월

그림 2.2 월별 주요재해의 발생 빈도(1981~1995)[8]

표 2.5는 전국 14개 행정구역을 9개의 시·도별로 나누어 재해 발생 빈도를 정리한 결과이다. 1986년부터 1995년까지의 전체재해는 1,054건이며 그중 경상남북도가 329건으로 전체의 31.2%를 차지하였다. 발생 빈도를 보면 경남이 19.8%로 최고이고 전남, 강원, 경인, 경북, 충남, 충북, 전북의 순으로 나타났으며, 그중 경남, 경북, 전남이 전체의 49.4%로 이는 태풍 영향권에서 전 재해의 50% 정도가 발생되었음을 보여주고 있다. 대체로 남부지역인 경상남북도 지역과 전라남도지역은 주로 태풍에 의하여 많은 재해가 발생되었으며 중부지역권은 집중호우에 의해 재해가 많이 발생되었다.

표 2.5 1986~1995년간 시도별 재해 현황[8]

시도	경기	강원	충북	충남	전북	전남	경북	경남	제주	합계
발생 횟수	130	133	83	102	67	192	120	209	18	1,054
발생 빈도(%)	12.3	12.6	7.9	9.7	6.4	18.2	11.4	19.8	1.7	100
순위	4	3	7	6	8	2	5	1	9	

2.3.3 피해 상황

우리나라는 매년 자연재해로 인명과 재산상의 막대한 피해를 입고 있는데 이는 풍수해 등의 기상재해가 대부분을 차지하고 있다. 이와 같은 풍수해의 원인은 총괄적으로 두 가지로 생

각할 수 있다.[8]

첫째, 우리나라는 지리적으로 동남아 계절풍지대에 위치하고 있어 하계에 강우전선의 형성과 태풍의 내습 등으로 비교적 짧은 기간에 강우가 집중되고 있기 때문이다.

둘째, 지형상 동쪽에 남북을 가로 지르는 태백산맥이 치우쳐 있으며 산지가 국토면적의 2/3를 점하고 있어 호우 시 유출률이 커 일시에 유하함으로써 산사태, 하천범람 등으로 인한 피해가 많이 발생되고 있기 때문이다. 실재로 우리나라에서 수해와 풍해가 개별적으로 나타나는 경우는 드물다. 보통 호우가 내릴 때는 바람을 동반하기 마련이다.

또한 강한 태풍은 폭풍해일(storm surge)현상을 일으키기도 하고 심한 파도를 일으켜 조업 중이거나 항해 중인 선박을 파손, 침몰시키는 등 육지뿐만 아니라 해상에서도 막대한 피해를 일으킨다.

근래에는 국지적인 집중호우, 폭풍, 해일 등 이상기후 현상에 의한 피해가 주종을 이루고 있다. 또한 1960년대 이후 경제개발이 추진됨에 따른 도시화로 토지 이용이 급격히 증대되고 인구가 도시로 집중함에 따라 재해의 종류가 다양화되고 피해 규모가 대형화되는 경향이 있다. 도시화 현상은 규제를 하지 않은 도시와 그 주변의 도시화가 가속되어 유출률의 증대와 저지대 택지의 침수 등으로 인명과 재산의 피해가 가중되고 있다.

유남재(1997)는 1916년부터 1995년 사이에 발생된 대형 자연재해를 크기순으로 정리한 바 있다.[8] 그 결과에 의하면 1987년도의 재해가 가장 극심한 최근 피해였다. 이 기간 동안의 피해는 2월 초순과 하순경에 전형적인 서고동저의 기압배치를 이루면서 한파와 함께 폭풍현상으로 많은 피해가 발생하였다. 특히 영동지방의 경우는 18년 만에 보는 많은 적설로 인하여 영동고속도로를 비롯하여 24개의 국도가 두절되었고 산간지역의 마을과 등산객들이 고립되는가 하면 등교가 불가능한 영동지방 관내의 16개 초·중·고교에 대하여 휴교 조치를 취하였다.

1월부터 7월 초순까지는 비교적 소규모 피해가 발생하여 예년보다는 오히려 피해가 적은 편이었으나 7월 15~17일 태풍 셀마를 시점으로 대형 재해가 발생하기 시작하였다. 즉, 7월 21~23일 중부지방의 집중호우로부터 8월 27~30일 호우 및 태풍 다이너까지 무려 45일간 연속적인 재해가 발생하였다. 그러나 9월에 이어 10월에는 전국적으로 강우량이 예전보다 부족하여 경상남도 도시주민들은 식수마저 부족하였고, 식수조달을 위한 급수선을 운항하고 내륙일부지방의 채소 재배농민들도 강물을 퍼 올리기까지 하였다.

셀마와 다이너 2회의 태풍을 비롯하여 폭풍, 호우 등 크고 작은 풍수해가 발생하였다. 한 해 동안 전국적으로 1,022명의 인명피해와 1조 341,218백만 원의 물적 피해를 입어 1916년 이래 가장 큰 피해가 발생한 해였다. 특히 태풍 셀마에 의한 피해가 전체 피해의 37%를 차지하였다.

1987년 제5호 태풍 셀마는 7월 9일 괌도 부근에서 발생하여 제주도 동쪽 해상을 지나 순천만 부근으로 북상한 후 북북동진하여 강릉 부근을 관통하는 동안 전국에 걸쳐 많은 피해를 입혔다. 월 강우량도 예년보다 100~400mm 정도가 많았다.

한편 8월 말에 발생한 제12호 태풍 다이너는 남해상으로부터 영향권에 들어 부산 앞바다를 관통하여 동해상으로 북동진해 빠져나가는 동안 남해안과 동해안 지방에 많은 비를 뿌렸으며 피해도 상당히 입혔다.

그림 2.3 및 그림 2.4는 1916년부터 1995년까지의 재해사망자 수와 재해피해액을 정리한 결과이다.[8] 1981년에서 1995년까지의 재해피해액은 1995년을 기준으로 환산한 액수이며 사망자 수에는 실종자 수도 포함되어 있다.

이 결과에 의하면 피해액은 1980년대 후반부터 증가하는 경향을 보이고 있다. 1969년도에 사망자 수가 1,916명으로 가장 많이 발생하였다. 그리고 1981년에서 1995년까지의 사망자 수에는 어떤 뚜렷한 경향은 없으나 1987년도에 1,022명으로 많았으며 15년간의 총 사망자 수는 3,608명으로 연평균 240.5명의 인명이 희생되었다.

사망자 수와 피해액을 지역별로 분석해보면 경남지역과 전남지역이 특히 극심한 피해 지역으로 평가되었다. 이 지역에 속하면서 인구가 밀집되어 있는 부산과 광주지역의 경우 인명 피해가 극심하였다. 이는 재해가 발생될 소인과 유인이 많은 지역에 속하면서 인구가 집중된 대도시는 특히 인적 피해가 큼을 잘 보여주고 있다.

1986년에서 1995년 사이의 10년간 재해복구사업에 쓰인 연평균 복구액도 경남지역에서 754억 원으로 가장 많고 충남, 강원, 경북, 경인, 전남 순으로 400억 원 이상의 복구비가 소모되었다. 이 피해복구비는 하천복구사업에 가장 많이 소요되었고 그 다음으로 수리시설, 도로, 주택, 논경지의 복구사업에 쓰였다.

한편 재해 피해 상황을 한강, 낙동강, 금강, 영산강, 섬진강의 5대 수계별로 분석하면 사망자 수에 대하여는 한강 유역이 연평균 41.7명으로 제일 많이 희생되었으며 그 다음으로 낙동강 유역이 30.9명, 금강 유역이 15.5명, 영산강 유역이 10.1명, 섬진강 유역이 5.4명으로 나타났다. 이들 유역의 사망자 수는 우리나라 연평균 재해희생자 수의 50%가량에 해당한다.

물적 피해액도 한강 유역의 피해액이 가장 크게 나타나고 있으며 낙동강, 금강, 영산강, 섬진강 순으로 적어지고 있다. 이들 5대 하천 유역의 재해피해액이 우리나라 전체 피해액의

70% 이상을 차지하고 있어 대부분의 재해피해가 이들 지역에서 발생되었다.

이들 피해를 월별로 분석해보면 7월에 가장 크게 발생하였다. 7월에 연평균 77명 이상이 사망함으로써 가장 많은 희생자가 발생하였고 다음으로 8월, 9월 순이다. 전체 희생자의 70% 이상이 7월에 속해 있는 것으로 이는 계절적으로 호우와 태풍이 집중되어 있기 때문이다. 7월에 피해액 또한 연평균 981억 원으로 전체 피해액의 30.6%으로 가장 크게 발생하였다.

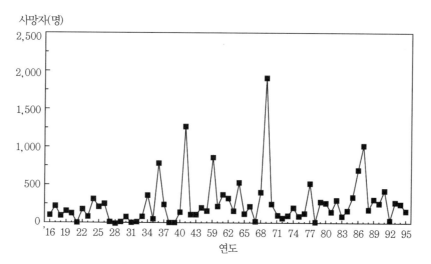

그림 2.3 연도별 사망자 수(1916~1995년)[8]

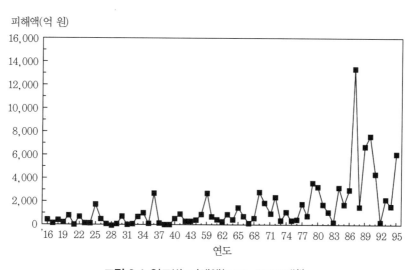

그림 2.4 연도별 피해액(1916~1995년)[8]

2.4 강우기록

중위도 지대에 위치하고 있는 우리나라의 기후는 사계절이 뚜렷한 온대성 특징을 가지고 있다.[13,14] 이러한 우리나라는 중국 연해주와 더불어 동쪽으로부터 남쪽으로 일본열도를 넘어서 태평양에 임하고 있기 때문에 계절풍의 영향으로 겨울에는 한랭 건조한 기후가 나타나고 여름에는 온난 다습한 기후가 나타나고 있다.

우리나라의 기후적 측면으로 보면 열대지역과 한대지역의 경계지역에 위치하고 있으므로 전선, 고기압, 저기압 등의 통과가 빈번하다. 또한 지형학상으로 대륙의 동해안에 위치하고 있기 때문에 같은 위도에 위치하고 있는 다른 지역에 비해 겨울에 한랭하며 여름과 겨울의 온도차가 심하다. 따라서 기후적 특색에 따라 다음과 같은 특징을 갖는다.

첫째, 연평균강우량이 1,100~1,400mm로 다우지역에 속한다.

둘째, 하계에는 온난 다습한 북태평양 고기압의 남동몬순의 영향으로 강우량이 많은 우기가 되고 동계에는 건조한 북서몬순의 시베리아 고기압의 영향으로 건기와 우기의 구별이 뚜렷하다.

셋째, 강우량이 지역적으로 크게 차이가 있다.

넷째, 계절적으로 강수량의 차이가 심하며 짧은 기간에 많은 강우를 동반한다.

이러한 기후적 특징과 4월에서 7월에 걸쳐 강우를 내리는 온대성 저기압, 8~9월에 내습하는 열대성 저기압(태풍) 및 이동성 고기압에 의한 강우의 영향 그리고 북태평양 고기압과 오호츠크 고기압에 의한 전선성 강우(장마)로 인한 강우의 특징을 살펴볼 수 있다.

우리나라의 강우는 그림 2.5에서 보는 바와 같이 연평균강우량의 약 66%가 6월에서 9월 사이에 집중강우의 형태로 발생하고 있다. 그림 2.5에 의하면 월평균 강우량은 7, 8월을 중심으로 정규 분포의 형태를 보이고 있다. 즉, 1월부터 점진적으로 강우량이 증가하다가 6월부터 급격히 증가하여 7월과 8월에 최대강우량을 보인다. 그러나 9월부터 다시 급격히 감소한 후 10월부터 점진적으로 감소한다. 6월에서 9월 사이를 제외하면 연중 월평균 강우량은 100mm 이하이다.

하계에 발생하는 강우 중 집중호우의 양상을 띠는 강우 형태는 장마전선에 의한 형태이며 이때 강우는 전선성 강우로 단기간에 걸쳐 쏟아지며 다습하여 우리나라 전 지역에 걸쳐 남북을 오르내리며 비를 내리게 한다. 여름 호우는 2일 내지 수 일에 걸치는 경우가 보통이나 때로는 10여 일에 걸치는 경우도 있다. 이럴 때 강우량은 연평균강우량의 1/2 또는 연평균강우량에 이르기도 한다. 즉, 6~7월 사이에 발생하는 강우는 오오츠크 고기압과 북태평양 고기압의 강세에 따라 전선이 형성되어 우리나라의 대표적인 우기를 초래한다.

또한 전선성 강우와 이때 형성되는 기압골 사이로 중국대륙에서 생성된 이동성 저기압이 서해를 지나 다습해지면서 전선과 교차될 때 가장 많은 강우를 일으키게 되는데 이때의 강우 형태는 집중호우를 이루게 된다. 우리나라의 연평균강우 중 대부분이 이 시기에 발생하고 자연재해를 유발한다. 한편 태풍은 북태평양 동서쪽 해상에서 발생하게 된다. 우리나라의 산사태는 주로 이러한 호우와 태풍의 시기에 많이 발생한다.

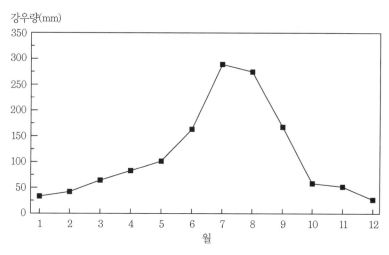

그림 2.5 월평균 강우 분포(1981~1995년)[8]

그림 2.6은 1981년부터 1995년까지의 강우집중률을 도시한 그림이다. 여기서 강우집중률은 식 (2.1)로 산정되며 연평균강우량과 6~9월 동안의 강우량의 비율을 의미한다.

$$강우집중률(\%) = (6\sim9월의\ 강우량\ 합)/연평균강우량 \times 100 \tag{2.1}$$

그림 2.6에서 보는 바와 같이 6~9월 사이의 강우량은 연평균강우량의 약 50~75%에 해당한다. 여름철에 비가 집중되는 대신 봄철의 경우는 연평균강우량의 약 15% 정도에 불과하며 겨울철의 강우량은 약 20% 정도이다. 겨울철의 강우는 남부해안 지방을 제외하면 대부분 강설이며 일 년 중 강우량이 가장 적어 약 5~10% 정도이다.

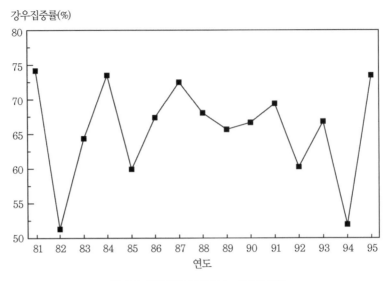

강우집중률(%)

그림 2.6 강우집중률(1981~1995년)[8]

2.5 강우로 인한 산사태

우리나라의 경우 대부분의 산사태는 우기에 집중적으로 발생되므로 우리나라 산사태의 발생 요인 중 가장 큰 요인은 강우임을 예측할 수 있다.[10,12-14] 이와 같이 강우가 산사태의 가장 중요한 외적 유인이 되고 있는 것은 사실이지만 강우강도, 강우 지속 시간, 누적강우량이 어떻게 관련되어 있는가는 아직 확실히 규명되어 있지 못하다.

홍콩의 경우 강우와 산사태의 관계에서 과거에는 Lumb(1975)에 의한 선행강우량 개념의 해석이 지배적이었으나[20] Brand(1985)가 집중 연구하여 현재에는 강우강도에 의한 해석이 제안되었다.[16]

그러나 우리나라에서는 몇몇 국부적인 연구를 제외하고 전국적인 규모의 연구는 그다지 알려져 있지 않은 상태이다. 강우 특성 및 지형 지질 조건은 각 국가마다 특징을 지니고 있는 관계로 외국의 연구 업적을 그대로 우리나라에 사용할 수 없으므로 우리나라의 강우기록과 산사태 발생 기록을 연계하여 우리나라 지역 특성에 맞는 산사태 발생 기구를 연구 조사할 필요가 있다.[13]

2.5.1 지역별 산사태 발생 특성

1977년도부터 1987년도까지의 산사태 발생 자료를 이용하여 산사태 발생일 이전의 누적강우량과 산사태 발생 당일의 강우량과의 관계를 비교해보면 그림 2.7과 같다.[2,3,13]

이들 그림에서는 종축을 산사태 발생 당일의 강우량으로 놓고 횡축에는 누적강우량으로 하였다. 누적강우량은 산사태 발생 당일 강우량을 포함하지 않은 산사태 발생일 이전의 강우량으로 1일간 누적강우량(그림 2.7(a))과 3일 누적강우량(그림 2.7(b))을 취급하였다. 여기서

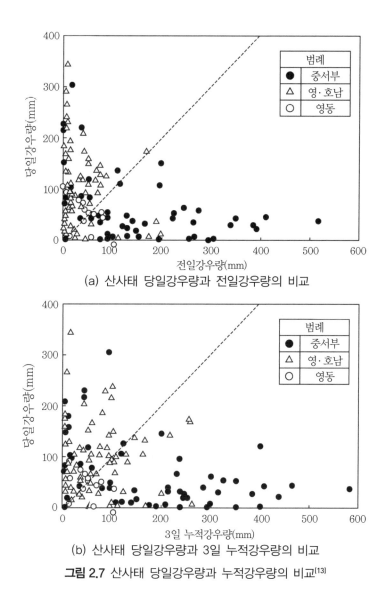

(a) 산사태 당일강우량과 전일강우량의 비교

(b) 산사태 당일강우량과 3일 누적강우량의 비교

그림 2.7 산사태 당일강우량과 누적강우량의 비교[13]

산사태가 발생한 지역은 전국을 우리나라 지역별 강우 특성에 따라 세 지역으로 구분하였다.[13]

우리나라 전국을 강우 특성별로 분류하면 대개 세 지역으로 구분할 수 있을 것이다. 첫째로는 경기도, 충청남북도 및 전라북도의 북부지역(지리산 북쪽지역)으로 구성되는 중서부지역으로 이 지역은 주로 기압골의 영향에 의한 호우지역이다.

둘째로는 경상남북도 전라남도 및 전라북도의 남부지역(지리산 남쪽지역)으로 구성되는 영호남지역으로서 태풍의 영향을 많이 받는 지역이다. 셋째로는 상부 태백산맥의 산악지대로 강원도를 중심으로 한 영동지역으로 강우량이 비교적 적은 지역이다.

그림 2.7에서 보는 바와 같이 중서부지역에서 발생된 산사태는 그림 속에 점선으로 표시한 중앙경사선 하부에 주로 도시되므로 당일강우량에 비하여 전일강우량 혹은 누적강우량이 큰 것으로 나타나고 있다. 따라서 이 지역에서의 산사태는 당일강우량보다는 전일강우량 혹은 누적강우량에 영향을 많이 받는 것으로 생각된다.

한편 영호남지역에서는 그림 2.7에서 보는 바와 같이 중앙경사선 상부에 도시되므로 당일강우량의 영향이 전일강우량 혹은 누적강우량의 영향보다 큰 것으로 나타나고 있다. 따라서 이 지역에서의 산사태는 전일강우량 혹은 누적강우량보다는 산사태 발생 당일의 강우량에 의하여 발생된 것으로 생각된다.

이들 결과를 우리나라 강우 특성과 비교해보면 중서부지역은 기압골 형성에 의한 집중호우의 누적강우량에 영향을 받아 산사태가 많이 발생되는 것으로 생각되며, 영호남지역은 태풍시 동반되는 집중호우로 인한 당일강우량의 영향으로 인하여 산사태가 많이 발생된다고 할 수 있을 것이다.

그러나 영동지역으로 구별되는 강원도지역의 누적강우량과 당일강우량의 상관관계를 살펴보면 그림 2.7에서 보는 바와 같이 100mm 이내에서 중앙경사선 상하부에 고루 분포하고 있음을 알 수 있다. 따라서 이 지역의 산사태 발생 특성은 당일과 누적의 강우량 영향을 거의 비슷하게 받음을 알 수 있다.

한편 강우강도는 산사태 발생에서 선행누적강우량의 개념에 못지않게 중요하다. 선행누적강우량의 영향을 많이 받는 중서부지역에 속하는 일부지역의 측후소를 선별하여 강우강도와 산사태의 상관관계를 조사하여보면 그림 2.8과 같다. 그림 중 종축의 좌측은 최대시간강우강도로서 막대그래프로 표시하였고 종축의 우측은 누적강우량으로 실선으로 표시하였다. 산사태 발생일을 기준으로 전일과 당일의 강우량을 최대시간강우강도와 누적강우량으로 표시함으로써 그 특징을 살펴보고자 한다.[3]

먼저 1987년 대전측후소 주변지역에서는 그림 2.8(a)에서 보는 바와 같이 논산에서 13개소, 공주에서 37개소, 연기군에서 5개소, 대덕군에서 13개소, 대전에서 4개소의 산사태가 총 72개소의 산사태가 7월 23일 발생하였다. 이때 이 지역에서는 산사태가 발생한 당일 비가 내리지 않았으며 전일까지의 강우기록을 살펴보면 최대시간강우강도는 53mm, 전일누적강우량은 302mm 정도였다.

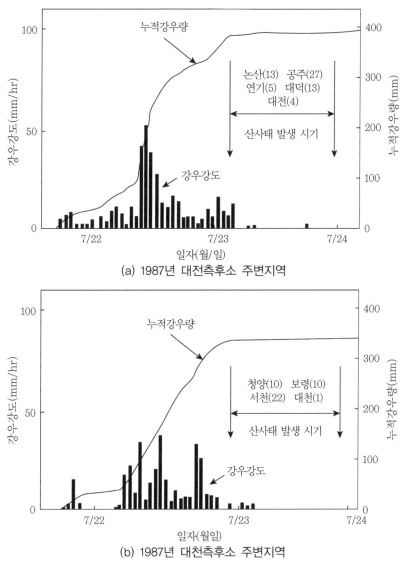

(a) 1987년 대전측후소 주변지역

(b) 1987년 대천측후소 주변지역

그림 2.8 중서부지역 강우기록과 산사태 발생 빈도[3]

반면에 같은 일자에 대천측후소 주변지역에서는 그림 2.8(b)에서 보는 바와 같이 청양에서 10개소, 보령에서 10개소, 서천에서 22개소, 대천에서 1개소의 총 43개소의 산사태가 발생하였다. 이 지역에서도 산사태가 발생한 당일에는 비가 내리지 않았으며 전일까지의 강우기록을 살펴보면 최대시간강우강도는 36mm, 전일누적강우량은 300mm 정도였다.

전일강우량이 당일강우량보다 크게 발생한 대천측후소 주변지역과 대전측후소 주변지역 모두 전일까지 누적강우량이 300mm 정도로 유사하나 전일의 최대시간강우강도가 큰 대전측후소 주변지역에서 산사태가 더 많이 발생하였다. 이 두 지역의 기록을 비교해봄으로써 알 수 있는 것은 선행누적강우량이 산사태에 영향을 많이 미치는 지역에서 선행최대시간강우강도는 피해 규모에 큰 영향을 미치고 있다고 생각된다. 따라서 산사태는 선행누적강우량과 선행강우강도 모두에 영향을 받는다고 할 수 있다.

한편 영호남지역은 태풍에 의한 폭우에 기인한 당일강우량의 영향을 받아 산사태가 많이 발생한 지역이다. 그림 2.9(a)에서 보듯이 충무측후소 주변지역에서는 8월 25일 고성에서 5개소, 사천에서 5개소의 산사태가 발생하였다. 산사태 발생 당일의 강우량이 340mm이었으므로 당일강우량에 의해 산사태가 발생하였다고 분류되는 지역이다. 산사태 발생 당일의 강우강도를 살펴보면 약 50mm 강우강도가 2회, 30mm 강우강도가 4회, 20mm 강우강도가 1회씩 기록되었다.

반면에 진주측후소 주변지역에서는 그림 2.9(b)에서 보는 바와 같이 의령에서 5개소, 사천에서 4개소의 산사태가 발생하였다. 이때의 당일강우량은 260mm를 보이고 있으며 강우강도를 살펴보면 50mm 강우강도가 1회, 40mm 강우강도가 1회, 30mm 강우강도가 3회, 20mm 강우강도가 1회, 10mm 강우강도가 5회를 기록하였다.

여기서 알 수 있는 바와 같이 당일강우량이 두 지역 모두 300mm 전후로 많아 당일강우량이 산사태 발생에 중요한 요인으로 작용하고 있지만 산사태가 더 많이 발생한 충무 측후소 주변지역에서 특히 최대시간강우강도가 매우 크게 나타나서 이들 영호남지역에서도 강우강도가 산사태 발생에 중요한 인자임을 알 수 있다.

연평균강우량이 비교적 타 지역에 비해 적은 영동지역의 경우 최대시간강우강도와 산사태의 상관관계는 그림 2.10과 같다. 먼저 당일누적강우량이 비슷한 원주측후소 주변지역과 속초측후소 주변지역을 선별하여 비교해본다.

우선 원주측후소 주변지역에서는 그림 2.10(a)에서 보는 바와 같이 1977년 7월 8일에 양평에서 당일강우량의 영향으로 7개소의 산사태가 발생하였으며 이때의 당일강우량은 74mm이며 최대시간강우강도는 20mm였다.

이에 비해 1980년 9월 10일 발생한 속초측후소 주변지역의 경우는 그림 2.10(b)에서 보는 바와 같이 정선에서 21개소, 동해에서 1개소, 삼척에서 24개소, 총 46개소의 산사태가 발생하였다. 이 지역의 당일강우량은 66mm이며 최대시간강우강도는 25mm 정도였다. 즉, 당일강우량은 속초측후소 주변지역이 원주 주변지역에 비하여 적으나 최대시간강우강도가 속초측후소 주변지역이 약간 커서 산사태의 발생 수에 차이를 보이고 있다. 이 두 지역에서도 알 수 있듯이 최대시간강우강도가 산사태에 큰 영향이 있었다고 할 수 있다.

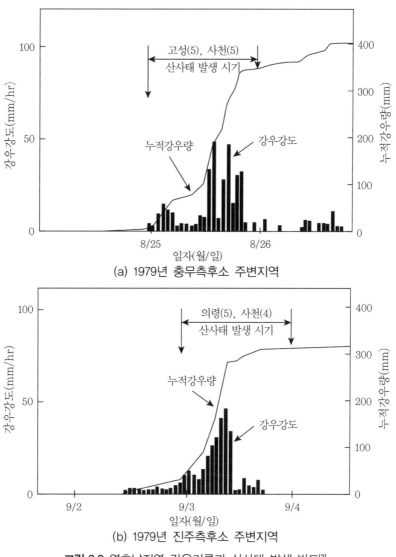

(a) 1979년 충무측후소 주변지역

(b) 1979년 진주측후소 주변지역

그림 2.9 영호남지역 강우기록과 산사태 발생 빈도[3]

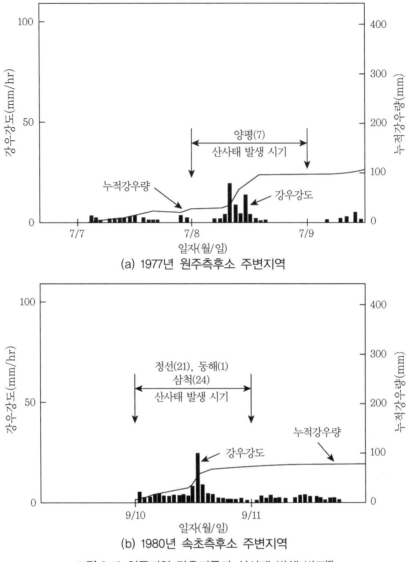

그림 2.10 영동지역 강우기록과 산사태 발생 빈도[3]

2.5.2 산사태의 발생 규모

이상에서 검토한 바에 의하면 산사태는 누적강우량과 최대시간강우강도 모두에 영향을 받고 있음을 알 수 있다. 따라서 이들 두 요소를 함께 고려하여 산사태 발생 여부를 조사할 필요가 있다.

산사태 발생 규모별 최대시간강우강도와 누적강우량의 상호관계를 알기 위해 전국에서 발생한 산사태를 발생 횟수에 따라 소규모, 중규모, 대규모로 구분하여 검토하면 그림 2.11과 같다.[13] 여기서 소규모 산사태는 동일한 측후소 주변지역에서 동일한 날에 산사태가 1~3개소에서 발생한 경우이고, 중규모 산사태는 4~19개소에서 발생한 경우이며, 대규모 산사태는 20개소 이상에서 발생한 경우로 구분하였다.

그림 중 누적강우량은 산사태 발생 당일과 전일의 2일간의 누적강우량을 나타내고 있다. 원래 산사태 규모는 산사태가 발생된 면적에 따라 구별될 수 있으나 우리나라의 경우는 북유럽이나 일본에서와 달리 수백 미터에서 수 킬로미터의 영역에 이르는 크리프성 대규모 산사태는 거의 발생되지 않으므로 발생 횟수에 따라 산사태 규모를 결정하는 Lumb[20]의 구분방법을 응용하기로 한다.

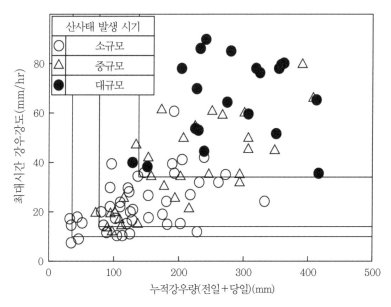

그림 2.11 산사태 발생 규모별 최대시간강우강도와 누적강우량(전일＋당일)의 관계[12,13]

이 그림에서 알 수 있는 바와 같이 소규모 산사태는 최대시간강우강도가 10mm이고 누적강우량이 40mm를 초과하면 발생되기 시작하였고, 중규모 산사태는 최대시간강우강도가 15mm이고 누적강우량이 80mm를 초과하면 발생되기 시작하였음을 알 수 있다. 또한 대규모 산사태는 최대시간강우강도가 35mm이고 누적강우량이 140mm를 초과하면 발생하였음을 알 수 있다.

이 결과는 금후 강우로 인한 산사태 경보기준으로 활용될 수도 있다. 즉, 경보시점을 기준으로 이틀간(48시간) 거슬러 올라간 기간 동안의 누적강우량이 40mm에 도달하고 최대시간 강우강도가 10mm에 도달하면 소규모 산사태가 발생될 가능성이 있음을 주의시킬 필요가 있으며, 누적강우량이 80mm 이상이고, 최대시간강우강도가 15mm가 되면 중규모 산사태가 발생될 가능성이 많음을 주의시킬 수 있고, 누적강우량이 140mm 이상이고 최대시간강우강도 가 35mm 이상이 되면 대규모 산사태 경보를 내릴 수 있다.

참고문헌

1. 건설부(1981~1995), 재해년보.

2. 김마리아(1988), "강우로 기인되는 산사태에 관한 연구", 건설대학원 석사학위논문.

3. 김윤원(1990), "우리나라 강우특성으로 인한 산사태에 관한 연구", 건설대학원 석사학위논문.

4. 대한토목학회(2012), "우면산 산사태 원인조사 추가 및 보완조사보고서".

5. 최경(1986), "한국의 산사태 발생요인과 예지에 관한 연구", 강원대학교 박사학위논문.

6. 대한토질공학회(1989), "대한주택공사 부산덕천지구 사면안정검토 연구 용역 보고서".

7. 백한기(1993), "부산지역의 산사태와 강우특성에 관한 연구", 건설대학원 석사학위논문.

8. 유남재(1997), "우리나라 자연재해의 최근 경향에 관한 연구", 건설대학원 석사학위논문.

9. 이상태(1987), 재해통계, 토목학회지, 제35권, 제3호, pp.56~61.

10. 최승호(1996), "강우시 사면안정해석법에 관한 연구", 건설대학원 석사학위논문.

11. 허상묵(1988), "풍수해현황과 대책", 민방위학교교재.

12. 홍원표 외 4인(1990), "강우로 기인되는 우리나라 사면활동의 예측", 대한토목학회지, 제6권, 제2호, pp.55~63.

13. 홍원표(1990), "사면안정(VIII)", 대한토질공학회, 제6권, 제3호, pp.88~98.

14. 홍원표(1991), "우리나라의 자연재해상황통계", 대한토질공학회, 제7권, 제1호, pp.93~99.

15. ASCE(1982), Application of Walls to Landslide Control Problems.

16. Brand, E.W.(1985), "Predicting the performance of residual soil slopes", Proc., 11th ICSMFE, Sanfrancisco, pp.2541~2573.

17. Hong, W.P.(1986), "Design method of piles to stabilize landslides", Proc., Int. Symp. on Environmental Geotechnology, Allentown, PA. pp.441~453.

18. Ito, T., Matsui, T. and Hong, W.P.(1981), "Design method for stabilizing piles against landslide-One row of piles", Soils and Foundations, Vol.21, No.1, pp.21~37.

19. Ito, T., Matsui, T. and Hong, W.P.(1982), "Extended design method for multi-row stabilizing piles against landslide", Soils and Foundations, Vol.22, No.1, pp.1~13.

20. Lumb, P.(1975), "Slope failures in Hong Kong", Quarterly Journal of Engineering Geology, London, Vol.8, pp.31~65.

21. Sassa, K.(1985), "The geotechnical classification of landslide", Proc., 4th Int. Conf. and Field Workshop on Landslides, Tokyo, pp.31~40.

22. Skempton, A.W. and Hutchinson, J.N.(1969), "Stability of natural slopes and embanjment

foundations", State-of-the-Art, Proc., 7th ICSMFE, Vol.2, pp.291~340.

23. Varnes, D.J.(1978), Slope Mevement Types and Process, Landslides Analyis and Control, Special Report 176, Transportation Research Board, Washington D.C.

사면안정해석
– 한계평형해석법

03 사면안정해석 – 한계평형해석법

3.1 한계평형이론의 기본 개념

사면활동면에 발달한 전단응력이 사면지반의 전단강도보다 크게 될 때 사면파괴가 발생한다. 즉, 사면이 파괴되는 것은 기본적으로 사면 속 전단응력이 전단강도보다 커졌기 때문에 발생하는 것이다. 따라서 사면안정해석에서는 전단응력(혹은 발휘전단강도 : mobilized shear strength)과 전단강도를 식 (3.1)과 같이 서로 비교하여 사면안전율을 산정하고 사면의 안정성을 판단하게 된다.

그러나 사면활동면에서의 전단응력과 전단강도는 시간과 지반변형량에 따라 수시로 변하기 때문에 정확히 파악하기가 용이하지 않다. 그래서 사면안정해석을 간단히 수행하기 위해 단순화작업이 필요하게 된다.

전단응력은 사면의 기하학적 및 물리적 특성이 시간에 따라 크게 변하지 않는다고 가정하여 비교적 쉽게 산정할 수 있다. 반면에 전단강도는 토질역학적 특성에 따라 쉽게 변화할 수 있기 때문에 특별한 가정의 설정이 필요하다. 이 전단강도는 지반에서 발휘될 수 있는 최대한의 저항력으로 정하고 이 값은 시간이나 지반의 변형률에 의존하지 않는다고 가정한다. 그러나 지반의 응력과 변형률 사이의 거동영향을 고려하지 않고 전단강도를 정하므로 지반을 강소성 재료로 취급할 수밖에 없다.

즉, 지반의 역학적 거동을 그림 3.1에서 보는 바와 같이 재하 즉시 최대응력에 도달하고 이 응력 상태에서 변형률은 무한변형률을 보이는 강소성체로 사면지반의 재료특성을 취급함으로써 전단강도를 정할 때 비교기준을 확고하게 정할 수 있게 된다.

이는 곧 사면안정해석을 용이하게 할 수 있는 방법을 마련할 수 있게 하는 계기가 된다. 이와 같이 강소성체의 응력과 변형률 사이의 거동을 규정지어 한계강도 상태에 대한 평형조건으로 사면안전성을 검토하는 해석법을 한계평형해석법(limit equliblium analytical method)이라 부른다.

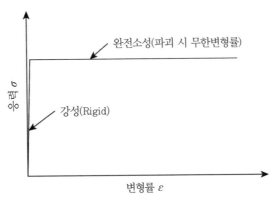

그림 3.1 강소성체의 응력-변형률 거동

또한 전단강도는 점착력성분과 마찰력성분의 두 성분으로 표현한다. 그리고 사면안정해석 시 파괴규준으로는 Mohr-Coulomb 파괴규준을 적용한다. 따라서 한계평형이론으로 사면안정해석 시 필요한 조건으로는 ① 파괴 시의 평형조건, ② Mohr-Coulomb 파괴규준이 적용된 지반의 전단강도, ③ 응력과 변형률 거동을 고려하지 않는 강소성거동의 세 가지를 열거할 수 있다.

한계평형해석이론에 적용되는 전단응력과 전단강도는 그림 3.2와 같이 개략적으로 도시할 수 있고 사면안전율은 식 (3.1)과 같이 전단강도와 발달한 전단응력의 비에 해당한다. 여기서 전단응력은 활동면 상부의 활동토괴에 의해 활동면에 발달하므로 발달한 전단응력 혹은 발휘된 전단강도라 부른다. 또한 전단응력은 전단강도 이내에서 점차 증가하여 발달하다가 전단강도에 도달하면 더 이상 증가하지 않게 된다. 따라서 전단응력을 발휘된 전단강도라 부르기도 한다.

전단강도의 점착력성분과 마찰력성분에는 각각 식 (3.2) 및 식 (3.3)에 표현한 바와 같이 전단강도정수 c_m, $\tan\phi_m$에 대하여 동일한 안전율 F가 적용된다.

$$F = \frac{전단강도}{발휘전단강도} = \frac{\tau}{\tau_m} = \frac{c + \sigma\tan\phi}{c_m + \sigma\tan\phi_m} \tag{3.1}$$

$$F = \frac{c}{c_m} = \frac{\tan\phi}{\tan\phi_m} \tag{3.2}$$

$$c_m = \frac{c}{F} \quad \tan\phi_m = \frac{\tan\phi}{F} \tag{3.3}$$

여기서, τ, c, $\tan\phi$: 사면지반의 전단강도, 점착력, 마찰계수

$\quad\quad\tau_m$, c_m, $\tan\phi_m$: 사면지반 활동면에 발달한 전단응력, 점착력, 마찰계수

$\quad\quad F$: 사면안전율

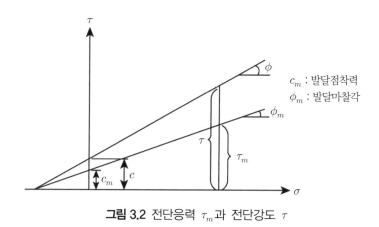

그림 3.2 전단응력 τ_m과 전단강도 τ

한편 한계평형이론에 의해 사면안정해석을 수행할 경우 필요한 사항은 다음과 같다.

① 지반정수 : 전단강도정수, 단위체적중량
② 수압 : 전응력해석에서는 외부수압만, 유효응력해석에서는 외부수압 및 내부수압 모두
③ 기하학적 형상 : 지형, 현장상태, 층상 등
④ 외력 : 선하중, 수압, 지진하중 등

3.2 전응력과 유효응력 상태

사면안전해석에서는 간극수압을 고려하는가 여부에 따라 전응력과 유효응력의 두 가지 응

력 상태를 고려할 수 있다. 이들 두 응력 상태의 해석에서는 식 (3.4) 및 식 (3.5)에서 보는 바와 같이 활동면에서 발휘된 전단강도 τ_m은 동일하나 전단강도가 지반 내 간극수압을 고려하는가 여부에 따라 다르다.

$$\text{전응력해석}: F_t = \frac{c_u}{\tau_m} = \frac{\text{일정함수비 상태 전단강도}}{\text{발휘된 전단강도}} \tag{3.4}$$

$$\text{유효응력해석}: F_e = \frac{c' + \sigma'\tan\phi'}{\tau_m} = \frac{\text{일정유효응력 상태 전단강도}}{\text{발휘된 전단강도}} \tag{3.5}$$

여기서, F_t : 전응력해석 사면안전율

F_e : 유효응력해석 사면안전율

τ_m : 활동면에 발휘된 전단강도 혹은 발달한 전단응력

c_u : 비배수전단강도

c' : 유효점착력

ϕ' : 유효내부마찰각

σ' : 유효수직응력

일반적으로 일정함수비 상태에서의 전단강도는 일정유효응력 상태에서의 전단강도와 다르므로 전응력해석에 의한 사면안전율 F_t는 유효응력해석에 의한 사면안전율 F_e와 다르다. 일정함수비 상태라 함은 함수비가 변하지 않는 상태를 의미함으로 비배수상태를 의미한다. 따라서 사면의 안정이 비배수상태에 있는 것을 말하므로 단기간에 해당한다. 즉, 단기안정(short-term stability)을 검토할 경우는 비배수상태의 안정문제에 해당한다.

그러나 시간이 길어지면 함수비가 변하게 되므로 더 이상 일정함수비를 유지하기가 어렵다. 이 경우는 배수상태를 의미한다. 비배수상태일지라도 간극수압의 정보를 알면 유효응력 상태를 다룰 수 있다. 따라서 이런 경우는 장기안정(long-term stability) 문제로 취급하게 된다. 이러한 장기안정을 검토할 경우는 배수상태의 안정문제에 해당하거나 간극수압을 고려한 유효응력 상태를 고려하게 된다.

평형상태에서 활동면에 발휘된 전단강도 τ_m과 주응력 σ_{1m}, σ_{3m}은 그림 3.3과 같다. 여기서 전단응력과 주응력의 관계를 응력원상에 도시하면 그림 3.4와 같다.

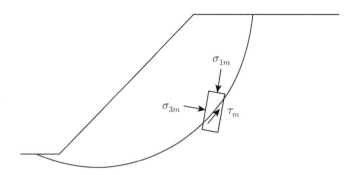

그림 3.3 활동면에 발휘된 전단강도와 주응력

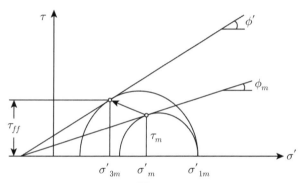

(a) 전응력 상태($\overline{A}$ =1인 경우의 벡타)

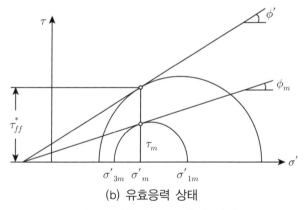

(b) 유효응력 상태

그림 3.4 전응력과 유효응력 상태

그림 3.4(a)는 전응력 상태이고 그림 3.4(b)는 유효응력 상태이다. 이 두 응력 상태에서의 사면안전율 F_t와 F_e 는 각각 식 (3.6) 및 식 (3.7)과 같다.

$$F_t = \frac{\tau_{ff}}{\tau_m} \tag{3.6}$$

$$F_e = \frac{\tau_{ff}^*}{\tau_m} \tag{3.7}$$

여기서 τ_{ff}와 τ_{ff}^*는 각각 그림 3.4(a)와 (b)에 도시된 전응력과 유효응력 상태에서의 전단강도이다. 일반적으로 τ_{ff}는 τ_{ff}^*와 같지 않으므로 사면안전율 F_t와 F_e는 서로 일치하지 않는다.

Brinch Hansen(1962)은 사면안전율 F_t와 F_e의 관계식을 식 (3.8)과 같이 제시하였다.[7] 이 식에 의하면 사면안전율 F_t와 F_e 사이의 관계는 유효내부마찰각 ϕ'와 파괴 시의 간극수압계수 $\overline{A} = \overline{A_F}$에 의존한다.

$$F_t = \frac{2\overline{A} - 1 + \sqrt{1 + F_e^2 \cot^2\phi'}}{2\overline{A} - 1 + \dfrac{1}{\sin\phi'}} \tag{3.8}$$

유효내부마찰각 ϕ'가 30°인 경우의 사면안전율 F_t와 F_e 사이의 관계는 그림 3.5와 같다. 이와 같이 사면안전율 F_t와 F_e의 차이는 두 안전율에 대한 상이한 정의 때문이다.

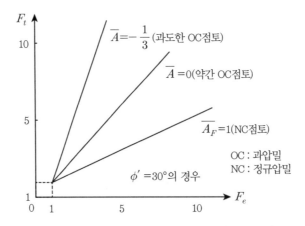

그림 3.5 사면안전율 F_t와 F_e 사이의 관계(유효내부마찰각 ϕ' =30°의 경우)

3.3 한계평형해석법의 종류

한계평형이론에 의거한 사면안정해석법은 현재 여러 사람에 의해 연구 제안되어 사용되고 있다. 우선 본 절에서는 이들 해석법을 알기 쉽게 분류 정리해본다.

사면안정해석법은 안전율 산정식의 형태에 따라 선형법(liner method)과 비선형법(nonlinear method)의 두 가지로 크게 분류할 수 있다.[3]

3.3.1 선형법

사면안전율을 산정하기 위해 제시된 식이 선형의 형태인 해석법을 의미한다. 즉, 사면안전율을 산정하기 위해 필요한 제반 기하학적 조건과 토질정수를 대입하는 것만으로 사면안전율을 반복 계산작업 없이 직접 계산할 수 있는 형태의 해석법이다.

이 그룹에 속하는 방법으로 현재 사용되는 대표적인 해석법은 무한사면해석법, 활동토괴(sliding block)해석법 혹은 쐐기(wedge)해석법, $\phi_u = 0$법, Fellenius법[9] 등을 들 수 있다. 이들 방법의 특징으로는 반복계산의 번거로움이 없는 이점이 있다. 그러나 일반적으로 이들 방법에 의해 구해진 사면안전율은 안전측의 보수적인 결과를 보이고 있어 비경제적인 설계가 되기 쉽다.

3.3.2 비선형법

사면안전율을 산정하기 위해 제시된 식이 안전율의 비선형 형태로 되어 있어 사면의 기하학적 조건과 토질정수만을 대입해서는 사면안전율을 구할 수 없다. 목적함수인 사면안전율이 변수로 포함되어 있기에 한 번의 계산작업으로 사면안전율을 구할 수 없다. 따라서 일단 사면안전율을 가정하여 사면안전율을 구한 후 가정한 값과 산정된 값을 비교하는 작업이 실시된다. 이들 두 값이 서로 일치하지 않으면 사면안전율을 재차 가정하여 두 값이 서로 일치할 때까지 반복작업을 수행해야 한다.

비선형법은 절편력과 활동면에 작용하는 수직력 등의 부정정력의 처리방법에 따라 여러 가지로 제안 사용되고 있다. 그 대표적인 방법으로는 Bishop 간편법,[6] Bishop 엄밀해,[6] Janbu 간편법,[12] Janbu 엄밀해,[12] Spencer법, Morgenstern & Price법, GLE법 등을 들 수 있다.[8,13,14]

비선형법은 여러 사람들에 의해 독립적으로 제안되어 서로 관련성이 없는 것으로 보였으나

Fredlund & Krahn(1977)이 일반한계평형법(GLE)법을 제시하므로 인하여 비선형해석법을 종합적으로 서로 관련지어 설명하기가 편리하게 되었다.[10]

GLE법에서는 절편저부의 활동면에 작용하는 수직력(P), 회전중심에 대한 모멘트평형에 의한 안전율(F_m) 및 힘의 평형에 의한 안전율(F_f)의 세 가지 식에 의하여 사면의 안전율을 구할 수 있게 되어 있다. 이 세 가지 목적함수는 수직방향 절편력 X_R과 X_L에 의존하게 되므로 결국 사면안전율은 절편의 양측면에 작용하는 절편력 X_R과 X_L의 가정방법에 따라 달라질 수 있게 된다. 이 절편력의 가정에 따른 각종 비선형해석법을 정리해보면 표 3.1과 같다. 일반적으로 모멘트평형 안전율 F_m은 힘의 평형 안전율 F_f보다 덜 민감하게 나타나고 있다. 이들 비선형 해석법에 대하여는 제5장과 제6장에서 자세히 설명한다.

표 3.1 비선형 안정해석법의 가정과 안전율 계산 근거

산정법	가정	안전율 산정 근거	
		모멘트평형(F_m)	힘의 평형(F_f)
Fellenius법	$X/E = \tan\alpha$	x	
Bishop 간편법	$X_R - X_L = 0$	x	
Spencer법	$X/E = \tan\theta$	x	x
Janbu 간편법	$X = 0$		x
Janbu 엄밀해	Thrust line		x
Morgenstern & Price법	$X/E = \lambda f(x)$	x	x

* X, E : 절편(interslices)에 작용하는 수직력과 수평력
* X_R, X_L : 절편의 좌측과 우측에 작용하는 수직절편력
* α : 절편파괴면의 각도

3.4 한계평형해석법의 문제점

한계평형법에 의해 사면안정해석을 실시하는 것은 가상활동면(potential slip surfaces) 상부의 활동토괴에 평형조건과 파괴기준을 적용시켜 안정해석을 실시하는 것이라 할 수 있다. 한계평형이론에 의거하여 실시되는 사면안정해석법에는 기본적으로 다음과 같은 가정이 전제되고 있다.

① 흙은 Mohr-Coulomb의 파괴기준을 만족하는 재료이다.
② 전단강도의 점착력 성분과 마찰력 성분에 대한 안전율은 동일하다.
③ 전체 절편에 적용하는 사면안전율은 동일하다.

이들 가정은 사면안정해석을 단순화시키는 과정에서 제안 적용된 사항이다. 그러나 실제는 이들 가정의 성립이 다소 무리한 점이 있다. 즉, 한계평형이론에 의한 사면안정해석법에 근본적으로 적용되는 위에 열거한 가정에는 다음과 같은 문제점이 제기될 수 있다.

① 사면안전율 산정식에 대한 가정이 불합리하다.
② 흙의 전단강도에 변형이 고려되어 있지 않다.
③ 각 절편의 부정적 절편력 산정이 어렵다.

이들 세 가지 문제점에 대하여 순차적으로 자세히 설명하면 다음과 같다.

(1) 사면안전율 산정식의 문제점

이 중 한계평형이론에 의한 사면안정해석의 첫 번째 문제점으로 사면안전율 산정식에 대한 가정의 불합리성을 들 수 있다. 통상 사면안전율은 활동면상의 전단응력과 전단강도의 비로 표현된다. 그러나 이들 식은 사면안정해석법에 기본적으로 적용되는 위의 가정 중 ①번과 ②번의 조건하에서만 성립될 수 있다. 즉, 흙의 파괴기준으로 Mohr-Coulomb의 파괴기준을 적용하는 점과 전단강도의 점착력 성분과 마찰력 성분에 대한 안전율이 동일하다는 점은 엄밀히 말하면 불합리하다.

(2) 흙의 응력 - 변형률 특성 불고려

두 번째 문제점으로 흙의 전단강도는 실제로 지반변형에 크게 영향을 받고 있음에도 불구하고 변형에 따른 영향을 고려할 수 없게 되어 있다. 즉, 사면안정해석 시 흙의 강도정수를 Mohr-Coulomb의 파괴기준에 의거하여 정하고 나면 변형에 의한 영향을 고려할 수 없어 사면지반의 변형 중에도 전단강도는 변하지 않는다는 가정이 된다. 그러나 흙의 전단강도는 변형에 따라 첨두강도, 한계강도, 잔류강도로 구분되므로 어느 상태의 강도를 선정하여 사면안정해석을 실시하여야 할 것인가 잘 생각해야 한다.

또한 어느 강도를 선택하던 간에 활동면상의 각 점의 변형은 항상 동일하다는 가정이 더 필요하게 된다. 그러나 실제는 사면활동면 전 길이에 걸쳐 변형이 동일하다고 하기는 어려우므로 활동면의 구간에 따라 전단강도가 다르게 된다.

그 밖에도 Mohr-Coulomb의 파괴기준이 항상 성립될 수 있을까 하는 점도 의문으로 제기되고 있다. 즉, 강도에 대한 흙의 파괴기준은 지중응력불변량(I_1, I_2, I_3)에 의존하므로 사면의 크기(지중응력)에 따라 Mohr-Coulomb의 파괴기준이 성립되지 않을 수도 있다.

(3) 절편력의 불확실성

마지막으로 절편력을 어떻게 설정할 것인가이다. 근본적으로 절편력은 부정정력이므로 이의 정확한 결정은 매우 어려운 실정이다. 현재 이 절편력의 결정방법에 따라 많은 사면안정해석법이 제시되고 있다. 그러나 실제 어느 방법이 가장 올바른가 하는 문제는 누구도 정확히 대답할 수 없는 실정이다.

3.5 전단강도 측정법

3.5.1 서 론

성토지반의 파괴면에 발휘되는 전단강도는 그림 3.6에 도시된 바와 같이 파괴면 전체에 걸쳐 항상 일정한 상태가 아니다. 즉, 원호파괴면에 걸쳐 전단되는 흙요소의 전단상태는 성토 바로 하부 지반에서는 흙 요소가 삼축압축상태에 있으나 원호파괴면의 최심부에서는 단순전단상태에 있게 된다. 그러나 원호파괴면이 지상에 드러나는 융기구간에서의 흙 요소는 삼축신장상태로 전단파괴가 발생한다. 따라서 원호파괴면 전체에 걸친 전단상태의 차이로 인해 강도의 이방성이 존재하게 된다. 따라서 이런 전단강도의 이방성은 사면안정해석에 근복적으로 영향을 미치게 될 것이다. 그러나 현재의 사면안정해석에서는 아직 이러한 강도이방성에 대한 영향을 반영하지 못하고 있다.

이러한 강도이방성을 반영한 전단강도 특성을 조사하려면 전단강도 측정법 자체가 차이가 있어야 한다. 예를 들면 삼축시험도 삼축압축시험과 삼축신장시험은 물론이고 단순전단시험도 실시하여야 한다. 이에 실재 사면안정해석에 적용 여부와 관계없이 다양한 특성을 파악할 수 있는 전단강도 측정법을 알아둘 필요가 있다.

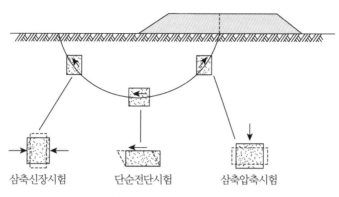

그림 3.6 전단강도의 이방성[15]

현재 지반의 전단강도는 여러가지 방법으로 직접 측정하거나 경험적으로 결정해오고 있다. 이들 방법을 분류하면 그림 3.7과 같다.[4] 즉, 지반의 전단강도측정시험법은 실내시험과 현장시험의 두 가지로 크게 분류할 수 있을 것이다.

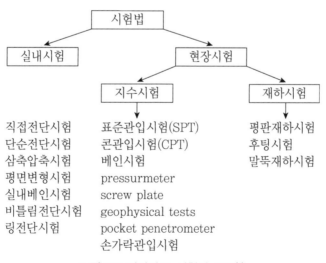

그림 3.7 전단강도 시험법 분류[4]

우선 실내시험으로는 직접전단시험, 일축압축시험, 삼축압축시험, 단순전단시험, 평면변형시험, 비틀림전단시험 등을 들 수 있다. 이들 시험은 지반 속의 한 흙요소가 지중에서 받는 응력의 상태를 실내시험기 내에서 재현시켜 역학적 거동을 조사하는 시험들이다. 따라서 보다 정확한(보다 현장상태에 근접한) 전단강도를 측정하기 위하여 예로부터 시험기 개발을 꾸준히 진행하고 있는 실정이다.

실용상 충분한 정밀성을 확보할 수 있고 시험의 간편성으로 인하여 직접전단시험, 일축압축시험 및 삼축압축시험이 현재까지 가장 많이 사용되고 있다. 그러나 최근에는 3차원 응력상태(정확히 중간주응력의 영향)와 지중주응력회전효과를 고려한 전단강도 특성을 조사하기 위하여 입방체형삼축압축시험(이를 진짜 삼축시험이라 함), 단순전단시험(simple shear test), 평면변형률시험 및 비틀림전단시험 등이 개발되어 연구단계수준이지만 활용되고 있다.

한편 현장시험은 지수시험(indication test)과 재하시험으로 크게 구분할 수 있다. 즉, 이 시험은 현장에서 직접 전단강도를 측정하거나 혹은 전단강도를 판단할 수 있는 경험적 수치를 측정하는 방법이다.

먼저 지수시험은 시험방법을 표준화시켜 지반의 전단관련 어떤 특정값을 측정하는 방법이다. 예를 들면 표준관입시험(standard penetration test)은 관입샘플러를 지중에 타격에너지를 가하여 관입시킬 때 지반특성에 따라 관입타격수가 다름을 이용하여 타격횟수 N을 측정하는 시험이다. 이 N값은 그 자체가 전단강도는 아니고 단지 표준화된 한 특정 지표값에 지나지 않는다. 그러나 이 값은 전단강도와 연계하여 비교된 오랜 경험에 의거하여 정성적인 혹은 정량적인 전단강도특성을 결정하는 데 활용되고 있다.

이와 같이 그 값 자체는 전단강도 값이라 할 수 없으나 전단강도와 연계 활용할 수 있는 지표값을 구하는 시험을 모두 지수시험이라 할 수 있다. 이러한 시험으로는 표준관입시험(SPT), 콘관입시험(CPT), 베인시험 등을 들 수 있다.

다음으로 재하시험은 현장에서 하중을 지반에 직접 가하여 지반의 하중부담능력을 측정해 보는 시험법이다. 이 시험으로는 평판재하시험과 말뚝재하시험을 대표적으로 열거할 수 있다.

실내시험의 목적은 현장에서의 하중재하상태를 실내시험기 내에서 재현시키는 것이다. 즉, 지반 속의 한 흙요소가 현재 지중에서 받고 있는 응력상태를 먼저 시험기 내에서 재현시킨 후 하중재하에 따라 지중 흙요소가 받게 될 응력의 조건을 재현시켜 흙요소의 역학적 거동을 조사 관찰함이 실내시험의 목적이다. 이러한 목적을 달성하기 위해서는 다음과 같은 조건이 실내시험에서 만족되어야 한다.

① 실재 현장하중조건(배수조건 포함)이 알려져야 한다.

② 실재시험장치는 현장상태를 소요정확도로 재현시켜야 한다.

③ 현장재하조건과 실내시험조건 사이의 차이가 합리적으로 고려되어야 한다.

흙의 전단강도를 측정할 수 있는 실내시험으로 현재까지 개발 사용되어오고 있는 시험방법은 응력과 변형률의 주면(principal planes)이 고정되어 있는가 여부에 따라 크게 두 가지로 분류할 수 있다.[5]

첫 번째 시험법은 응력과 변형의 주면을 항상 일정하게 하고 시험하는 시험방법으로 그림 3.8에 정리된 바와 같은 시험이다. 이들 시험에서는 초기에 작용한 수직응력이 작용하는 주면이 시험 종료 시까지 동일하게 주면이 되므로 시험 중 주응력회전이 불가능한 시험이다.

예를 들어 원통형 공시체를 사용하든 입방체형 공시체를 사용하는 삼축시험에서는 x, y, z의 세 축의 방향이 고정되어 있고 이들 축의 방향이 주응력축이 된다. 따라서 이들 시험에서는

시험 종류	응력도	응력상태
입방체형 삼축시험	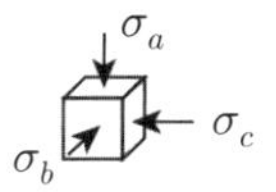	$\sigma_a \neq \sigma_b \neq \sigma_c$
일반삼축시험 (원통형 공시체)	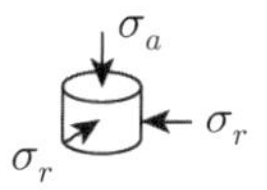	$\sigma_b = \sigma_c = \sigma_r$
평면변형시험	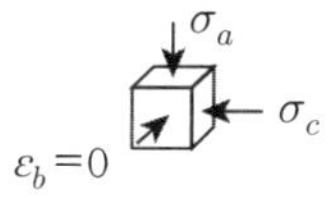	$\varepsilon_b = 0$
평면응력시험	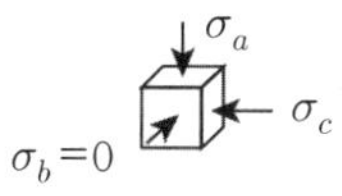	$\sigma_b = 0$
일차원 압축시험	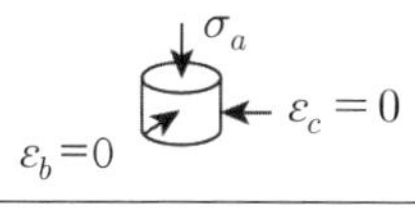	$\varepsilon_b = \varepsilon_c = \varepsilon_r = 0$
일축압축시험	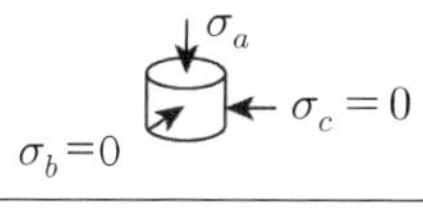	$\sigma_b = \sigma_c = \sigma_r = 0$
등방압축시험	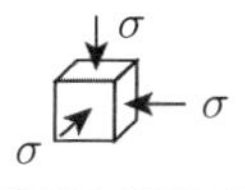	$\sigma_a = \sigma_b = \sigma_c = \sigma$

그림 3.8 각종 전단시험에서의 요소의 응력상태

처음 재하한 수직응력이 작용하는 주면이 시험 종료 시까지 동일하게 주면으로 고정되어 있으므로 주응력회전이 불가능한 시험이다. 결국 이 주면에 작용하는 수직응력이 주응력으로 시험 종료 시까지 작용하게 된다. 그러나 실제 현장에서는 응력이 변함에 따라 주응력은 물론이고 주면도 변한다. 따라서 이러한 현장에서의 실제 거동을 나타낼 수 없는 결점을 갖게 된다.

한편 두 번째 시험법은 주응력의 방향이 수직응력과 전단응력의 크기에 따라 변할 수 있게 개발된 시범방법이다. 이들 시험은 표 3.2에 정리된 바와 같다.

즉, 시험 중 주응력회전 효과를 반영할 수 있는 시험법으로는 직접전단시험, 단순전단시험 및 비틀림 전단시험을 들 수 있다. 이 중 직접전단시험은 정해진 파괴면상에 작용하는 수직응력과 전단응력은 측정이 가능하나 파괴면 이외의 면에 이들 응력이 작용할 때의 주응력 및 주면은 알 수 없는 것이 단점이다.

표 3.2 주응력회전가능시험[4]

시험 종류	시험개략도	재하판
직접전단시험	τ σ_n	거칠고 회전 불가능
단순전단시험	τ σ_n	거칠고 회전 가능
비틀림전단시험 링전단시험	σ_n τ	거칠고 회전 불가능

실내시험은 현장조건의 실내재현이라는 어려운 문제를 해결하기 위하여 끊임없이 개발 발전되고 있다. 대략적인 변천 과정을 설명하면 다음과 같다.

우선, 초기의 전단강도측정실험기로는 직접전단시험(direct shear test)을 들 수 있을 것이다. 이 시험법은 Coulomb의 파괴이론으로 흙의 전단강도를 결정하기에 편리하도록 개발된 시험법이라 할 수 있다. 즉, 시료 내의 파괴가 상하 전단상자 사이에서 발생되도록 유도 실시하는 시험법으로 시험이 간편하여 가장 일반적으로 사용되고 있다. 이 시험은 현재 삼축시험기와 더불어 실무에 상당히 많이 활용되고 있다. 그러나 전단파괴면이 미리 결정된다는 사항은 지중의 흙요소 내의 파괴면이 어느 방향으로 발생할지 모르는 점과 비교하면 현장조건의 올바른 실내재현이라 할 수 없다. 또한 지반 속 한 요소가 받는 응력은 3차원 응력상태인 점도 반드시 재현되어야 한다. 그러나 전단상자내의 파괴면에서는 3차원의 응력상태를 명백히 규명할 수가 없는 단점이 있다.

이러한 점을 개선하기 위하여 개발된 전단시험법으로 삼축압축시험(triaxial compression test)을 들 수 있다. 일반적인 삼축시험이란 원통행 공시체를 사용하는 삼축시험을 의미한다. 이는 반무한체 지반 내의 한 요소는 축대칭상태에 있어 수평방향응력이 연직축을 중심으로 어느 방향으로나 동일한 점을 감안하여 실내에서 재현시킨 시험이다. 즉, 삼축상태의 응력을 고려하되 중간주응력(σ_2)과 최소주응력(σ_3)을 동일하게 한 특수한 경우를 대상으로 한 시험이라 할 수 있다.

일축압축시험(uniaxial compression test)은 삼축압축시험의 특수한 경우로 수평방향응력이 대기압, 즉 0인 시험이라 할 수 있다. 따라서 이 시험은 불구속압축시험(unconfined compression test)이라고도 한다. 그러나 실제 지반 속의 3차원 응력상태는 중간주응력(σ_2)과 최소주응력(σ_3)이 같지 않은 경우가 많다. 따라서 일반적인 삼축시험은 지중의 진짜 삼차원 응력상태, 즉 $\sigma_1 \neq \sigma_2 \neq \sigma_3$인 응력상태를 나타낼 수는 없다.

이 점을 보완하기 위하여 개발된 삼축시험이 입방체형 공시체를 사용한 삼축시험(cubical triaxial test 혹은 true triaxial test)이다. 이 시험은 세 개의 주응력을 원하는 크기로 각각 독립적으로 제어할 수 있도록 제작한 시험장치이다. 이 시험으로 중간주응력(σ_2)이 전단강도에 미치는 영향을 측정할 수 있다. 중간주응력의 영향을 고려할 수 있는 시험기로는 평면변형시험(plane strain test)도 들 수 있다. 평면변형시험은 3차원 축 중에서 한 축의 변형이 발생되지 않도록 시험기를 제작하므로 중간주응력의 영향이 고려될 수 있게 한 시험이다. 이 시험법은 입방체형 삼축시험 중 한 특수한 경우로 간주할 수 있다.

이와 같은 삼축시험기로 3차원 응력상태의 전단강도를 구할 수 있게 되었다. 그러나 이들 시험에도 현장의 응력변화상태를 실내에서 재현할 수 없는 부분이 있다. 즉, 이들 시험에서는 주응력작용면이 항상 일정하다. 예를 들면 연직면 및 수평면이 주응력작용면으로 초기응력상태에서 파괴 시까지 일정하며 변화되지 못하게 되어 있다. 그러나 실제 지반에서는 지중요소의 초기응력은 연직응력과 수평응력이 주응력에 해당한다. 그러나 지중 혹은 지상에 하중(제하도 포함)이 가해지면 지중의 흙요소에는 초기의 응력상태에서 수직응력이 변화됨과 동시에 전단응력도 작용하게 된다. 따라서 초기의 주응력 작용면은 더 이상 주응력작용면이 아니며 수직응력과 전단응력으로부터 새로운 주응력 및 그 주면이 결정되게 된다. 즉, 이는 지중에서는 하중이 가하여짐에 따라 주응력의 방향이 변하게 됨을 의미한다(이를 주응력회전현상이라 한다).

이러한 주응력회전효과를 고려한 전단강도를 삼축시험이나 평면변형시험으로는 구할 수가 없다. 이러한 점을 고려한 전단강도를 구할 수 있는 시험기로 비틀림전단시험과 단순전단시험이 개발되었다. 이들 시험은 초기에 연직방향 및 수평방향으로 수직응력만 작용하는 상태에서 전단응력을 서서히 작용시킴으로써 주응력의 크기와 방향이 변화되도록 하여 전단강도를 측정한다. 이들 시험을 통하여 중간주응력의 효과는 물론이고 주응력회전효과도 고려할 수 있게 하였다. 이들 시험은 아직은 연구단계에서 활용되고 있으나 머지않은 장래에 실무에도 적용될 것으로 예상된다.

3.5.2 직접전단시험

이 시험은 전단강도정수를 결정하기 위한 가장 오래된 시험이며 현재까지도 가장 많이 활용되고 있는 전단시험이다. 그러나 이 시험은 지반의 변형률을 측정하기에는 부적절한 시험이다.

직접전단상자의 개략도는 그림 3.9에 도시된 바와 같으며 통상 길이 혹은 직경이 60mm인 정방형 혹은 원형 면적과 25mm 두께의 공시체를 사용한다. 이 전단상자는 상하 두 부분으로 분리될 수 있으며 하부상자는 고정되어 있고 상부상자는 수평으로 밀거나 잡아당길 수 있도록 되어 있다.

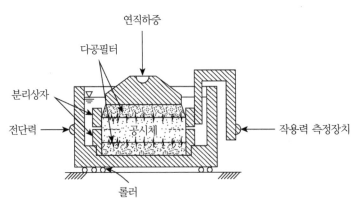

그림 3.9 직접전단상자

연직하중은 강체 재하캡을 통하여 전단상자 내 공시체에 작용되며 시험 중 통상 일정하다. 시험 중 전단하중, 수평변형량 및 연직변형량이 측정된다. 전단력과 연직력을 공시체 단면적으로 나누어 파괴면에서의 전단응력과 수직응력을 구한다. 이 시험에서는 파괴면이 항상 상하 전단상자 경계면에서 수평방향으로 발생하도록 실시된다는 점에 유의하여야 한다. 동일한 시료에 대하여 수직응력의 크기를 변화시키면서 세 번의 시험을 실시하여 각 경우에 대한 파괴 시 파괴면에서의 전단응력을 측정한다.

이 시험 결과를 수직응력축과 전단응력축의 관계도에 도시하여 구한 파괴포락선으로부터 전단강도정수 c, ϕ를 구한다. 이 도면에서 파괴포락선을 직접 구할 수 있으나 주응력값은 알 수 없어 Mohr 응력원을 그릴 수는 없다.

이 시험법의 장점은 다음과 같다.

① 전단강도 개념을 표시하기가 용이하다.
② 전단응력(전단강도)의 직접 측정이 가능하다.
③ 시험장치를 만들기 쉽고 사용하기 용이하다.
④ 조립토의 배수시험에 용이하고 체적변형 측정이 가능하다(높이 Δh의 변화로).
⑤ 평면변형 및 K_0 등의 비등방 하중조건이 가능하다.

한편 이 시험법의 단점은 다음과 같다.

① 수평파괴면에 전단응력 분포가 불균일하다(단부에 응력집중현상이 있음).
② 파괴가 정해진 면(연직하중에 수직)으로 발생하도록 한다.
③ 변형계수를 구하기 위한 변형률 측정이 불가능하다(변형에 포함된 흙시료의 분량(두께)을 알 수 없기 때문).
④ 불투수성 토질에 대한 급속재하시의 배수시험이 불가능하다(이 경우는 비배수시험만 바람직하다).

3.5.3 일반삼축시험(원통형공시체시험)

토질역학의 중요성이 인식되면 초기에 직접전단시험이 가장 많이 활용되었다. 그러나 이 시험에는 현장상태를 실내재현시키는 데 많은 문제점이 지적되었다. 여기에 1930년경 Casagrande는 이들 문제점의 일부를 개선하기 위하여 원통형 삼축압축시험의 개발 연구를 시작하였다. 이것이 현재 통상적으로 '삼축시험'이라 불리는 시험이다.

이 시험에서는 배수상태를 조절할 수 있으며, 주응력 σ_1과 σ_3축을 고정시킬 수 있다. 이는 직접전단시험의 경우 σ_1축과 σ_3축이 회전함에도 불구하고 그 정확한 값을 측정할 수 없었음을 감안하여 아주 처음부터 고정시키도록 하였다.

응력집중현상의 문제점이 아직 남아 있기는 하나 직접전단시험보다는 시험상의 문제점을 상당히 감소시킬 수 있다. 또한 파괴면은 정해져 있지 않고 응력조건에 따라 어떤 형태로든 발생할 수 있다. 그 밖에도 파괴까지 응력경로를 합리적으로 조절할 수 있다. 이는 현장에서의 복잡한 응력경로를 삼축시험기 내에서 효과적으로 재현시킬 수 있음을 의미한다.

삼축시험의 원리는 그림 3.10에 도시된 바와 같다. 공시체 크기는 지름이 35~100mm이고 높이는 동상 직경의 두 배이다. 공시체는 통상 삼축셀 내 물이 공시체 내부로 침투되는 것을 막기 위하여 고무멤브레인으로 둘러싸여 있다. 축하중은 피스톤을 통하여 공시체에 작용하며, 배수시험 시 체적변형량 혹은 비배수시험 시 간극수압을 측정한다.

삼축시험의 배수조건은 실제현장의 공학적 안정해석에 필요한 설계조건을 재현시킬 수 있다. 통상 두 개의 영문대문자를 겹쳐 사용하는데, 첫 번째 문자는 전단과정 이전의 압밀과정을 나타내는 문자이고, 두 번째 문자는 전단 시 배수조건을 나타내는 문자이다. 통상 삼축시험에서 배수조건에 따른 전단시험은 다음과 같이 세 가지로 구분한다.

- 비압밀－비배수시험 : UU시험(unconsolidated undrained test)
- 압밀－비배수시험 : CU시험(consolidated undrained test)
- 압밀－배수시험 : CD시험(consolidated drained test)

삼축시험의 순서는 대략 다음과 같다.

① 상판과 하판 사이에 공시체를 놓고 고무멤브레인으로 싼 후 상하판에 O－링을 씌워 공시체를 피복한다.
② 공시체를 삼축셀에 넣고 셀에 유체(통상 탈기수(deaired water)를 채워 구속압을 가한다.
③ 재하 피스톤을 통하여 축차응력을 공시체에 가한다.

④ 상하판 배수선이 뷰렛이나 간극수압측정기에 연결되어 있으므로 체적변형량(배수시험
   시) 혹은 간극수압(비배수시험 시)을 측정한다.

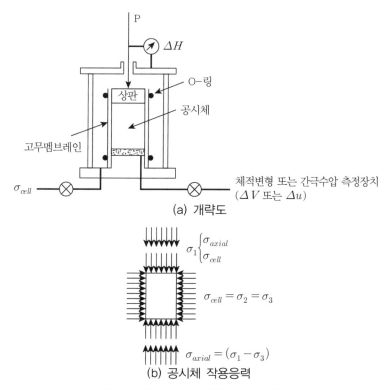

그림 3.10 일반삼축시험(원통형 공시체시험)

삼축시험 중 측정항목은 다음과 같다.

① 구속압(confined pressure)
② 축차하중(deviator load)
③ 연직변위
④ 체적변형량(배수시험의 경우) 혹은 간극수압(비배수시험의 경우)

삼축시험의 장점을 요약하면 다음과 같다.

① 배수조절이 가능하다.

② 변형률 측정이 가능하여 변형계수 구하기가 용이하다.

③ 여러 가지 재하조건을 마련할 수 있다. 즉, K_0 응력상태의 이방압밀, 신장(extension),
응력경로 등을 자유로이 제어할 수 있다.

그러나 삼축시험은 다음과 같은 단점도 있다.

① 상하판과 공시체 사이의 단부마찰로 응력집중이 발생한다. 시험 중 공시체가 항아리모
양으로 변형하는 현상(bulging)이 나타난다.

② 축대칭 하중조건만 재현 가능하다. 그러나 실제현장에서는 평면변형하중조건과 같은 삼
차원 응력상태의 하중조건도 존재한다.

③ 등방압밀만 용이하다. 실제는 흙이 이방압밀 상태에 있으므로 이 부분의 실내 재현에 추
가 기술적 고려가 가해져야 한다.

3.5.4 입방체형 삼축시험

통상적으로 삼축시험이라고 하면 원통형 공시체에 대한 축대칭 삼축시험을 의미한다. 그러
나 이 시험은 원통형 공시체를 사용하는 관계로 요소 내의 응력상태가 축대칭 상태에 있게 되
어 수평방향의 주응력은 항상 서로 같아야 한다. 따라서 이러한 상태하에서는 중간주응력이
항상 최소주응력(혹은 신장시험 시는 최대주응력)과 같게 되어 중간주응력의 영향을 고려할
수 없게 된다. 즉, 이러한 축대칭 삼축시험으로 얻어진 흙의 강도를 Mohr-Coulomb의 파괴
규준으로 구하는 것은 이 규준에서는 중간주응력이 강도에 미치는 영향을 고려하고 있지 않기
때문이다. 그러나 최근의 여러 연구(홍원표, 1988[2]; 남정만·홍원표, 1993)[11]에 의하면 중간
주응력은 흙의 응력－변형률 거동 및 전단강도에 큰 영향을 미치고 있음을 알 수 있다. 따라서
올바른 흙의 거동을 조사하기 위해서는 요소에 서로 다른 세 주응력을 재하시킬 수 있는 다축
시험장치가 필요하다.

그림 3.11은 입방체형 삼축시험기의 단면 중 일부분을 잘라내어 도시한 것이다.[1,2] 공시체
는 상판과 하판 및 고무멤브레인에 의해 둘러싸여 있으며 그 크기는 $76 \times 76 \times 76mm$인 정육
면체 모양이다.

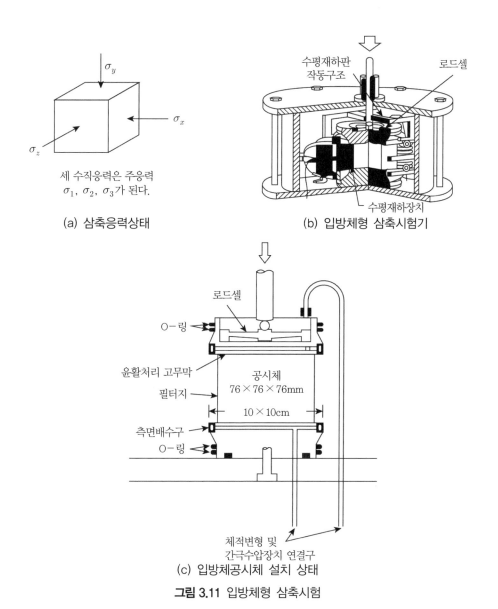

세 수직응력은 주응력
σ_1, σ_2, σ_3가 된다.

(a) 삼축응력상태

수평재하판
작동구조

로드셀

수평재하장치

(b) 입방체형 삼축시험기

로드셀

O-링

윤활처리 고무막

필터지

공시체
76×76×76mm

10×10cm

측면배수구

O-링

체적변형 및
간극수압장치 연결구

(c) 입방체공시체 설치 상태

그림 3.11 입방체형 삼축시험

상판과 하판을 둘러싸고 있는 고무멤브레인은 방수와 공기의 차단을 위하여 O-링으로 밀봉되어 있다. 상판과 하판측면에는 필터 스톤과 배수구를 설치하고 이 배수선을 통해 공시체의 체적변형량 혹은 간극수압을 측정할 수 있도록 하였다. 또한 시험 시 공시체와 상하판에서 발생할 수 있는 마찰력을 피할 수도 있도록 상하판 표면에 실리콘그리스를 바르고 고무막을 부착시켜 표면윤활처리(lubrication)를 한다.

하중의 작용방향에 따른 주응력과 변형측정방법에 대해 살펴보면 최소주응력 σ_3는 수평방향으로 작용하도록 셀압으로 가한다. 그리고 연직하중은 변형제어방식으로 재하하며 최대주응력 σ_1은 연직방향 축차응력(vertical deviator stress) $(\sigma_1 - \sigma_3)$를 측정하여 구한다.

연직방향 변형률은 삼축셀 밖의 재하피스톤에 부착시킨 다이얼게이지로 측정하며 중간주응력방향의 변형량은 clip gage로 측정한다. 그리고 초소주응력방향 변형량은 체적변형량과 연직변형량 및 중간변형량으로부터 산정한다.

3.5.5 비틀림전단시험

지중에 흙요소의 삼차원 거동을 조사하기 위하여 입방체형 삼축시험이 개발되어 활용되고 있다. 그러나 이 시험기에서는 지중 주응력방향의 회전현상을 실내 지현시킬 수 없는 단점이 있다. 이러한 단점을 보완하기 위해서는 시험 시 연직하중뿐만 아니라 전단응력을 공시체 표면에 동시에 작용시킬 수 있는 시험장치가 필요하다. 이러한 점을 보완하기 위하여 개발된 시험이 비틀림전단시험이다.

그림 3.12는 공시체의 주위가 상부링과 하부링 및 멤브레인으로 둘러싸여 있는 중공원통형 공시체(hollow cylindrical specimen)를 이용한 비틀림전단시험기의 일례이다(Hong & Lade, 1989).[11] 즉, 중공원통형 공시체의 내측면과 외측면에 구속압을 가하고 공시체의 상하단에 연직하중을 가함과 동시에 전단력을 가하며, 각각 상이한 세 주응력을 산정할 수 있도록 고안한 시험기이다.

중공원통형 공시체를 이용한 비틀림전단시험기는 공시체의 내측면과 외측면에 동일한 구속압을 작용시킬 수 있으며, 전단응력과 수직응력이 공시체의 상단부와 하단부를 통해 전달될 수 있다.

하중을 작용시킬 수 있는 재하장치는 그림에서 보는 바와 같이 바닥판 아래에 설치되어 있으며, 내측 chamber의 중앙을 지나 상판에 연결된 중앙축을 통하여 상판에 전달되고, 이 힘은 상판 하부에 부착된 상부링을 통하여 공시체에 전달된다. 이러한 하중을 중앙축에 전달시키기 위한 연직하중장치는 압축과 인장을 가할 수 있는 두 개의 유압실린더로 되어 있으며, 비틀림하중전달장치는 그림에서와 같이 중앙축에 시계방향과 반시계방향으로 회전시킬 수 있는 4개의 유압실린더로 형성되어 있다. 이들 연직하중과 비틀림하중은 힘을 각각 독립적으로 작용시킬 수 있다.

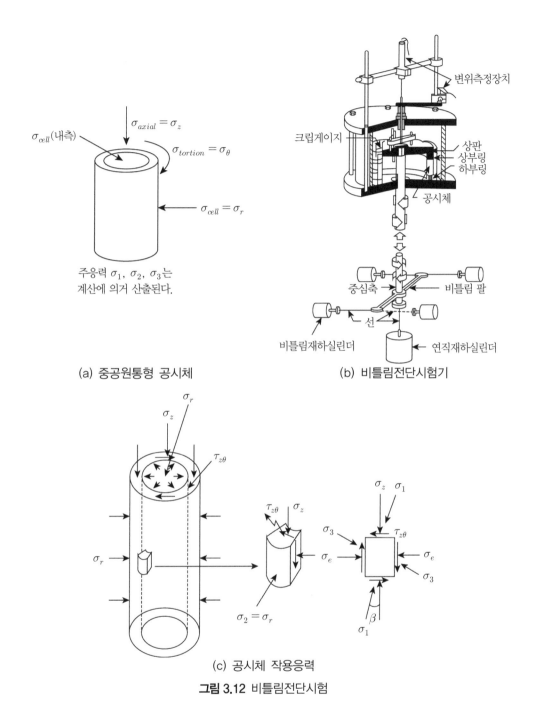

(a) 중공원통형 공시체

(b) 비틀림전단시험기

(c) 공시체 작용응력

그림 3.12 비틀림전단시험

3.5.6 기타 전단시험

앞에서 설명한 시험 이외에도 몇몇 특수시험이 제안 연구되고 있다. 예를 들면, 평면변형시험(plane strain test), 링전단시험(ring shear test) 등을 들 수 있다.

그림 3.13은 평면시험의 원리를 개략적으로 도시한 것이다. 이 시험에서는 중간주응력 σ_2 축방향의 변형률 ε_2가 0이 되는 상태로 많은 흙구조물의 응력상태를 나타내고 있다. 여기서 주의할 점은 중간주변형률 ε_2가 0일지라도 중간주응력 σ_2는 0이 아닐 뿐만 아니라 최소주응력과 같지 않다. 따라서 이 시험은 입방체형 삼축시험의 특수한 경우로 취급할 수 있다.

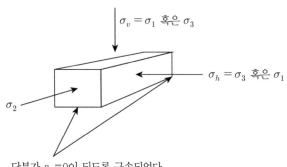

그림 3.13 평면변형시험 시의 응력

다음은 그림 3.14에 도시한 링전단시험이다. 이 시험은 대변형을 공시체에 부여하면서 전단시험을 할 수 있는 장점이 있다. 즉, 공시체에 대변형을 가함으로써 전단강도 중 잔류강도 혹은 극한강도를 구할 수 있다.

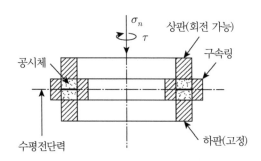

그림 3.14 링전단시험

그림 3.15는 단순전단시험의 개략도이다. 이 시험은 일견 직접전단시험과 유사하게 보일 수 있으나 공시체 내의 변형이 균일하게 발생되도록 하고 전단상자가 서로 마주보는 판이 회

전이 가능하도록 고안한 것으로 직접전단시험과는 다르다.

현재 NGI형과 Cambridge 대학형의 두 가지가 있다. 그러나 이 시험에서는 전단상자 단부의 구속력이 전당강도에 영향을 많이 미쳐 공시체 내의 변형이 균일하게 발생하지 못하는 결정이 지적되고 있다.

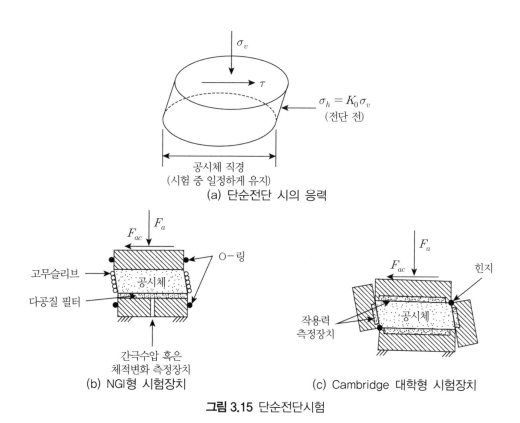

(a) 단순전단 시의 응력

(b) NGI형 시험장치

(c) Cambridge 대학형 시험장치

그림 3.15 단순전단시험

참고문헌

1. 남정만, 홍원표(1993), "입방체형삼축시험에 의한 모래의 응력 – 변형률거동", 대한지반공학회지, 제9권, 제4호, pp.83~92.

2. 홍원표(1988), "이방성 과압밀점토의 거동에 미치는 영향", 대한토목학회논문집, 제8권, 제2호, pp.99~107.

3. 홍원표(1992), "한계평형법을 이용한 여러 방법의 비교분석", 한국지반공학회지, 제8권, 제3호, pp.127~129.

4. 홍원표(1999), 기초공학특론(I) 얕은기초, 중앙대학교 출판부.

5. Atkinson, J.H. and Bransby, P.L.(1978), "The mechanics of soils(An introduction to critical state soil mechanics)", McRraw-Hill, pp.45~66.

6. Bishop, A.W.(1955), "The use of slip circle in the stability analysis of slopes", Geotechnique, Vol.5, No.1, pp.7~17.

7. Brinch Hansen, J.(1962), "Relationship between stability analyses with total and with effective stresses", Bulletin No.15, The Danish Geotechnical Institute, Copenhagen, Denmark.

8. Fang, H.Y.(1975), "Stability of Earth Slopes", Ch. 10 in Foundation Engineering Handbook, edited by H.F. Winterkorn and H.Y. Fang, pp.354~372.

9. Fellenius, W.(1936), "Calculation of the stability of earth dams", Transactions Second Congress on Large Dams, YInternational Commission on Large Dams of the World Power Conference, Vol.4, pp.445~42.

10. Fredlund, D.G. and Krahn, J.(1977), "Comparison of slope stability methods of analysis", Can. Geot. Jour., Vol.14, pp.429~439.

11. Hong, W.P. and Lade, P.V.(1989), "Elasto-plastic behavior of Ko-consolidated clay in torsion shear test", DSoils and Foundations, Tokyo, Japan, Vol.29, BNo.2, pp.127~140.

12. Janbu, N.(1968), "Slope Stability Computations", Soil Mechanics and Foundation Engineering Report, The Technical University of Norway, Tronheim.

13. Taylor, D.W.(1937), "Stability of earth slopes", Joun., Boston Society of Civil Engineers, Vol.24, No.3, July(Reprinted in Contributions to Soil Mechanics 1925-1940, Boston Society of Civil Engineers), pp.337~386.

14. Taylor, D.W.(1948), Fundamentals of Soil Mechanics, Wiley, Ch.16, pp.406~479.

15. 赤井浩一(1974), 土質力學特論, 森北出版, 東京.

사면안정해석 I
– 평면파괴면

04 사면안정해석 I – 평면파괴면

4.1 무한사면

산지 대부분의 자연사면은 기반암층 상부의 표층부 토사층 두께가 얇고 동일하여 파괴 시 암반층과 같은 불투수층면에 평행하게 토사층의 표층파괴가 발생한다. 일반적으로 산지의 표토층이 얇고 기반암에 평행인 것은 암이 기후의 영향으로 풍화될 때 지표면부터 지중으로 점진적으로 거의 동일한 속도로 풍화되기 때문에 무한히 동일한 단면의 무한사면이 조성된다. 대부분의 자연산지에서는 이러한 무한사면의 지층구성과 표층파괴가 발생하며 이런 자연사면의 안정해석에는 무한사면해석법이 주로 적용된다.[3,6]

4.1.1 사면안전율

그림 4.1은 사면경사각이 β이고 지표면에서 파괴면까지의 토사층의 두께가 d인 무한사면의 단면도이다. 이 무한사면에서는 암반층과 같은 불투수층면에 평행하게 토사층의 표층파괴가 발생한 경우를 대상으로 한다. 또한 이 도면에는 폭이 b인 무한사면 내의 한 절편에 작용하는 힘이 함께 도시되어 있다. 우선 이 절편의 양 측면에 작용하는 절편력은 서로 상쇄되는 경우를 대상으로 하고 지진력도 작용하는 경우를 대상으로 한다.

이 그림에 표시된 용어는 다음과 같다.

β : 무한사면의 경사각(파괴면각과 동일)
F_R : 절편하부 파괴면에서의 저항력

F_D : 절편하부 파괴면에서의 활동력

$\overline{N}$: 절편하부 파괴면에 수직으로 작용하는 수직력

W : 절편의 중량($=\gamma bd$)

kW : 지진력

k : 지진계수($=a/g$)

a : 지진 시 수평가속도

g : 중력가속도

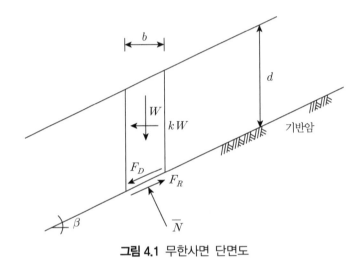

그림 4.1 무한사면 단면도

무한사면의 안전율은 절편 하부 파괴면에 작용하는 저항력과 활동력의 비로 식 (4.1)과 같이 구한다.

$$F = \frac{\text{파괴면에서의 저항력}}{\text{파괴면에서의 활동력}} = \frac{F_R}{F_D} \tag{4.1}$$

파괴면에 수직으로 작용하는 수직력 $\overline{N}$는 다음과 같이 구한다.

$$\overline{N} = W[(1-r_u)\cos\beta - k\sin\beta] \tag{4.2}$$

여기서 $r_u = u/\gamma h$는 간극수압비(pore pressure parameter)이며 그림 4.2에서 보는 바와 같이 파괴면에서의 흙의 연직응력$= \gamma h$와 간극수압 $u = \gamma_w h_w$의 비로 구한다.[1,2]

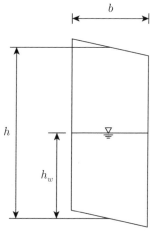

그림 4.2 절편의 상세도

식 (4.2)의 수직력 $\overline{N}$을 식 (4.1)에 대입하여 정리하면 무한사면의 안전율은 식 (4.3)과 같이 구해진다.

$$F = \frac{c'b\sec\beta + W[(1-r_u)\cos\beta - k\sin\beta]\tan\phi'}{W(\sin\beta + k\cos\beta)} = \frac{F_R}{F_D} \tag{4.3}$$

이 식에 $W = \gamma bd$를 대입하면 식 (4.4)가 구해진다.

$$F = \frac{(c'/\gamma d)\sec\beta + [(1-r_u)\cos\beta - k\sin\beta]\tan\phi'}{(\sin\beta + k\cos\beta)} \tag{4.4}$$

만약 사질토지반의 경우 $c' = 0$이면 식 (4.4)는 식 (4.5)와 같이 된다.

$$F = \frac{[(1-r_u)\cos\beta - k\sin\beta]\tan\phi'}{(\sin\beta + k\cos\beta)} \tag{4.5}$$

이 식에서 보는 바와 같이 사질토 무한사면의 경우, 사면안전율 F는 파괴면 깊이 d에 무관하다. 그러나 일반토사(c', ϕ')사면에서는 파괴면 깊이 d가 깊을수록 사면안전율 F는 감소한다. 만약 지진력을 고려할 필요가 없을 경우는 식 (4.5)가 식 (4.6)과 같이 된다.

$$F = (1 - r_u) \frac{\tan\phi'}{\tan\beta} \tag{4.6}$$

4.1.2 무한사면해석에서 수압고려방법

그림 4.3은 사면에 평행하게 물이 흐르는 포화된 균질토사 무한사면의 단면을 개략적으로 도시한 개략도이다. 여기서 사면경사각이 β인 무한사면 내에 폭이 b이고 깊이가 h인 한 흙요소 A를 고려해본다. 이 요소의 중량은 W이다. 또한 이 요소의 저면, 즉 가상파괴면에 작용하는 유효수직응력은 σ'이고 전단응력은 τ_m이다.

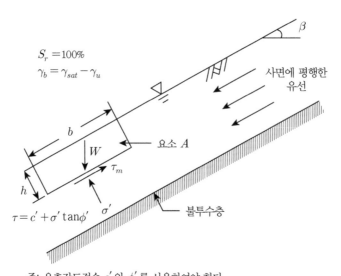

주: 유효강도정수 c'와 ϕ'를 사용하여야 한다.

그림 4.3 무한사면 속 유선

한편 이 표토층의 전단강도는 $\tau = c' + \sigma'\tan\phi'$으로 표현된다. 이 식 속의 유효강도정수 c'와 ϕ'는 각각 활동토괴의 유효점착력과 유효내부마찰각이다.

무한사면이 파괴되거나 과도하게 변형되는 경우는 사면 내에 존재하는 물의 영향 때문이다. 물이 표토층에 침투하게 되면 간극수압이 증가하여 유효응력이 감소하게 되고 계속하여 유효수직응력 σ'의 함수로 이루어진 전단강도의 마찰력성분 $\sigma'\tan\phi'$이 감소하게 되므로 사면의 안전성이 감소하게 된다. 따라서 무한사면해석에서는 유효응력에 의한 해석을 실시하는 것이 합리적이다.

포화된 균질토사의 무한사면을 대상으로 실시하는 유효응력해석법에서 수압을 어떻게 고려하느냐에 따라 두 가지 유효응력해석법을 적용하여 사면안전율을 산정한다. 이들 해석법 중 하나는 ① 전단위중량과 수압을 고려하는 해석법이고, 다른 하나는 ② 수중단위중량과 침투력을 고려하는 해석법이다.[4]

(1) 전단위중량과 수압을 고려한 해석

그림 4.4는 무한사면 내 한 흙요소 A에 작용하는 수압을 도시한 그림이다. 유선이 사면경사면 혹은 불투수기반암 경사각 β에 평행으로 조성되었다고 가정하고 유선과 등포텐셜선을 함께 그림 4.4 속의 유선망으로 도시하였다.

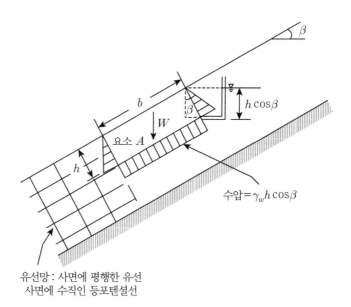

그림 4.4 사면의 요소 A에 작용하는 수압 분포

사면지표면으로부터 임의의 깊이 z까지에 위치한 요소 A의 양 측면에 작용하는 삼각형 분포의 수압 p_{ws}는 식 (4.7)과 같다.

$$p_{ws} = \gamma_w z \cos\beta \tag{4.7}$$

깊이 h인 요소 A의 저면에 작용하는 수압 p_{wb}는 식 (4.8)과 같다.

$$p_{wb} = \gamma_w h \cos\beta \tag{4.8}$$

요소 A의 중량 W는 식 (4.9)와 같다.

$$W = bh\gamma_{sat} \tag{4.9}$$

여기서 γ_{sat}는 포화단위체적중량으로 전단위중량에 해당한다.

요소중량 W로 인해 요소 A의 저면에 발달하는 전단응력과 유효수직응력은 각각 식 (4.10) 및 식 (4.11)과 같다.

$$\tau_m = \frac{bh\gamma_{sat}\sin\beta}{b} = h\gamma_{sat}\sin\beta \tag{4.10}$$

$$\sigma' = \frac{bh\gamma_{sat}\cos\beta}{b} - \gamma_w h \cos\beta = h(\gamma_{sat} - \gamma_w)\cos\beta \tag{4.11}$$

한편 전단강도 τ는 식 (4.12)와 같다.

$$\begin{aligned} \tau &= c' + \sigma'\tan\phi' \\ &= c' + h(\gamma_{sat} - \gamma_w)\cos\beta\tan\phi' \end{aligned} \tag{4.12}$$

식 (4.10)의 전단응력과 식 (4.12)의 전단강도로부터 사면안전율을 구하면 식 (4.13)과 같다.

$$F = \frac{\tau}{\tau_m} = \frac{c' + h(\gamma_{sat} - \gamma_w)\cos\beta\tan\phi'}{h\gamma_{sat}\sin\beta} \tag{4.13}$$

사질토사면의 경우 유효점착력 c'는 0이므로 식 (4.13)은 식 (4.14)와 같이 된다.

$$F = \frac{h(\gamma_{sat} - \gamma_w)\cos\beta\tan\phi'}{h\gamma_{sat}\sin\beta} = \frac{\gamma_b}{\gamma_{sat}}\frac{\tan\phi'}{\tan\beta} \tag{4.14}$$

여기서 γ_b는 수중단위중량으로 부력을 고려한 흙의 단위체적중량이다. 만약 이 수중단위중량 γ_b가 포화단위중량 γ_{sat}의 반이라고 근사적으로 가정하면 $\gamma_b \simeq 1/2\gamma_{sat}$이므로 식 (4.14)는 식 (4.15)와 같이 된다.

$$F \simeq \frac{1}{2}\frac{\tan\phi'}{\tan\beta} \tag{4.15}$$

완전히 건조된 사질토사면에서는 식 (4.14)로부터 $\gamma_b = \gamma_{sat}$이므로 식 (4.16)이 구해진다.

$$F = \frac{\tan\phi'}{\tan\beta} \tag{4.16}$$

만약 사면안전율이 1($F=1$)이면 $\tan\beta = \tan\phi'$이 된다. 이는 완전건조 사질토에서는 사면 경사각이 내부마찰각과 같을 때($\beta = \phi'$) 표면파괴가 발생할 수 있음을 의미한다. 이 각을 일반적으로 흙의 안식각(angle of repose)이라 부른다.

(2) 수중단위중량과 침투력을 고려한 해석

사면 내 요소 A에 발생하는 침투력을 도시하면 그림 4.5와 같으며 단위체적당 침투력 f_w는 식 (4.17)과 같다.

$$f_w = i\gamma_w \tag{4.17}$$

여기서 침투가 사면에 평행하여 유로가 사면에 평행하다면 동수구배 i는 식 (4.18)로 구한다.

$$i = \frac{h_l}{L} = \sin\beta \tag{4.18}$$

여기서, h_l : 수두손실

L : 유로

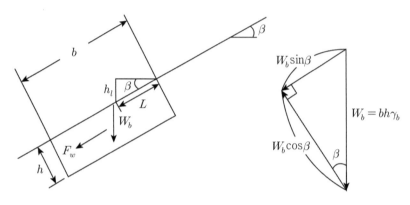

그림 4.5 침투력

식 (4.18)을 도입하여 식 (4.17)을 다시 쓰면 식 (4.19)가 되고 단위 사면폭당 요소 내 전체 침투력 F_w는 식 (4.20)이 된다.

$$f_w = \gamma_w \sin\beta \tag{4.19}$$
$$F_w = \gamma_w \sin\beta bh \times 1 \tag{4.20}$$

침투력을 고려하였을 때의 사면경사에 평행한 파괴면에 작용하는 전단응력과 유효수직응력은 각각 식 (4.21) 및 식 (4.22)와 같다.

$$\tau_m = \frac{W_b \sin\beta + F_w}{b} = \frac{bh\gamma_b \sin\beta + bh\gamma_w \sin\beta}{b} \tag{4.21}$$
$$= h(\gamma_b + \gamma_w)\sin\beta$$

$$\sigma' = \frac{W_b \cos\beta}{b} = \frac{bh\gamma_b \cos\beta}{b} = h\gamma_b \cos\beta = h\gamma_b \cos\beta \tag{4.22}$$

한편 전단강도는 식 (4.23)과 같다.

$$\tau = c' + \sigma' \cos\beta \tan\phi' \qquad (4.23)$$
$$= c' + h\gamma_b \cos\beta \tan\phi'$$

식 (4.21)과 식 (4.23)으로부터 사면안전율을 구하면 식 (4.24)와 같이 된다.

$$F = \frac{\tau}{\tau_m} = \frac{c' + h\gamma_b \cos\beta \tan\phi'}{h(\gamma_b + \gamma_w)\sin\beta} \qquad (4.24a)$$

혹은

$$F = \frac{c' + h(\gamma_{sat} - \gamma_w)\cos\beta \tan\phi'}{h\gamma_{sat}\sin\beta} \qquad (4.24b)$$

사질토사면의 경우 유효점착력 c'는 0이므로 식 (4.24b)는 식 (4.14)와 동일한 식이 된다. 결국 두 가지 해석법의 결과는 일치함을 알 수 있다. 일반적으로 첫 번째 해석법이 더 간단하여 사용하기 편리하다. 그러나 침투력이 없을 경우는 두 번째 해석법이 더 유리하다. 이들 두 해석법은 모두 수압이 포함된 문제해석에 유용하게 적용할 수 있다.

4.2 삼각형 단면사면

그림 4.6은 파괴면 위 토사층이 삼각형 모양을 이루고 있는 사면의 단면도이다. 이런 경우는 산악도로 건설시 사면을 절·성토하여 조성한 경우나 광산지역에서 광석폐기물을 투기하여 야적시킨 경우 원지반과의 사이에 이질적인 지층이 형성되어 있는 사면의 안정해석에 응용할 수 있다.[5]

이 사면에 대한 사면안전율은 식 (4.25)와 같이 된다. 여기서 삼각형 단면 토사의 중량은 식 (4.26)과 같다.

$$F = \frac{c'H\csc\alpha + W[(1-r_u)\cos\alpha - k\sin\alpha]\tan\phi'}{W(\sin\alpha + k\cos\alpha)} \qquad (4.25)$$

$$W = \frac{1}{2}\gamma H^2\csc\beta\csc\alpha\sin(\beta-\alpha) \qquad (4.26)$$

여기서 α는 파괴면의 각도이고 β는 사면경사각이다.

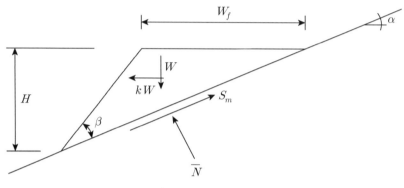

그림 4.6 삼각형 단면사면

4.3 사다리꼴 단면사면

그림 4.7은 사다리꼴 모양 단면의 사면단면도이다. 즉, 기반암 위에 사다리꼴 모양으로 사면이 형성되어 있는 경우에 해당한다. 이런 경우의 사면안정해석은 광석폐기장이나 고속도로에 새로이 형성된 성토부분의 안정해석에 응용할 수 있다.

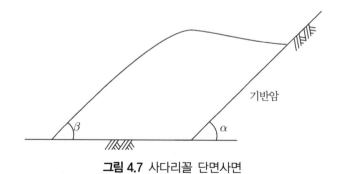

그림 4.7 사다리꼴 단면사면

이런 단면의 해석에서는 그림 4.7의 단면을 그림 4.8과 같이 두 개의 블록으로 분리하여 해석할 수 있다.

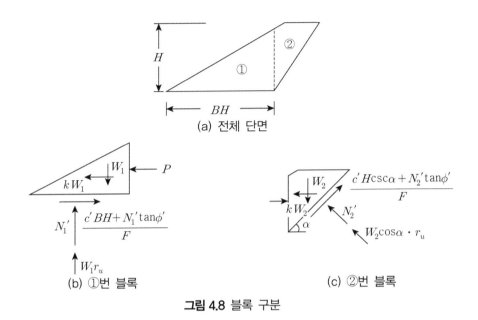

그림 4.8 블록 구분

해석 시 다음 두 가지 가정이 필요하다.

① ①번 블록과 ②번 블록의 두 블록 사이 마찰은 무시한다.
② 블록 사이의 작용력은 수평으로 작용하는 것으로 가정한다.

이들 가정으로 사면안전율은 작게 산정된다. 결국 이 해석은 안전측의 결과를 제공하게 된다. 먼저 ①번 블록에 대하여 식 (4.27)과 식 (4.28)을 구할 수 있다.

$$N_1' = (1 - r_u) W_1 \tag{4.27}$$

$$k W_1 + P = \frac{(c'BH + N_1'\tan\phi')}{F} \tag{4.28}$$

여기서 W_1은 ①번 블록의 중량이다.
식 (4.27)을 식 (4.28)에 대입하면 식 (4.29)가 구해진다.

$$P = [c'BH + (1 - r_u)W_1\tan\phi']\frac{1}{F} - kW_1 \qquad (4.29)$$

한편 ②번 블록에 대하여는 식 (4.30)과 식 (4.31)을 구할 수 있다.

$$N_2' = P\sin\alpha + (1 - r_u)W_2\cos\alpha - kW_2\sin\alpha \qquad (4.30)$$

$$W_2\sin\alpha + kW_2\cos\alpha = P\cos\alpha + (c'H\csc\alpha + N_2'\tan\phi')/F \qquad (4.31)$$

여기서 W_2는 ②번 블록의 중량이다.

식 (4.29)를 식 (4.31)에 대입하면 식 (4.32)가 구해진다.

$$a_1 F^2 + a_2 F + a_3 = 0 \qquad (4.32)$$

여기서, $a_1 = a_4\sin\alpha + k(a_4 + a_5)\cos\alpha$

$$a_2 = -\left\{\frac{c'}{\gamma H}(B\cos\alpha + \csc\alpha) + [(1 - r_u)\cos\alpha - k\sin\alpha](a_4 + a_5)\tan\phi'\right\}$$

$$a_3 = -B\sin\alpha\tan\phi'\left[\frac{c'}{\gamma H} + (1 - r_u)\frac{a_5}{B}\tan\phi'\right]$$

$$a_4 = \frac{W_2}{\gamma H^2}$$

$$a_5 = \frac{W_1}{\gamma H^2}$$

식 (4.32)의 2차식으로부터 사면안전율 F를 구한다.

4.4 Culman 해석

Culman은 특수한 조건에서의 사면안정해석법을 제안하였다. 이 해석법에서 Culman은 그림 4.9에 도시된 바와 같이 파괴면이 평면이고 사면의 선단을 지나는 경우를 대상으로 하였다. 또한 Culman은 포화점토지반을 대상으로 비배수전단강도를 적용하였다. 즉, 파괴 시의 전단강도를 비배수전단강도 c_u 로 표현하였다.

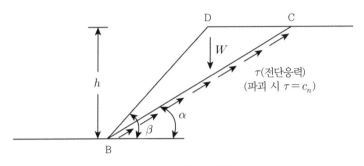

그림 4.9 평면파괴면

Culman 해석법의 순서는 다음과 같다.

① 가상파괴면상에 발달한 전단응력 τ_m 을 산정한다.
② 적용 가능한 전단강도 τ 를 결정한다.
③ 전단응력과 전단강도를 비교하여 사면안전율($F = \tau / \tau_m$)을 산정한다.
④ 최소사면안전율이 산정되는 파괴면을 결정한다.

우선 경사각이 β 인 사면을 대상으로 가상파괴면각을 α 라고 하면 그림 4.10에 도시된 바와 같이 활동토괴 BCD의 중량 W 에 의해 파괴면 BC에 작용하는 전단력성분 $W\sin\alpha$ 가 발생시키는 평균전단응력 τ_m 을 식 (4.33)과 같이 산정한다.

$$\tau_m = \frac{W\sin\alpha}{\left(\dfrac{h}{\sin\alpha}\right) \times 1} = \frac{W\sin^2\alpha}{h} \tag{4.33}$$

그림 4.11에서 보는 바와 같이 파괴토괴중량 W 는 활동토괴 BCD의 면적에 단위체적중량 (γ)을 곱하여 식 (4.34)로 구한다. 활동토괴 BCD의 면적은 $A = 1/2ab\sin(\beta - \alpha)$ 이므로 파괴토괴중량 W 는 식 (4.34)와 같다.

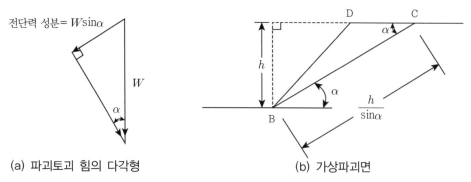

(a) 파괴토괴 힘의 다각형   (b) 가상파괴면

그림 4.10 사면파괴면의 기하학적 형상

$$W = \frac{1}{2}\frac{h}{\sin\alpha}\frac{h}{\sin\beta}\sin(\beta-\alpha)\times 1 \times \gamma \qquad (4.34)$$

$$= \frac{1}{2}\gamma h^2 \frac{\sin(\beta-\alpha)}{\sin\alpha\sin\beta}$$

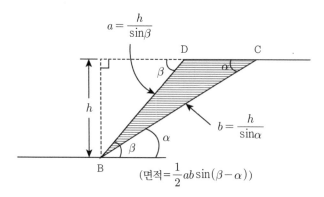

그림 4.11 파괴토괴중량 W

식 (4.34)를 식 (4.33)에 대입하면 평균전단응력 τ_m 은 식 (4.35)와 같이 구해진다.

$$\tau_m = \frac{1}{2}\gamma h^2 \frac{\sin(\beta-\alpha)}{\sin\alpha\sin\beta}\frac{\sin^2\alpha}{h} = \frac{1}{2}\gamma h \frac{\sin(\beta-\alpha)\sin\alpha}{\sin\beta} \qquad (4.35)$$

사면안전율 F는 전단응력 τ_m 과 비배수전단강도 $c_u = c$ 로부터 식 (4.36)으로 구한다.

$$F = \frac{c}{\tau_m} = \frac{2c \sin\beta}{\gamma h \sin(\beta - \alpha)\sin\alpha} = \frac{2c \sin\beta}{\gamma h} \frac{1}{\sin(\beta - \alpha)\sin\alpha} \tag{4.36}$$

식 (4.36)을 살펴보면 사면안전율 F는 사면파괴면각 α에 따라 달라질 수 있음을 알 수 있다. 식 (4.36)의 첫 번째 항목은 사면의 형상 및 지반의 역학적 특성에 따라 결정되는 항목이고 두 번째 항목만이 파괴면경사각에 의존한다. 따라서 $\sin(\beta - \alpha)\sin\alpha$가 최대일 때 사면안전율 F가 최소가 된다. $\sin(\beta - \alpha)\sin\alpha$의 극댓값은 식 (4.37)과 같이 미분한 값을 0으로 놓으면 구할 수 있다.

$$\frac{d}{d\alpha}\sin(\beta - \alpha)\sin\alpha = \sin(\beta - \alpha)\cos\alpha - \cos(\beta - \alpha)\sin\alpha \tag{4.37}$$
$$= \sin(\beta - 2\alpha) = 0$$

식 (4.37)에서 $\alpha = \beta/2$일 때 가장 위험한 임계파괴면이 됨을 알 수 있다. 이 값을 식 (4.36)에 대입하면 최소안전율은 식 (4.38)과 같이 된다.

$$F = \frac{4c}{\gamma h}\cot\left(\frac{\beta}{2}\right) \tag{4.38}$$

한편 식 (4.38)로 점토사면의 가장 위험한 임계높이를 산정할 수 있다. 즉, 사면안전율 F가 1일 때의 한계높이 h_{cr}은 식 (4.39)와 같다.

$$h_{cr} = \frac{4c}{\gamma}\cot\left(\frac{\beta}{2}\right) \tag{4.39}$$

만약 연직사면의 경우($\beta = 90°$)의 임계높이 h_{cr}은 식 (4.40)과 같이 된다.

$$h_{cr} = \frac{4c}{\gamma} \tag{4.40}$$

이 한계높이는 점성토지반에서의 연직벽에 작용하는 Rankine 토압이론값과 동일하다. 식

(4.40)에 의해 사면경사각 β의 변화에 따른 임계높이 h_{cr}를 산정할 수 있고 이 결과를 개략도로 도시하면 그림 4.12와 같다. 이 그림의 사면정상점의 궤적을 Culman 포물선이라 부른다.

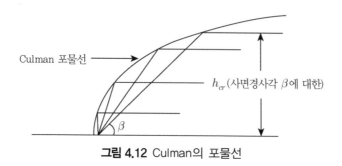

그림 4.12 Culman의 포물선

Culman 해석에는 기본적으로 두 가지 가정이 필요하다.

① 사면파괴면은 평면(평면파괴)이다.

사면파괴면을 평면으로 가정하였기 때문에 사면안전율 F는 근사치에 해당한다. 그러나 사면경사각이 작을 때는 파괴면은 평면이 아닌 경우가 많다. 즉, 사면경사각이 감소할수록 평면파괴면으로 가정함에 따른 오차가 커진다. 예를 들면 사면경사각 $\beta = 90°$일 때 오차는 4% 이내이지만 사면경사각 $\beta = 40°$일 때는 오차가 100% 이내가 된다.

② 지반은 강소성체다.

지반은 파괴가 발생할 때까지 변형은 발생하지 않고 전단강도에 일단 도달하면 일정하게 유지되고 감소하지 않는다고 가정하는 강소성체로 가정하였다. 이 가정은 한계평형원리에 의한 모든 사면안정해석에 적용되지만 강소성체역학은 취성거동을 보이는 지반 예를 들면 quick clay와 같은 예민점토지반에서는 적용할 수 없다. 예민점토지반에서는 전단강도는 첨두강도에 도달한 이후에 그림 4.13에서 보는 바와 같이 거의 소멸되어($\tau = 0$) 발생하지 않는다.

또한 강소성체역학은 진행성파괴해석에도 적용할 수 없다. 그림 4.14는 연직사면의 선단부에서부터의 진행성파괴를 도시한 그림이다. 우선 그림 4.14(a)에서 연직면 하부에서의 요소1과 요소2의 응력상태를 살펴본다. 그림 4.14(a)에서 연직면 하부 최하단의 요소1에서 가장 큰 응력이 발달하게 된다. 이 응력 상태를 응력원으로 도시하면 그림 4.14(b)와 같다.

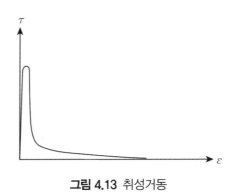

그림 4.13 취성거동

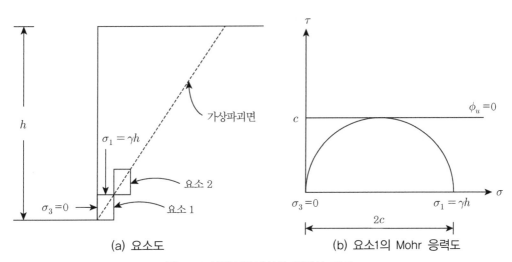

(a) 요소도   (b) 요소1의 Mohr 응력도

그림 4.14 사면선단에서의 진행성 파괴

그림 4.14(b)에서 요소1의 주응력차는 식 (4.41)과 같다.

$$(\sigma_1 - \sigma_3)_f = (\gamma h - 0) = 2c \tag{4.41}$$

이 식으로부터 식 (4.42)가 구해진다.

$$h_{cr} = \frac{2c}{\gamma} \tag{4.42}$$

$2c = \gamma h$ 인 선단 요소에서 전단응력이 전단강도에 일단 도달하면 강도는 0으로 떨어지고 모

든 하중은 요소2로 이동한다. 따라서 요소2의 하중은 두 배가 되며 파괴하게 된다. 이런 현상은 고리현상(chain action)으로 계속하여 지표부의 요소까지 연속적으로 위쪽 요소로 전파된다. 이 과정은 진행성파괴로 잘 알려져 있는 현상이다.

강소성체와 취성체의 차이는 응력이 파괴응력(강도)에 도달한 후 이상적인 소성체에서는 강도가 0으로 떨어지지 않고 지속되나 취성체에서는 강도가 소멸되어 0으로 떨어진다는 점이다. 예를 들면 소성체에서는 그림 4.14(a)에 표시된 요소1의 상부 요소들이 모두 강도 c_{max}에 도달할 때까지 요소1의 강도가 항상 c_{max}을 유지한다.

결국 Culman 해석과 같은 간단한 해석 과정에서 다음과 같은 사항을 파악할 수 있다.

① 사면안전율은 사면의 높이와 경사각에 의존한다.
② 사면 내에는 가장 위험한, 즉 사면안전율이 가장 낮은 임계파괴면이 존재한다. 이는 임계파괴면이 발생될 가능성이 가장 큰 파괴면임을 의미한다.
③ 사면안전율은 이 임계파괴면에서의 사면안전율로 정의할 수 있다. 따라서 보다 정확한 파괴역학을 적용하여 진짜 임계파괴면을 찾고 최소사면안전율을 구할 필요가 있다.

참고문헌

1. Bishop, A.W.(1954), "The use of pore pressure coefficients in practice", Geotechnique, Vol.4, No.4, pp.148~152.

2. Bishop, A.W. and Morgenstern, N.(1960), "Stability coefficients for earth slopes", Geotechnique, Vol.10, No.4, pp.129~150.

3. Fang, H.Y.(1975), "Stability of Earth Slopes", Ch. 10 in Foundation Engineering Handbook, edited by H.F. Winterkorn and H.Y. Fang, pp.354~372.

4. Fellenius, W.(1936), "Calculation of the stability of earth dams", Transactions Second Congress on Large Dams, YInternational Commission on Large Dams of the World Power Conference, Vol.4, pp.445~42.

5. Singh, A.(1970), "Shear strength and stability of man-made slopes", Jour., Soil Mechanics and Foundation Engineerings Division, ASCE, Vol.96, No.SM6, November, pp.1879~1892.

6. Taylor, D.W.(1948), Fundamentals of Soil Mechanics, Wiley, Ch.16, pp.406~479.

C·H·A·P·T·E·R
05

사면안정해석 II
– 원호파괴면

05 사면안정해석 II - 원호파괴면

5.1 스웨덴원호법($\phi_u = 0$법)

1846년 프랑스 기술자 Collin은 사면파괴면이 평면이 아니라 곡면임을 관찰하였다. 그로부터 70년 뒤 스웨덴 사람들에 의해 사면파괴면이 곡면임을 다시 발견하였고 평면파괴가 아닌 원호파괴에 근거한 새로운 사면안정해석법을 개발하였다. 현재 이 방법은 스웨덴원호법 혹은 $\phi_u = 0$법이라 부른다.[4]

5.1.1 선단원호(toe circle)와 선단파괴

선단파괴는 원호파괴면이 사면의 선단을 통과하는 특수한 경우의 사면파괴형태이다. 이 선단파괴에 대한 해석법은 스웨덴원호해석법이라 부른다. Fellenius는 균일한 강도를 가지는 점토사면의 선단을 통과하는 원호파괴면에 대하여 Culman의 쐐기기법을 적용하였다.

스웨덴원호법에 적용된 재료강도특성은 그림 5.1(a)에 도시된 바와 같이 사면지반이 강소성체의 응력 – 변형률거동을 보인다고 가정한다. 또한 사면지반은 파괴 시 그림 5.1(b)에 Mohr 응력원으로 도시한 바와 같은 비배수전단강도를 발휘할 수 있다고 가정한다.

이 해석법에서는 그림 5.2에서와 같이 사면선단을 지나는 원호의 중심점 O를 기준으로 한 모멘트평형 조건에 의해 사면의 안정성을 판단하도록 하였다. 즉, 식 (5.1)과 같이 구한 중심점 O에서의 활동모멘트 M_d와 저항모멘트 M_r의 비로 사면안전율 F를 산정한다.

$$M_d = Wa \tag{5.1a}$$

$$M_r = \tau LR \tag{5.1b}$$

여기서, W : 활동토괴 도심에 작용하는 활동토괴의 중량

a : 모멘트 중심에서 활동토괴의 도심 사이의 수평거리

τ : 사면지반의 비배수전단강도$(= c_u)$

L : 원호파괴면의 길이

R : 원호파괴면의 반경

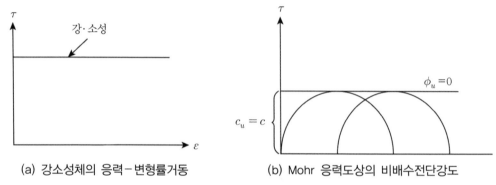

(a) 강소성체의 응력−변형률거동   (b) Mohr 응력도상의 비배수전단강도

그림 5.1 스웨덴원호법에 적용된 재료강도특성

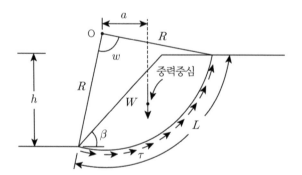

그림 5.2 선단파괴 시의 활동력과 저항력

모멘트평형 조건에서 $M_d - M_r = 0$이므로 이 식에 식 (5.1)을 대입하면 식 (5.2)와 같이 전단응력 τ_m을 구할 수 있다.

$$\tau_m = \frac{Wa}{LR} \qquad\qquad (5.2)$$

사면안전율 F는 이 전단응력 τ_m과 전단강도 c_u를 비교하여 식 (5.3)과 같이 구한다.

$$F = \frac{c_u}{\tau_m} \qquad\qquad (5.3)$$

혹은

$$F = \frac{c_u LR}{Wa} \qquad\qquad (5.3a)$$

사면안전율 F는 원호반경 R과 수평거리 a값이 다른 여러 가상파괴면에 대하여 반복 계산하며 이들 사면안전율 중에 최솟값을 최소사면안전율로 정한다.

Fellenius(1936)는 임계원호가 어디에 위치할 것인가 조사한 바 있다. 즉, Fellenius는 여러 사면각도에서의 임계원호중심의 위치에 대하여 해석한 결과를 비교하였다.[5] 그 결과는 그림 5.3과 같다. 즉, 그림 5.3은 임계상태에서의 Culman의 평면파괴와 Fellenius의 원호파괴를 비교한 그림이다. 여기서 사면의 선단과 정상을 연결한 두 직선의 교점을 원호중심으로 한 경우 임계원호의 중심각 ω는 대략 $(116 - \beta)$가 됨을 Fellenius(1936)는 밝혔다.[5]

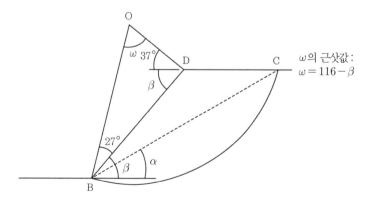

그림 5.3 Culman의 평면파괴와 Fellenius의 원호파괴의 비교[5]

이들 두 해석법으로 파괴 시의 전단강도를 구하면 식 (5.4a) 및 식 (5.4b)와 같다.

$$c_u = \frac{\gamma h}{4}\tan\left(\frac{\beta}{2}\right) : \text{Culman의 평면파괴해석법} \tag{5.4a}$$

$$c_u = \frac{\gamma h}{4}f(\alpha,\beta,\omega) : \text{Fellenius의 원호파괴해석법} \tag{5.4b}$$

Taylor는 이 두 강도의 비를 식 (5.5)와 같이 M이라 놓았다.

$$M = \frac{\text{Culman의 평면파괴 시 필요한 강도}}{\text{Fellenius의 원호파괴 시 필요한 강도}} \tag{5.5}$$

$$= \frac{\dfrac{\gamma h}{4}\tan\left(\dfrac{\beta}{2}\right)}{\dfrac{\gamma h}{4}f(\alpha,\beta,\omega)} = \frac{\tan\dfrac{\beta}{2}}{f(\alpha,\beta,\omega)}$$

식 (5.5)에 의거 사면경사각 β와 M의 관계를 도시하면 그림 5.4와 같다.[5] 이 그림에서 보는 바와 같이 $M<1$이면 평면파괴에 대하여는 충분한 강도를 지닌 것으로 판단되나 원호파괴에 대하여는 충분하지 못함을 알 수 있다. 따라서 $M<1$은 원호파괴면이 위험한 파괴면임을

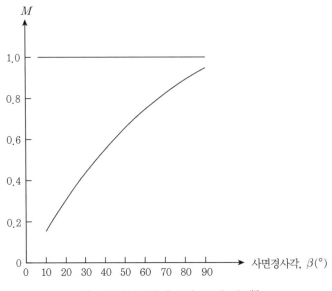

그림 5.4 사면경사각 β와 M의 관계[5]

의미한다.

이는 그림 5.5에서 보는 바와 같이 연직벽의 경우 평면파괴와 원호파괴는 서로 거의 일치하지만 경사가 완만한 사면의 경우는 차이가 큼을 의미한다. 즉, Coulomb-Culman 쐐기이론은 연직 절토 시에는 충분히 정확하지만 일반적으로는 원호파괴면의 경우가 평면파괴면의 경우보다 더 위험하다.

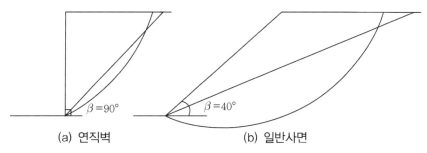

(a) 연직벽   (b) 일반사면

그림 5.5 사면경사각 β에 따른 평면파괴면과 원호파괴면의 비교

5.1.2 깊은 원호(deep circle)와 저부파괴

파괴원호가 그림 5.6과 같이 사면선단보다 깊게 발생하는 깊은 원호의 경우 임계원호의 중심은 높이 D_o와 반경 R에 무관하게 사면경사면 상부의 중앙에 위치한다. 이러한 깊은 원호에 의한 사면파괴형태를 저부파괴라 부른다.

반경 R이 무한대로 길 경우($R{\to}\infty$) $F=1$이 되기 위한 최대소요전단강도는 식 (5.6)과 같다. 식 (5.6)의 5.53은 그림 5.10(a)에서 $d = \infty$ (반경 R이 무한대로 길 경우에 해당한다)인 경우에 해당하는 N_o값이다. 즉, 식 (5.7)에서 안전율 F가 1이 되는 경우의 전단강도이다.

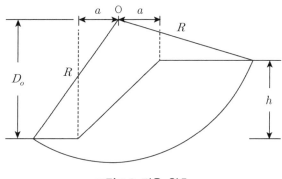

그림 5.6 깊은 원호

$$c_u = \frac{\gamma h}{5.53} \tag{5.6}$$

그러나 반경 R은 다음 두 가지의 이유로 인해 무한정 길 수 없다.

① 항상 지중의 어느 깊이엔가 견고한 지층이 존재한다(그림 5.7 참조).

　이 경우 이 단단한 지층까지 강도가 일정하면 최소안전율의 원호는 이 단단한 지층에 접하게 된다.

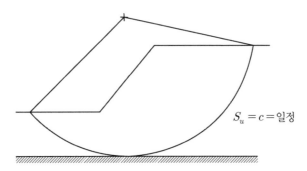

그림 5.7 사면선단 하부에 단단한 지층이 존재하는 경우

② 대부분의 지반에서 강도는 지중깊이에 따라 증가한다.

　일반적으로 정규압밀점토지반에서는 그림 5.8에 도시된 바와 같이 깊이가 깊어질수록 지반의 강도는 선형적으로 증가한다. 그 이유는 깊이가 깊어질수록 압밀에 의해 함수비가 감소하기 때문에 강도가 선형적으로 증가한다. 이때 강도증가율 c_u/σ'_v는 일정하다.

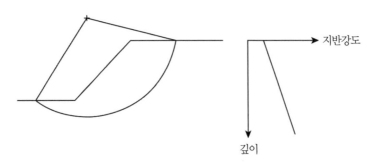

그림 5.8 선형증가강도

또한 지반이 불포화되었거나 조립토지반의 경우 비배수상태가 부정확할 수 있다. 이 경우 강도에는 마찰력성분이 포함($\tau = c + \sigma\tan\phi$)될 수 있기 때문이다. 이 경우에도 강도는 수직응력과 깊이에 따라 증가한다.

이들 경우에 임계원호의 위치는 강도가 어느 정도로 빠르게 증가하느냐(다시 말하면 강도증가율 c_u/σ'_v가 어느 정도로 크냐)에 따라 정해진다. 일반적으로 강도증가가 급격할수록 얕고 평탄한 원호파괴가 발생한다. 깨끗한 순수모래($c = 0$)의 경우는 파괴가 사면경사면 내, 즉 사면경사면을 교차하도록 발생한다.

사면경사각 β에 따른 원호 형태는 일반적으로 사면경사각 $\beta = 53°$을 기준으로 하여 그림 5.9와 같이 구분한다. 즉, 53° 이상의 사면경사각인 경우는 그림 5.9(a)와 같이 선단원호형태의 선단파괴가 발생하고 53° 이하의 사면경사각인 경우는 그림 5.9(b)와 같이 단단한 지층에 접하는 깊은 원호 형태의 저부파괴로 발생한다.

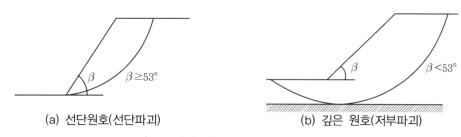

(a) 선단원호(선단파괴)　　　　　(b) 깊은 원호(저부파괴)

그림 5.9 사면경사각 β에 따른 원호 형태

5.1.3 Janbu 도해법

Janbu는 사면안전율을 도해법으로 구하기 위해 그림 5.10과 같은 도표를 작성하였다.[7] Janbu는 비배수전단강도가 $c_u = c(\phi_u = 0)$인 균질점성토사면에서 사면안전율은 식 (5.7)과 같이 표현하였다.

$$F = N_0 \frac{c}{\gamma h} \tag{5.7}$$

여기서 N_0는 그림 5.10(a)를 활용하여 구하는 안정계수이다. 안정계수 N_0는 그림 5.10(a)에서 보는 바와 같이 선단하부 유한깊이에 단단한 지층이 얇게 존재할수록, 즉 d값이 작을수

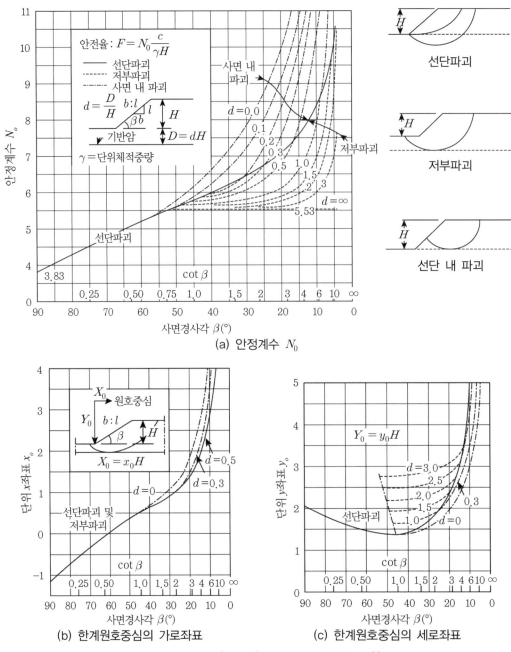

(a) 안정계수 N_0

(b) 한계원호중심의 가로좌표

(c) 한계원호중심의 세로좌표

그림 5.10 $c_u = c(\phi_u = 0)$ 지반의 사면안전도표[7]

록 증가한다. 이때 임계원호의 중심은 더 이상 사면경사면 상부의 중앙에 위치하지 않는다.

또한 그림 5.9에서 설명한 바와 같이 53° 이상의 사면경사각인 경우는 그림 5.10(a)의 좌측부에 도시한 바와 같이 선단파괴만 발생하고 53° 이하의 사면경사각인 경우는 단단한 지층의 위치에 따라 그림 5.10(a)의 우측부에 도시한 바와 같이 사면 내 파괴, 선단파괴 및 저부파괴의 형태로 발생한다. 그 밖에도 임계원호중심의 가로좌표와 세로좌표는 그림 5.10(b)와 (c)를 활용하여 구할 수 있다.

예제 5.1 다음 단면의 사면에 대한 임계원호의 사면안전율을 구하라.

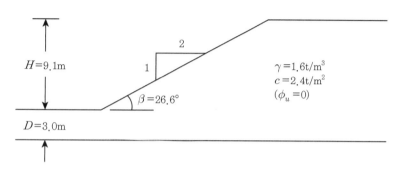

예제 그림 5.1

풀이

$$d = \frac{D}{H} = \frac{3.0}{9.1} = 0.33$$

$$\beta = 26.6° \,(\text{혹은 } \cot\beta = 2)$$

위의 d와 β의 조건에서 그림 5.10으로부터 선단파괴의 경우로 $N_0 = 6.7$을 구한다.
사면안전율 F는 다음과 같이 구한다.

$$F = N_0 \frac{c}{\gamma h} = 6.7 \times \frac{2.4}{1.6 \times 9.1} = 1.12$$

원호중심의 위치를 구하기 위해 그림 5.10(b) 및 (c)에서 (x_0, y_0)를 찾으면 $(1.1, 1.7)$이므로 한계원호중심점위치 (X_0, Y_0)는 다음과 같다.

$$X_0 = x_0 H = 1.1 \times 9.1 = 10.1\text{m}$$

$$Y_0 = y_0 H = 1.7 \times 9.1 = 15.5 \text{m}$$

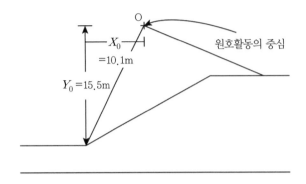

예제 그림 5.2 활동원호의 중심

5.2 마찰원법

이 해석법은 전단강도가 Coulomb 파괴규준인 식 (5.8)로 표현되는 균질사면지반에 적용된다. 여기서 전단강도정수 c와 ϕ는 파괴면에서의 점착력과 내부마찰각이고 전체사면에 걸쳐 동일하다고 가정한다. p는 파괴면에 작용하는 수직응력이다. 이 해석법은 전응력(total stress)으로만 가능하다.

$$\tau = c + p \tan\phi \qquad\qquad (5.8)$$

그림 5.11(a)에 도시된 가상파괴면상의 한 부분에서 발달한 전단응력을 고려해본다. 발달한 전단응력의 강도정수 c_d와 ϕ_d는 다음과 같이 정의하며 그림 5.11(a)에 도시한 바와 같다.

$$c_d = \frac{c}{F} \quad \tan\phi_d = \frac{\tan\phi}{F} \qquad\qquad (5.9)$$

이들 값은 평형조건에 부합되는 값들이다.

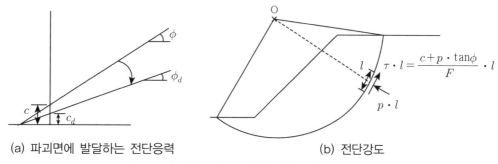

(a) 파괴면에 발달하는 전단응력   (b) 전단강도

그림 5.11 가상파괴면에 발달한 전단응력과 전단강도

그림 5.11(b)의 가상파괴면에 작용하는 힘 pl과 τl은 이 해석을 보다 용이하게 하기 위해 다른 힘으로 교체시킬 수 있다. 즉, 그림 5.12는 p와 τ를 대체할 수 있는 응력 f와 전단정수 c_d와의 관계를 도시한 그림이다.

f와 c_d를 사용하는 것이 이로운 이유는 이들 힘의 작용선이 그림 5.12에 도시된 바와 같이 알기 쉽기 때문이다. 즉, f는 ϕ_d와 p로 구성되어 있고 c_d는 τ에 평행으로 작용한다.

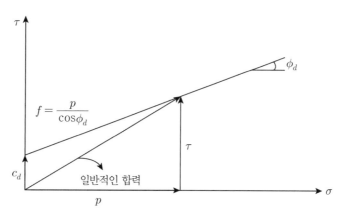

그림 5.12 응력 f와 전단정수 c_d의 기하학적 특성

5.2.1 마찰력성분과 점착력성분

먼저 마찰력성분을 도시하면 그림 5.13과 같다. 이 그림에 도시된 바와 같이 파괴면상에 작용하는 힘 f는 파괴면에 수직으로 작용하는 힘 p와 ϕ_d 각도만큼의 차이를 두고 작용한다.

그림 5.13에 도시된 두 개의 힘 f은 마찰원이라 부르는 원에 외접하는 방향으로 작용하게

된다. 그러나 이 두 힘 f의 합력은 마찰원의 약간 외부를 통과하게 된다. 모든 힘 f의 합력 ($\sum f = R_F$)은 마찰원에 접하지 않고 마찰원의 외부에 위치하게 된다.

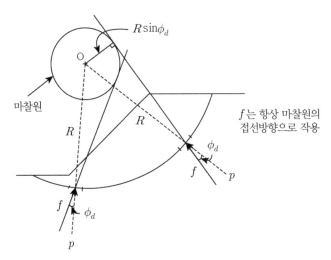

그림 5.13 마찰원

만약 파괴면에 작용하는 f힘의 분포를 알 수 있다면 합력의 작용점은 알 수 있다. 그러나 이 합력이 마찰원에 외접한다고 가정하였다. 이 가정으로 인하여 ϕ_d는 실제보다 약간 작게 되기 때문에 이 가정은 다소 보수적인, 즉 안전한 가정이 될 것이다.

Taylor(1937)는 이 가정에 의한 오차 K를 산정하여 그림 5.14와 같이 도시하였다. 이 오차는 파괴원호의 중심각에 따라 7% 이내로 나타났다.[10]

다음으로 점착력 성분에 대하여 그림 5.15와 같다. 점착력성분의 합력은 원호중심에서 d_c 만큼 떨어진 위치에 작용한다. 결국 이 점착력 성분의 합력에 의한 저항모멘트는 식 (5.10)과 같이 모든 점착력성분의 저항모멘트와 동일한 값에 해당한다. 이 조건으로부터 d_c를 식 (5.11)과 같이 구할 수 있다.

$$c_d L R = c_d D d_c \tag{5.10}$$

$$d_c = L \frac{R}{D} \tag{5.11}$$

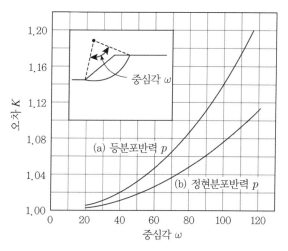

그림 5.14 마찰원 가정에 의한 오차[10]

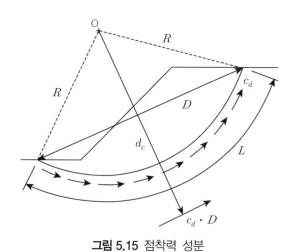

그림 5.15 점착력 성분

한편 활동토괴의 중량 W는 활동토괴면적에 단위체적중량을 곱하여 산정한다. 이 중량 W는 활동토괴면적의 도심에 연직으로 작용한다.

5.2.2 평형조건과 사면안전율 산정

모멘트의 평형조건을 만족하기 위해 세 개의 작용력 W, R_F 및 $c_d D$는 그림 5.16(a)에 도시된 바와 같이 한 점 A에서 만나야 한다. 그리고 이들 세 힘의 벡터는 연직방향 및 수평방향 힘의 평형을 이루기 위해 그림 5.16(b)에서 보는 바와 같이 폐합되어야 한다.

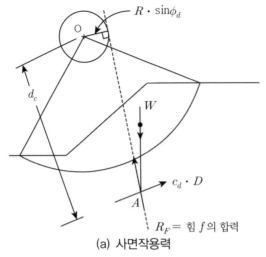

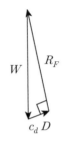

(a) 사면작용력　　　　　　　　　　　(b) 힘의 폐합다각형

그림 5.16 W, R_F 및 $c_d D$의 작용상태

마찰원법에 의한 사면안전율 산정 순서는 다음과 같다.

① 원호중심점 및 원호반경을 정하고 가상파괴원호를 그린다.

② 활동토괴의 중량 W와 작용 중심을 구한다.

③ 사면안전율 F를 가정하여 전단강도의 강도정수 c_d와 ϕ_d를 구한다.

④ $c_d D$와 d_c를 산정한다.

⑤ 힘의 평형 조건으로 합력 R_F의 크기와 방향을 폐합삼각형에서 구한다(그림 5.16(b) 참조).

⑥ 마찰원의 반경($=R\sin\phi_d$)을 산정한다.

⑦ 합력 R_F가 마찰원에 외접하는지 확인한다.

⑧ 합력 R_F가 마찰원에 외접할 때까지 ③번 단계에서 사면안전율 F를 다시 가정하여 반복 계산한다.

⑨ 또 다른 가상파괴원호와 원호 반경을 정하여 최소사면안전율 $F_{\min}$과 임계원호가 구하여 질 때까지 ①번 단계에서부터 다시 반복 계산한다.

한편 임계마찰원(critical friction circle)의 우측외접연직선은 그림 5.17에서 보는 바와 같이 사면경사면의 중앙점을 통과하게 된다.

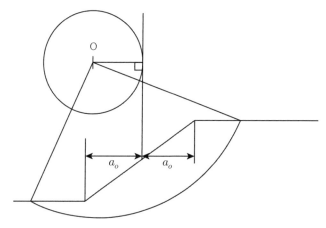

그림 5.17 임계마찰원의 위치

5.2.3 Taylor 도해법

Taylor(1948)는 마찰원법에 의한 사면안전율도표를 작성하였다.[11] 이 도표에는 마찰력의 합력이 마찰원에 외접한다는 가정에 의한 오차를 포함하고 있다. 일반적인 사면지반에서는 그림 5.18(a)를 사용하여 Taylor 안정수 $c_d/\gamma H$를 구하고 $\phi = 0$인 포화점토지반에 깊이가 한정된 경우는 그림 5.18(b)를 사용하여 Taylor 안정수 $c_d/\gamma H$를 구한다.

Taylor 도표를 활용하는 데는 다음의 조건이 필요하다.

① 단순사면
② 원호파괴면
③ 균질지반
④ 침투압이 없다
⑤ 전단강도는 전응력으로 정의(전응력해석만 가능, 혹은 간극수압을 고려하지 않는 유효응력해석)

그림 5.18에 사용된 전문용어는 다음과 같다.

β : 사면경사각
H : 사면 높이

D : 깊이계수(D = 원호 깊이/사면 높이)

ϕ_d : 발달한 마찰각($\tan\phi_d = \tan\phi / F$)

c_d : 발달한 점착력($c_d = c/F$)

γ : 단위체적중량(수중 사면의 경우 γ_b)

$c_d/\gamma H$: Taylor 안정수

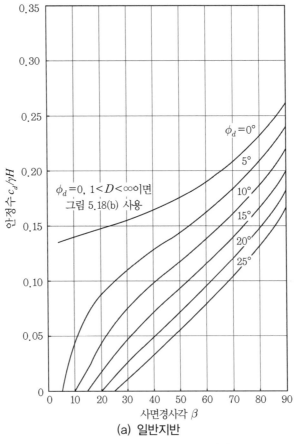

(a) 일반지반

그림 5.18 Taylor 안정수 도표[11]

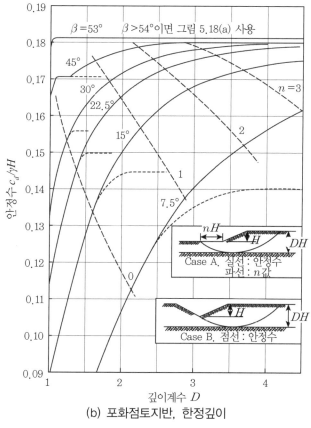

(b) 포화점토지반, 한정깊이

그림 5.18 Taylor 안정수 도표[11](계속)

예제 5.2 높이 H가 9m이고 경사각 β가 60°인 사면의 사면안전율을 Taylor 도표로 구하라. 이 사면지반의 단위체적중량은 $1.6t/m^3$이고 전단강도정수 c와 ϕ는 각각 $3t/m^2$, 20°이다.

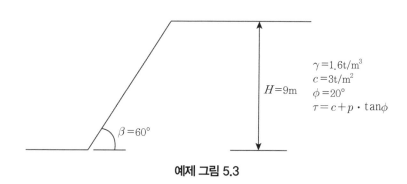

예제 그림 5.3

풀이 지반조건 및 사면형상을 도시화하면 예제 그림 5.3과 같다.

1차 계산 과정 :

① 사면안전율 F_ϕ =1.0을 가정한다.

② 사면안전율 F_ϕ =1.0로부터 전단강도의 강도정수 ϕ_d를 구한다.

$$\tan\phi_d = \frac{\tan\phi}{F} = \frac{\tan 20°}{1.0} \text{에서 } \phi_d = \phi = 20° \text{를 구한다.}$$

③ β =60°와 ϕ_d =20°의 값으로 그림 5.18(a)에서 Taylor 안정수를 찾는다.

Taylor 안정수($c_d/\gamma H$)은 0.097이다.

④ Taylor 안정수로부터 c_d를 산정한다.

$c_d = 0.097 \times \gamma H$이므로 $1.41t/m^2$이 구해진다.

⑤ F_c를 계산한다. $F_c = \dfrac{c}{c_d} = \dfrac{3}{1.41} \simeq 2$

⑥ F_c =2는 가정한 F_ϕ =1과 일치하지 않는다. 따라서 F_ϕ를 다시 가정하여 계산을 반복한다.

즉 $(F_\phi = \dfrac{1+2}{2} = 1.5)$으로 다시 가정한다.

2차 계산 과정 :

① 사면안전율을 F_ϕ =1.5로 다시 가정한다.

② 사면안전율 F_ϕ =1.5로부터 전단강도의 강도정수 ϕ_d를 구한다.

$$\tan\phi_d = \frac{\tan\phi}{F} = \frac{\tan 20°}{1.5} \text{에서 } \phi_d =13.5° \text{를 구한다.}$$

③ β =60°와 ϕ_d =13.5°의 값으로 그림 5.18(a)에서 Taylor 안정수를 찾는다.

Taylor 안정수($c_d/\gamma H$)은 0.125이다.

④ Taylor 안정수로부터 c_d를 산정한다.

$c_d = 0.125 \times \gamma H$이므로 $1.817t/m^2$이 구해진다.

⑤ F_c를 계산한다. $F_c = \dfrac{c}{c_d} = \dfrac{3}{1.817} \simeq 1.60$

⑥ F_c =1.60은 가정한 F_ϕ =1.5과 일치하지 않는다. 따라서 F_ϕ를 다시 가정한다.

⑦ $F = \dfrac{F_c + F_\phi}{2} = \dfrac{1.60 + 1.50}{2} = 1.55$로 가정하여 재차 수행한다.

혹은 아래 예제 그림 5.4와 같은 $F_c - F_\phi$관계도면을 그려 $F_\phi = F_c = F$를 구할 수도 있다.

참고로 $F_\phi = 2.0$과 $F_\phi = 2.5$일 때 구한 F_c는 각각 1.42와 1.33이었다. 이들 결과를 도시화하면 예제 그림 5.4와 같다. 이 그림으로부터 적절한 사면안전율은 1.56으로 정할 수 있다.

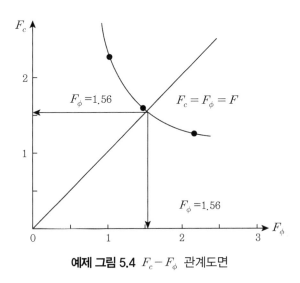

예제 그림 5.4 $F_c - F_\phi$ 관계도면

예제 5.3 높이 H가 9m이고 경사각 β가 20°인 사면의 사면안전율을 Taylor 도표로 구하라. 이 사면지반의 단위체적중량은 1.6t/m³이고 전단강도정수 c와 ϕ는 각각 3t/m², 20°이다.

풀이 지반조건 및 사면형상을 도시화하면 예제 그림 5.5와 같다.

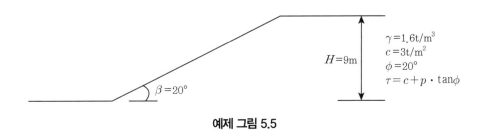

예제 그림 5.5

1차 계산 과정 :

① 사면안전율 $F_\phi = 2.5$를 가정한다.

② 사면안전율 $F_\phi = 2.5$로부터 전단강도의 강도정수 ϕ_d를 구한다.

$$\tan\phi_d = \frac{\tan\phi}{F} = \frac{\tan 20°}{2.5} \text{에서 } \phi_d = 8.3° \text{를 구한다.}$$

③ $\beta = 20°$와 $\phi_d = 8.3°$의 값으로 그림 5.18(a)에서 Taylor 안정수를 찾는다.

Taylor 안정수($c_d/\gamma H$)는 0.055이다.

④ Taylor 안정수로부터 c_d를 산정한다.

$c_d = 0.055 \times \gamma H$이므로 0.799t/m^{2}이 구해진다.

⑤ F_c를 계산한다. $F_c = \dfrac{c}{c_d} = \dfrac{3}{0.799} \simeq 3.64$

⑥ $F_c = 3.64$는 가정한 $F_\phi = 2.5$와 일치하지 않는다. 따라서 F_ϕ를 다시 가정한다.

2차 계산 과정 :

① 사면안전율을 $F_\phi = 3.0$으로 다시 가정한다.

② 사면안전율 $F_\phi = 3.0$으로부터 전단강도의 강도정수 ϕ_d를 구한다.

$$\tan\phi_d = \frac{\tan\phi}{F} = \frac{\tan 20°}{3.0} \text{에서 } \phi_d = 6.9° \text{를 구한다.}$$

③ $\beta = 20°$와 $\phi_d = 6.9°$의 값으로 그림 5.18(a)에서 Taylor 안정수를 찾는다.

Taylor 안정수($c_d/\gamma H$)는 0.070이다.

④ Taylor 안정수로부터 c_d를 산정한다.

$c_d = 0.070 \times \gamma H$이므로 1.017t/m^{2}이 구해진다.

⑤ F_c를 계산한다. $F_c = \dfrac{c}{c_d} = \dfrac{3}{1.017} \simeq 2.86$

⑥ $F_c = 2.86$은 가정한 $F_\phi = 3.0$과 일치하지 않는다. 따라서 F_ϕ를 다시 가정한다.

⑦ $F = \dfrac{F_c + F_\phi}{2} = \dfrac{2.86 + 3.0}{2} = 2.93$으로 가정하여 재차 수행한다.

참고로 $F_\phi = 2.0$과 $F_\phi = 3.5$일 때 구한 F_c는 각각 4.44와 2.35였다. 이들 결과를 그림으로 도시할 수 있다.

예제 5.4 사면 높이 H가 9m이고 사면선단 하부 4.5m 위치에 기반암이 존재한다. 사면경사각 β가 30°인 사면의 사면안전율을 Taylor 도표로 구하라. 이 사면지반의 단위체적중량은 1.6t/m³이고 비배수전단강도 c는 3t/m²이다.

풀이 지반조건 및 사면형상을 도시화하면 예제 그림 5.6과 같다.

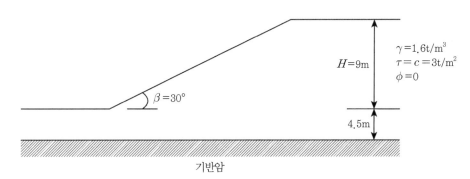

$\gamma = 1.6 \text{t/m}^3$
$\tau = c = 3 \text{t/m}^2$
$\phi = 0$

$H = 9\text{m}$

$\beta = 30°$

4.5m

기반암

예제 그림 5.6

① 깊이계수 D를 계산한다. $D = \dfrac{\text{기반암까지의 원호깊이}}{\text{사면높이}} = \dfrac{13.5}{9} = 1.5$

② $\beta = 30°$와 $D = 1.5$의 값으로 그림 5.18(b)에서 Taylor 안정수를 찾는다.

Taylor 안정수($c_d / \gamma H$)는 0.164이다.

③ Taylor 안정수로부터 c_d를 산정한다.

$c_d = 0.164 \times \gamma H$이므로 2.384t/m²이 구해진다.

④ F_c를 계산한다. $F_c = \dfrac{c}{c_d} = \dfrac{3}{2.384} \simeq 1.22$

$\phi = 0°$인 점토지반이므로 시행착오법에 의한 반복계산작업은 불필요하다.

한편 Singh(1970)도 Taylor의 해석에 근거하여 도표를 작성하였다.[9] 그러나 Singh 도표는 Taylor 도표에 근거하며 선단원호파괴에 대하여만 작성되었다. 이 도표는 Janbu의 안정성 해석과정에도 유용하다. 결국 Singh 도표는 인공사면에서 지반의 전단정수인 점착력 c와 내부마찰각 ϕ가 사면안전율 F에 미치는 영향을 평가하는 데 활용될 수 있다.

5.3 분할법

포화점토지반의 비배수상태에서는 전단강도가 파괴면에 작용하는 수직응력에 비례한다. 따라서 전단강도는 실내강도시험에서 수직응력의 범위와 배수조건을 현장에서의 재하상태에 맞게 재현시켜 실시하여야 한다. 이렇게 실시된 전단시험 결과 구해지는 전단강도의 변화는 그림 5.19에 도시된 직선식 $\tau = c + p \tan \phi$로 표현된다. 분할법으로 원호파괴면에 대한 사면 안전율을 산정할 때는 이 전단강도를 적용한다.[6]

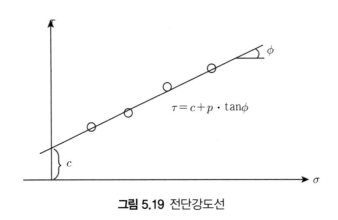

그림 5.19 전단강도선

5.3.1 Fellenius법

(1) 기본 해석

분할법을 적용할 때의 원호파괴의 형상은 그림 5.20과 같다.[6] 원호파괴면상의 활동토괴를 여러 개의 연직요소로 분할한다. 통상 손계산의 경우는 분할요소수를 6~10개 정도로 하고 컴퓨터를 사용할 경우는 분할요소를 30개 정도로 한다. 사면안전율의 정확도는 요소 수에 비례하여 향상된다.

균질지반에 이 해석법을 적용할 경우에는 전단강도정수 c와 ϕ는 전 원호파괴면에 동일하다고 가정하여 적용한다. 그러나 지반이 다층지반처럼 불균질할 경우는 원호가 지나가는 분할요소에 해당하는 지층의 전단강도정수 c와 ϕ를 각각의 지층에 적용한다.

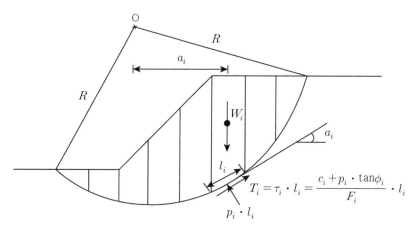

그림 5.20 분할법 적용 시의 사면분할요소

그림 5.20에는 분할요소 i의 위치와 요소 저면의 파괴면에 발달하는 응력이 도시되어 있다. 이들 요소는 원호중심 O에 대하여 활동모멘트와 저항모멘트를 각각 산정하여 합계한 후 모멘트평형조건을 적용한다. 즉, 전체 활동모멘트 M_d와 저항모멘트 M_r은 각각 식 (5.12) 및 식 (5.13)과 같다.

$$M_d = \sum a_i W_i \tag{5.12}$$

$$M_r = \sum T_i R = R \sum \frac{c_i + p_i \tan \phi_i}{F_i} l_i \tag{5.13}$$

식 (5.12)와 식 (5.13)을 같게 하면 식 (5.14)가 된다.

$$\sum a_i W_i = R \sum \frac{c_i + p_i \tan \phi_i}{F_i} l_i \tag{5.14}$$

전 분할요소에서의 안전율이 동일하다고 가정하면($F_i = F$) 사면안전율 F를 식 (5.14)로부터 식 (5.15)와 같이 구할 수 있다.

$$F = \frac{R \sum (c_i + p_i \tan \phi_i) l_i}{\sum a_i W_{i_i}} \tag{5.15}$$

그림 5.21(a)는 분할요소의 파괴면을 도시한 그림이다. 그림 5.21(b)에 도시된 바와 같이 분할요소의 중량 W_i를 요소 저면 파괴면에 평행인 성분과 수직인 성분으로 분할하여 수직응력 p_i를 식 (5.16)과 같이 구한다.

$$p_i = \frac{W_i \cos\alpha_i}{l_i} \tag{5.16}$$

여기서 l_i는 요소폭 b_i와 파괴면각도 α_i로부터 식 (5.17)과 같이 된다.

$$l_i = \frac{b_i}{\cos\alpha_i} \tag{5.17}$$

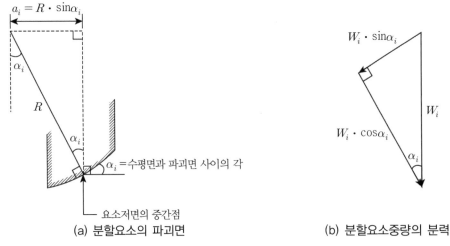

(a) 분할요소의 파괴면   (b) 분할요소중량의 분력

그림 5.21 요소의 기하학적 형상

식 (5.16), 식 (5.17) 및 $a_i = R \cdot \sin\alpha_i$를 식 (5.15)에 대입하면 식 (5.18)이 구해진다.

$$F = \frac{\sum\left(c_i \dfrac{b_i}{\cos\alpha_i} + W_i \cos\alpha_i \tan\phi_i\right)}{\sum W_i \sin\alpha_i} \tag{5.18}$$

이 해석법은 전응력 상태에서 설명하였다. 그러나 간극수압을 고려하는 유효응력해석에도 적용할 수 있다. 이 경우의 전단강도는 그림 5.22(a)와 같이 표현되고 파괴면에 작용하는 수직응력은 그림 5.22(b)와 같이 간극수압에 의한 성분 $u_i l_i$이 작용한다. 유효응력해석법에 의해 사면안전율을 구할 때는 식 (5.19)를 사용해야 한다.

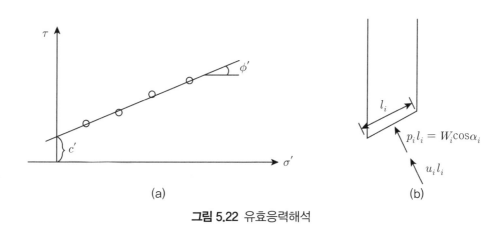

그림 5.22 유효응력해석

$$F = \frac{\sum(c'_i l_i + p'_i l_i \tan\phi'_i)}{\sum W_i \sin\alpha_i} \tag{5.19}$$

$$= \frac{\sum(c'_i l_i + (W_i \cos\alpha_i - u_i l_i)\tan\phi'_i)}{\sum W_i \sin\alpha_i}$$

그러나 이 유효응력해석법은 그림 5.23에 도시된 바와 같이 분할요소 파괴면 각도 α_i가 클 때, 즉 연직에 가까울 때는 적용에 제한이 있게 된다. 이 경우는 $W_i \cos\alpha_i$가 $u_i l_i$보다 작아져서 p_i가 u_i보다 작아지고 $p'_i = p_i - u_i < 0$가 된다. 이 경우는 그림 5.23에서 보는 바와 같이 사면 정상부 배면에서 주로 발생될 수 있다.

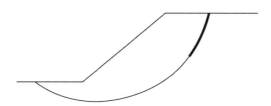

그림 5.23 분할요소 파괴면 각도 α_i가 매우 큰 경우, 유효응력해석법의 문제점

그 밖에도 Fellenius법의 부정확성은 절편력을 생략하기 때문에 발생한다. 간극수압이 증가할수록 오차가 커진다. 그리고 이 해석법에서는 활동모멘트 산정할 때 모멘트평형만 고려한다. 따라서 두 절편력은 힘의 평형조건에 고려되지 않는다.

(2) 기타하중

① 외부수압

외부수압은 그림 5.24과 같이 A_1, A_2, A_3의 세 종류의 수압이 발생될 것을 고려할 수 있다. 우선 A_1은 사면정상 배면 인장균열부에 물이 채워져 있을 때 발생되는 수압의 합력이고 A_2와 A_3는 사면 전면부에 호수 바다 등과 같이 물이 있을 경우 작용하는 수압의 합력인데, A_2는 사면 선단 앞 지표면에 작용하는 수압의 합력이고 A_3는 경사면에 작용하는 수압의 합력이다. 이들 수압의 합력이 작용하는 작용점에서 원호 회전중심까지의 수직거리는 각각 a_1, a_2, a_3이다.

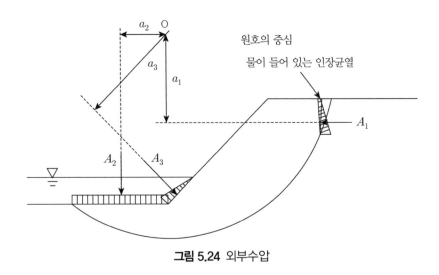

그림 5.24 외부수압

이때 수압을 고려하는 방법은 두 가지이다.

ⓐ 합력을 선하중으로 취급하여 모멘트 $A_1 a_1$, $A_2 a_2$, $A_3 a_3$을 저항모멘트나 활동모멘트로 추가한다.

ⓑ 원호파괴선을 수중까지 연장한다. 단 수중부분은 점착력과 마찰각이 0이고 단위중량은
물의 당위중량으로 하여 계산에 추가한다.

② 선하중

그림 5.25에 도시된 바와 같이 사면에 선하중 D_L이 수평과 ω의 각도로 작용할 경우 이 선
하중 D_L에 중심까지의 수직거리 d_L을 곱하거나 이 선하중 D_L를 수평분력과 연직분력으로 나
누어 중심점까지의 수직거리 v 및 w를 곱한 모멘트를 추가 적용한다. 이 모멘트는 식 (5.20)
과 같다.

$$D_L d_L = d_L \cos\omega v + D_L \sin\omega w \qquad (5.20)$$

이 선하중에 의한 효과는 해당 분할요소에서만 고려한다.

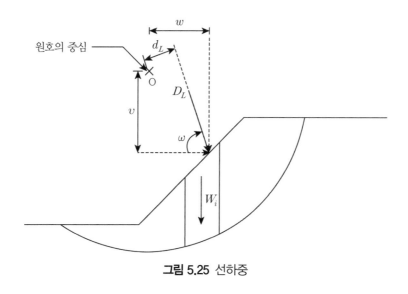

그림 5.25 선하중

③ 지진하중

지진하중은 그림 5.26에 도시된 바와 같이 각 분할요소의 도심에 수평하중으로 작용시킨
다. 지진하중의 크기는 중력의 함수로 산정한다.

$$지진하중 = k\,W_i \qquad\qquad (5.21)$$

여기서, k : 지진계수$(=a/g)$

a : 지진 시 수평가속도

g : 중력가속도

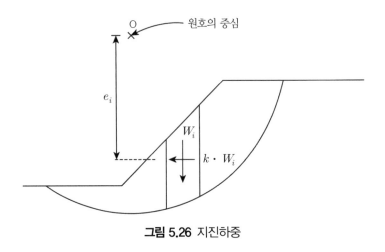

그림 5.26 지진하중

정역학화시킨 사면안정설계법에서는 일반적인 지진계수 k는 $0.05 \sim 0.25$이며 $k = 0.15$가 ASCE(1988)의 LA지부 지진 사면안정 특별위원회의 추천 값이다.

지진하중과 선하중을 고려할 때 분할요소 파괴면에 작용하는 수직하중 p'_i은 다음과 같다.

$$p'_i = W_i\cos\alpha_i - k\,W_i\sin\alpha_i + D_L\cos(\omega_i + \alpha_i - 90°)$$

이들 하중을 모두 고려할 경우 사면안전율은 식 (5.22)와 같다.

$$F = \frac{\sum\left(c'_i l_i R + (W_i\cos\alpha_i - k\,W_i\sin\alpha_i + D_L\cos(\omega_i + \alpha_i - 90°) - u_i l_i)R\tan\phi_i\right)}{\pm D_L d_L \pm Aa + \sum W_i R\sin\alpha_i + \sum k\,W_i e_i}$$

$$(5.22)$$

이 식에서 반경 R은 소거할 수 없다.

급격한 지진하중이 재하될 때 지반은 비배수상태가 되므로 그림 5.27에 실선으로 표시된 '복합강도포락선'을 적용하기를 권한다. 즉, 유효응력강도포락선과 전응력강도포락선이 서로 교차하면서 두 강도 중 낮은 강도를 선택하여 강도포락선을 취한다.

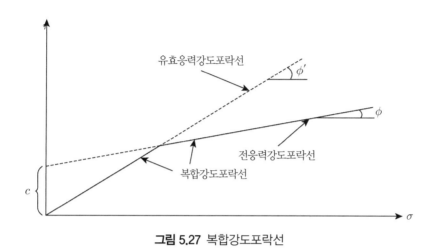

그림 5.27 복합강도포락선

5.3.2 Bishop 간편법

(1) 기본 해석

이 해석법은 1955년 Bishop이 제안한 엄밀해에서 다룬 모든 평형조건을 만족시키는 해석이 아니기 때문에 Bishop 수정법(Bishop's modified method) 혹은 Bishop 간편법(Bishop's simplified method)이라 부른다.[2]

Bishop 간편법에서는 분할요소에 작용하는 절편력 E_n과 E_{n+1}이 그림 5.28(a)에서 보는 바와 같이 수평방향으로 평형상태에 있다고 가정한다. 그림 5.28(a)의 Bishop 간편법을 그림 5.20의 Fellenius법과 비교하면 요소의 절편력을 고려하는 것 이외에는 Fellenius법과 동일하다. 단 Bishop법은 기본적으로 유효응력상태에서 해석을 수행함으로 전단강도는 $\tau = c'l + p'l\tan\phi'$으로 정하고 요소의 저면 파괴면에 작용하는 수직응력은 유효수직응력 $p'l$과 간극수압 ul의 두 성분으로 구성되어 있다.

이 요소에 작용하는 모든 힘의 자유물체도를 그리면 그림 5.28(b)와 같이 힘의 다각형으로 도시할 수 있다.

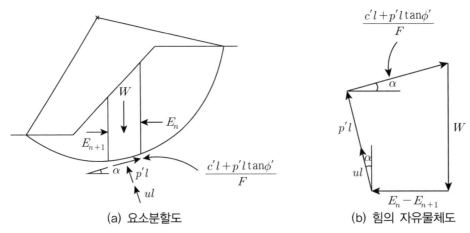

(a) 요소분할도   (b) 힘의 자유물체도

그림 5.28 Bishop 간편법에서의 절편력

우선 연직방향 힘의 평형조건으로부터 식 (5.23)이 구해진다. 단 위쪽 방향을 정의 방향으로 한다.

$$-W_i + u_i l_i \cos\alpha_i + p_i' l_i \cos\alpha_i + \frac{c_i' l_i}{F}\sin\alpha_i + \frac{p_i' l_i \tan\phi_i'}{F}\sin\alpha_i = 0 \tag{5.23}$$

이 식에서 $p_i' l_i$을 구하면 식 (5.24)가 된다.

$$p_i' l_i = \frac{W_i - u_i l_i \cos\alpha_i - \dfrac{c_i' l_i}{F}\sin\alpha_i}{\cos\alpha_i + \dfrac{\tan\phi_i' \sin\alpha_i}{F}} \tag{5.24}$$

다음으로 모멘트평형조건인데 이는 이미 Fellenius법에서 식 (5.18) 혹은 식 (5.19)에서 구한 바 있다. 이 식에 힘의 평형조건인 식 (5.24)로 구한 $p_i' l_i$를 대입하면 식 (5.25)가 구해진다.

$$F = \frac{\sum\left(c_i' l_i + \dfrac{W_i - u_i l_i \cos\alpha_i - \dfrac{c_i' l_i}{F}\sin\alpha_i}{\cos\alpha_i + \dfrac{\tan\phi' \sin\alpha_i}{F}}\tan\phi_i'\right)}{\sum W_i \sin\alpha_i} \tag{5.25}$$

이 식을 정리하면 식 (5.26)이 구해진다.

$$F = \frac{\sum\left(\dfrac{c'_i l_i \cos\alpha_i + (W_i - u_i l_i \cos\alpha_i)\tan\phi'_i}{\cos\alpha_i\left(1 + \dfrac{1}{F}\tan\phi'_i \tan\alpha_i\right)}\right)}{\sum W_i \sin\alpha_i} \tag{5.26}$$

요소폭 b_i는 $l_i \cos\alpha_i$이고 m_α를 식 (5.27)과 같이 놓으면 사면안전율 F는 식 (5.28)과 같이 구해진다.

$$m_\alpha = \cos\alpha_i\left(1 + \frac{\tan\phi'_i \tan\alpha_i}{F}\right) \tag{5.27}$$

$$F = \frac{\sum\left(\dfrac{(b_i c'_i + (W_i - u_i b_i)\tan\phi'_i)}{m_\alpha}\right)}{\sum W_i \sin\alpha_i} \tag{5.28}$$

m_α항에 사면안전율 F가 포함되어 있기 때문에 먼저 F를 가정하여 그림 5.29로 m_α를 결정하고 사면안전율을 구하여 가정치와 계산치를 비교하여 반복계산하는 시행착오법으로 구한다.

식 (5.27)에서 설명한 바와 같이 m_α는 α_i와 $\tan\phi'_i/F$의 함수이다.

$$m_\alpha = f\left(\alpha_i, \frac{\tan\phi'_i}{F}\right) \tag{5.29}$$

그러나 이 m_α값이 0 이하 혹은 부의 값이 되면 안전율 F는 현실성이 없게 된다. 이러한 경우는 다음 두 경우에 발생할 수 있다.

① α_i값이 부의 값이고 $\tan\phi'_i/F$값이 큰 경우
② α_i값이 크고 $\tan\phi'_i/F$값이 작은 경우

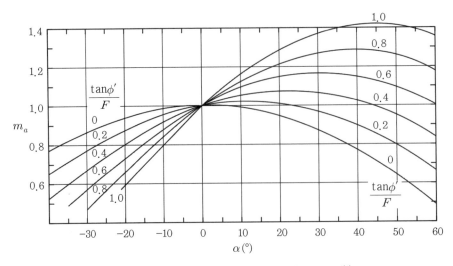

그림 5.29 요소파괴면 경사각 α에 따른 m_α값[4]

산정된 수직력 $p_i' l_i$이 커질 때 발달전단응력 역시 커지고 사면안전율 계산에 막대한 영향을 미친다. 만약 m_α값이 부의 값이 되면 전응력의 발달전단강도가 감소함으로 $p_i' l_i$이 부의 값이 되고 안전율 F는 과소산정된다. 절편이 매우 작고 m_α값이 부이면 다른 절편과 비교하여 수직응력이 커지고 부의 값이 된다. 수직응력이 큰 부의 값이면 안전율F는 비현실적이 된다. m_α에 관련된 문제는 부적절한 형상의 파괴면 때문에 발생한다. 따라서 파괴면의 양단부에서는 그림 5.30에 도시된 바와 같이 토압론을 적용한다.

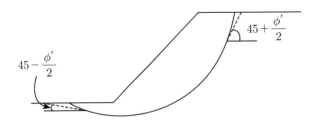

그림 5.30 파괴면 양단부의 토압론

한편 지중수위를 고려하여 절편의 물중량 W를 산정할 때는 그림 5.31에 도시된 바와 같이 수위 하부의 물중량 W_b와 수위상부의 물중량 W_a를 구분하여 $W = W_a + W_b = b(h_a \gamma_m + h_b \gamma_b)$로 산정한다.

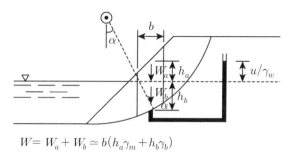

$$W = W_a + W_b \simeq b(h_a \gamma_m + h_b \gamma_b)$$

그림 5.31 절편의 물 중량

(2) 간극수압비

지중에 수압이 존재할 경우 절편요소의 중량 W_i와 간극수압 u_i를 어떻게 적용할 것인가 혹은 절편요소 저면에 유효응력은 얼마인가. 이 문제를 다루는 방법은 두 가지가 있다.

$$① \ p_i' = p_i - u_i = \frac{W_t}{b_i} - u_t = (h_a \gamma_t + h_b \gamma_t) - h_{wt} \gamma_w \qquad (5.30)$$

여기서 $h_{wt} = h_b + h_{we}$ 이다(그림 5.32 참조).

이 경우 사면에 작용하는 외부수압은 반드시 포함되어야 한다.

$$② \ p_i' = \frac{W_{at}}{b_i} + \frac{W_{bb}}{b_i} - u_{excess} = [h_a \gamma_t + h_b \underbrace{(\gamma_t - \gamma_w)}_{\gamma_b}] - h_{we} \gamma_w \qquad (5.31)$$

$$= h_a \gamma_t + h_b \gamma_t - \underbrace{(h_b + h_{we})}_{h_{wt}} \gamma_w$$

결국 식 (5.31)은 식 (5.30)과 동일하게 된다.

여기서 γ_b는 외부수위 하부에 적용되며 외부수압은 포함되지 않는다. 따라서 요소 저면에 작용하는 유효응력은 다음 두 가지 방법으로 산정한다.

① 전 중량 - 전 간극수압

② 외부수위상부 전 중량과 외부수위 하부의 부력 - 외부수위 상부의 과잉정역학 간극수압

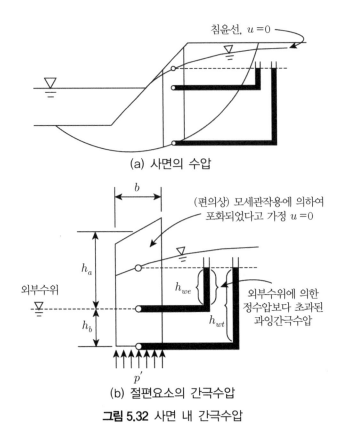

(a) 사면의 수압

(b) 절편요소의 간극수압

그림 5.32 사면 내 간극수압

요소의 저면이 수평이면 어느 방법이든 좋다. 그러나 요소저면이 수평이 아니면(뒤쪽에 있는 요소처럼) 절편력은 p_i'값에 영향을 미친다. 이 경우는 두 번째 방법이 유리하다.

간극수압은 Bishop & Morganstern(1960)이 정의한 간극수압비 r_u로 표현할 수 있다.[3]

$$r_u = \frac{u}{\gamma h} = \frac{간극수압}{상재압(전응력)} \tag{5.32}$$

이 간극수압비 r_u는 사면안정계산을 간략화시키는 데 활용할 수 있다.

한편 다짐점토에서는 간극수압비 r_u는 다음과 같이 쓸 수 있다.

$$r_u = \frac{u_0 + \Delta u}{\gamma h} \tag{5.33}$$

여기서 u_0는 초기간극수압이다.

다짐토지반에서 간극수압의 증가량 Δu는 주응력증가량 $\Delta \sigma_1$과 간극수압계수 $\overline{B}$(Bishop, 1954)로 식 (5.34)와 같이 표현함이 편리하다.[1]

즉, $\Delta \sigma_3 = 0$일 때 $\overline{B} = \overline{A} = \dfrac{\Delta u}{\Delta \sigma_1 - \Delta \sigma_3}$로부터 식 (5.34)를 구할 수 있다.

$$\Delta u = \overline{B} \Delta \sigma_1 \tag{5.34}$$

여기서, $\overline{B} = f(\text{토질}, w/c, \gamma_d, \Delta \sigma_1, \Delta \sigma_3)$

$\overline{B}$값은 비배수시험에서 적절한 함수비(w/c)와 단위중량(γ_d)값을 사용하여 측정할 수 있다. 응력해석에서 균질성토지반 내에서 $\sigma_1 \simeq \gamma h$이므로 $\sigma_1 = \Delta \sigma_1 \simeq \gamma h$(성토 시) $u = u_0 + \Delta u = u_0 + \overline{B} \Delta \sigma_1 = u_0 + \overline{B} \gamma h$가 된다.

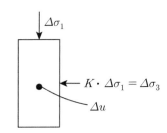

그림 5.33 실내시험 공시체 응력상태

한편 다짐토지반에서는 다짐 직후 u_0가 약간 부의 값을 보이나 안전측으로 $u_0 = 0$ 놓는다.[9] 이 경우 $u = \overline{B} \gamma h$이고 $r_u = \dfrac{u}{\gamma h} \approx \overline{B}$(균질성토지반의 성토 완료 시)이 된다.

(3) Bishop 도해법

Bishop and Morgenstern(1960)은 그림 5.34와 같은 단면으로 도시된 어스댐의 사면안전율을 Bishop 간편법으로 산정하기 위해 도표를 만들었다(부록 (1)~(6) 도표 참조).[3] 또한 O'Connor and Mitchell(1977)은 이 도표를 추가·보완한 도표를 제시하였다(부록 (7)~(14) 도표 참조).[8]

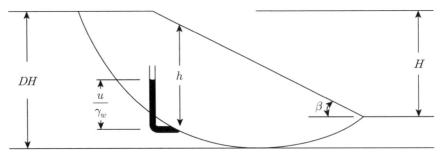

그림 5.34 어스댐 단면도

그림 5.34에 적용된 용어는 다음과 같다.

β : 사면경사각

H : 사면 높이

D : 깊이계수(=파괴면 깊이/사면 높이)

$c' \phi'$: 사면지반의 점착력 및 내부마찰각

γ : 성토토사의 단위체적중량

r_u : 간극수압비($r_u = u/\gamma H$)(사면 전체에 일정값)

$\dfrac{c'}{\gamma H}$: 안정수

이 도표를 적용할 수 있는 경우는 다음과 같은 조건의 사면에 해당한다.

• 단순사면

• 원호파괴면

• 균질지반

• 유효응력($c'\phi'$)으로 정의된 강도 : 유효응력해석

• 간극압이 포함된다(0이 될 수 도 있다).

Bishop 도해법에서는 간극수압을 식 (5.32)로 표현되는 간극수압비(pore pressure ratio) $r_u (= u/\gamma h)$로 표현하였다. 이 간극수압비는 상재압($=\gamma h$)에 대한 간극수압 u의 비로 정의한 값이며 이 간극수압비는 성토지반 내 모든 위치에서 일정하다고 가정한다.

Bishop 도해법에서는 주어진 사면의 사면안전율 F를 그림 5.35에 도시한 바와 같이 간극수압비 r_u에 선형적인 관계식으로 표현한다. 즉, 이 도해법에서는 사면안전율(F)과 간극수압비 r_u 사이를 식 (5.35)과 같이 선형적 관계식으로 나타낸다.

$$F = m - nr_u \tag{5.35}$$

여기서 m과 n은 안정계수이며 사면의 기하학적 형상과 지반강도의 함수로 정해진다. 이들 안정계수는 Bishop and Morgenstern(1960) 및 O'Connor and Mitchell(1977)이 제시한 도표로부터 구한다. 이 안정계수는 Taylor 도표에서 사용한 Taylor 안정수(stability number)에 대응하는 계수이다.

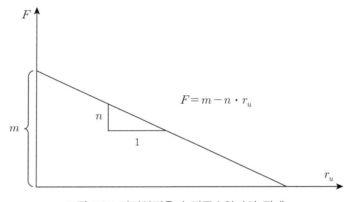

그림 5.35 사면안전율과 간극수압비의 관계

Bishop 도표는 여러 가지 경우의 사면형상과 지반강도를 대상으로 m과 n을 제공하고 있다. 결국 이 도해법은 m, n 및 r_u 값을 알면 식 (5.35)로 다음에 설명하는 순서로 사면안전율 F을 산정할 수 있는 방법이다.

Bishop 도표에서 취급할 수 있는 범위는 다음과 같다.

$\dfrac{c'}{\gamma H}$: 0.0, 0.025, 0.050(Bishop and Morgenstern(1960)[3] 제시),

　　　　0.075, 0.100(O'Connor and Mitchell(1977)[8] 제시)

ϕ' : 10~40도

$r_u : 1{\sim}0.8$

$\cot\beta : 2{\sim}5$

$D : 1.00,\ 1.25,\ 1.50$

$c'/\gamma H$값이 $0 \le c'/\gamma H \le 0.1$ 사이에 있으나 해당 도표가 없으면 F와 $c'/\gamma H$ 사이의 보간법으로 구한다. 보간법은 어디까지나 $c'/\gamma H$값에만 적용한다. 안정계수 m과 n값에 보간법을 적용하는 것은 부적절하다.

통상 어느 원호가 보다 더 위험한 원호인지를 파악할 필요가 있다. 예를 들면 깊은 원호인지 혹은 얕은 원호인지, 즉 깊이계수 D값이 큰지 적은지를 파악할 필요가 있다.

이는 간극수압비 r_u값에 의존한다. $D=1.00$ 도표에 보이는 r_{ue} 값은 $D=1.00$ 도표와 $D=1.25$ 도표에서 동일하게 위험한 상태를 나타내는 r_u값이다. 또한 $D=1.25$ 도표에서 보이는 r_{ue} 값은 $D=1.25$ 도표와 $D=1.50$ 도표에서 동일하게 위험한 상태를 나타내는 r_u값이다.

만약 $r_u > r_{ue}$이면 D값이 큰 경우가 더 위험한 경우이다. 따라서 먼저 $D=1.00$의 도표를 검토하고 $r_u > r_{ue}$이면 $D=1.25$ 도표로 이동한다. $D=1.25$ 도표에서도 $r_u > r_{ue}$이 되면 다시 $D=1.50$ 도표로 이동한다.

그러나 $r_u \le r_{ue}$이 되면 이때의 D값이 가장 위험한 경우에 해당한다. 이때의 m과 n값을 읽는다. 또한 만약 r_{ue} 선이 없으면 이때의 D값이 위험한 경우에 해당한다.

Bishop 도표로 사면안전율을 구하는 순서를 설명하면 다음과 같다.

① 먼저 간극수압비 r_u를 산정한다.

전체 댐의 r_u값은 댐의 여러 위치에서의 평균 r_u값을 산정한다. 이 r_u값은 간극수압계수 $\overline{B}$로 댐 축조 전에 산정할 수 있다. 일반적으로 지반시료에 대한 비배수시험으로 식 (5.36)으로 구할 수 있다.

$$\overline{B} = \frac{\Delta u}{\Delta \sigma_1} \simeq \frac{\Delta u}{\gamma h} \tag{5.36}$$

한편 다짐점토에서는 간극수압비 $r_u = (u_0 + \Delta u)/\gamma h$를 식 (5.33)과 같이 쓸 수 있다. 그러나 다짐토의 경우 다짐 직후 초기간극수압 u_0는 부의 값 혹은 0에 근접한 값을 가진다. 따라서 보수적인 가정으로 식 (5.37)과 같이 정한다.

$$r_u \simeq \frac{\Delta u}{\gamma h} \simeq \overline{B}$$ (5.37)

여기서 $\overline{B}$는 삼축시험으로부터 식 (5.38)과 같이 구할 수 있다.

$$\overline{B} = \frac{\Delta u}{\Delta \sigma_1} = B\left[\frac{\Delta \sigma_3}{\Delta \sigma_1} + A\left(1 - \frac{\Delta \sigma_3}{\Delta \sigma_1}\right)\right]$$ (5.38)

A와 B는 Skempton의 간극수압계수이다. 여러 경우 $\overline{B}$는 근사적으로 0.6 정도 된다.

② r_{ue}를 구한다.

어떤 임의의 사면의 기하학적 형상과 지반강도를 가지는 사면에 대하여 $D=1.00$인 파괴면 깊이의 원호에 대한 사면안전율이 $D=1.25$인 더 깊은 원호파괴면과 동일한 사면안전율을 가지는 경우의 특별한 간극수압비를 r_{ue}라 부른다.

1.25와 1.00을 아래첨자로 사용하여 식 (5.35)로 표현되는 사면안전율이 두 경우 동일한 경우 두 식을 등치시키고 정리하면 식 (5.39)와 같이 된다.

$$r_{ue} = \frac{m_{1.0} - m_{1.25}}{n_{1.0} - n_{1.25}}$$ (5.39)

여기서 r_{ue} 값은 도표에서 직접구할 수 있다.

만약 r_u 값이 r_{ue} 값을 초과하면 깊은 원호가 임계원호가 된다. 유사한 이유로 $D=1.50$인 더 깊은 원호에 대하여도 동일한 결론을 얻을 수 있다. 따라서 두 번째 단계에서는

① 가장 얕은 원호에 대하여 r_{ue}를 구한다.
② r_u를 r_{ue}와 비교하여 가장 위험한 깊이를 구한다.

만약 주어진 도표에서 r_{ue}가 존재하지 않으면 현재의 원호를 임계원호로 정한다. 깊이계수 D가 암이나 단단한 층으로 결정되면 임계원호의 깊이를 그 깊이로 정한다.

③ 사면안전율 F를 구한다.

가장 위험한 임계원호에 대하여 r_u값과 깊이계수 D가 정해지면 해당 도표에서 안정계수 m과 n을 구하고 식 (5.35)로 사면안전율을 산정한다. 해당 도표에 중간 값이 없으면 보간법으로 구한다.

예제 5.5 예제 그림 5.7에 도시된 단면의 댐의 축조 직후의 사면안전율 F를 계산하시오.

이 댐의 제반 특성은 다음과 같다.

댐의 높이 : 60m(댐 정상에서 바닥 단단한 지층까지의 높이(DH))

　　　　　 42m(댐 정상에서 상류측 댐 바닥까지의 높이(H))

댐 축조 재료의 전단강도특성 $c'\phi'$: 2.8t/m², 30°

댐 축조 재료의 단위체적중량 γ : 1.9t/m³

간극수압비 r_u : 0.5

최대깊이계수 $D_{\max}$: 60/42 = 1.43

사면경사각($\cot\beta$) : 4

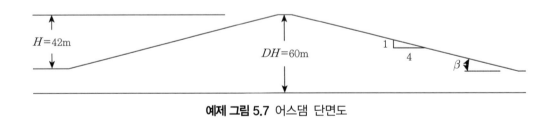

예제 그림 5.7 어스댐 단면도

풀이

(1) 안정수 $\dfrac{c'}{\gamma H} = \dfrac{2.8}{1.9 \times 42} = 0.035$이 안정수에 해당하는 도표는 없으므로 안정수 0.05와 0.025의 도표 사이에 보간법을 적용한다.

(2) $c'/\gamma H = 0.025$와 $D = 1.0$의 부록 도표(2)를 적용한다. 이 도표에서 $\phi' = 30°$, $\cot\beta =$

4.0으로 $r_{ue}=0.44$를 구한다. $r_u > r_{ue}$이므로 임계원호는 더 깊이 존재한다.

(3) $c'/\gamma H=0.025$와 $D=1.25$의 부록 도표(3)을 적용한다. 이 도표에는 r_{ue}값이 존재하지 않으므로 임계깊이는 $D=1.25$이다. 이 임계깊이가 $D_{max}=1.43$보다 작으므로 이 도표에서 안정계수 m과 n을 구하면 $m=2.95$, $n=2.81$이 구해진다. 계속하여 사면안전율 F를 식 (5.35)로부터 구하면 $F=2.95-2.81\times0.5=1.545$가 된다.

(4) 다음으로 $c'/\gamma H=0.05$와 $D=1.0$에 대하여는 부록 도표(4)를 적용한다. 이 도표에서 $r_{ue}=0 < r_u$이므로 임계원호는 더 깊이 존재한다.

(5) $c'/\gamma H=0.05$와 $D=1.25$에 대하여는 부록 도표(5)를 적용하면 $r_{ue}=0.72 > r_u$가 된다. 따라서 임계원호는 이 깊이에서 존재한다. 부록 도표(5)에서 안정계수 m과 n을 구하면 $m=3.22$, $n=2.82$가 구해진다. 계속하여 사면안전율 F를 식 (5.35)로부터 구하면 $F=3.22-2.82\times0.5=1.815$가 된다.

(6) 사면안전율 $F_{.035}$는 $c'/\gamma H$와 F 사이의 선형보간법으로 산정하면 1.65가 구해지며 이들 결과를 정리하면 다음 표와 같다.

$c'/\gamma H$	0.025	0.035	0.050
F	1.545	1.65	1.815

5.3.3 Bishop 엄밀해

Bishop(1955)은 처음으로 모든 평형조건을 다 고려한 방법을 개발하였다.[2] 그의 엄밀해는 다음에 열거하는 모든 평형 조건을 다 만족하는 데 필요한 예를 제시하였다.

$$\text{연직력평형}: p'l = \frac{W+X_n-X_{n+1}-ul\cos\alpha-\dfrac{c'l}{F}\sin\alpha}{m_\alpha} \tag{5.40}$$

$$\text{모멘트평형}: F = \frac{\sum[(c'b+(W+X_n-X_{n+1})\tan\phi'-ub\tan\phi')/m_\alpha]}{\sum W\sin\alpha} \tag{5.41}$$

$$\text{수평력평형}: E_{n+1} = E_n - \frac{c'l}{F}\cos\alpha - \frac{p'l\tan\phi'}{F}\cos\alpha + ul\sin\alpha + p'l\sin\alpha \tag{5.42}$$

각 절편의 모멘트평형 :

$$y_{tn+1} = \frac{E_n(y_{tn}+d_1) - X_n d_4 - X_{n+1} d_3}{E_{n+1}} + d_2 \tag{5.43}$$

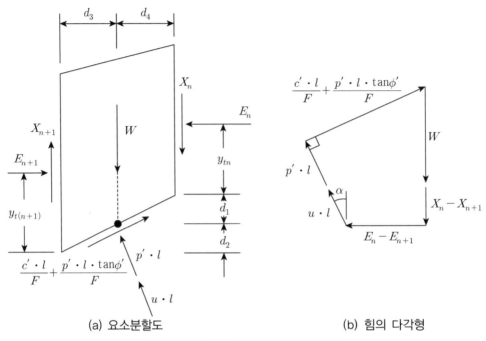

(a) 요소분할도   (b) 힘의 다각형

그림 5.36 Bishop 엄밀해에서의 절편력[2]

해석 순서

① 각 절편의 절편력 X_n을 가정한다.

이는 필요한 가정이다.

전체로 $3N$개의 방정식과 $(4N-2)$개의 미지수가 존재한다. 따라서 $(N-2)$개의 가정이 필요하다. $(N-1)$개의 절편 사이에 $(N-1)$개의 수평절편력 X가 있으므로 가정이 한 개 초과하게 된다. 그러므로 최종치 이외에 모든 X_n값을 가정한다. 최종 X_n값은 $\sum X_n = 0$으로부터 결정된다.

② 식 (5.41)을 적용하여 F를 산정한다. $(N+1)$개의 미지수(N개의 p'과 한 개의 F)가 존재하므로 시행착오법으로 수행한다.

③ 각 절편의 E_n값을 산정한다.

첫 번째 절편에서는 절편력이 없다($E_1 = 0$). 다음으로 식 (5.42)로 절편력 E_2를 구한다.

계속하여 E_3 등. 이 작업을 마지막 절편의 좌측 경계면까지 계속하여 수평절편력을 구한다. 마지막 절편의 수평절편력 $E=0$이 된다.

일반적으로 마지막 수평절편력 E는 0이 아니다. 따라서 X값을 다시 가정하여 ①번 작업을 반복한다. 이 반복작업을 불균형된 수평절편력이 나타나지 않을 때까지(즉, 최종 절편에서 절편력 E가 0이 될 때까지) 반복한다.

④ 마지막 절편에서 $E=0$이 되도록 일련의 X_n-값을 가정한다. 무한정의 가능성이 있다. 그러나 모두 합리적이진 않다. 해석이 얼마만큼 합리적인가를 검토하기 위해 식 (5.43)으로 각 절편의 경계면에서의 '절편력 작용선(line of thrust)'의 위치를 산정한다.

그림 5.37에서 보는 바와 같이 상부 정상 부근에서의 합리적인 절편력 작용점은 절편의 하방 1/3 위치보다 아래 있을 것이고 하부 선단부에서는 절편 하방 1/3 위치보다 위에 있을 것이다. 이들 작용점은 얼마만큼인가는 점착력에 의존한다.

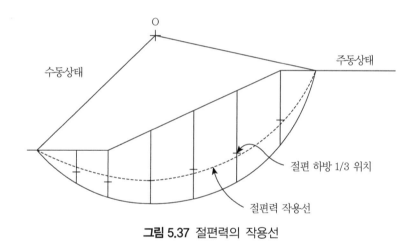

그림 5.37 절편력의 작용선

⑤ '토압력작용선(line of thrust)'의 위치를 알면 절편 경계에서의 응력을 산정할 수 있다. 사면선단부에서는 수직응력이 압축력이 될 것이다. (절편의 상부 1/3 위치와 하부 1/3 위치 사이의 절편력 작용선에 일치한다.) 그러나 정상에서는 인장강도보다 작은 인장력이 발생할 것이다. (절편의 하부 1/3 위치 아래의 작용선에 일치한다).

만약 내부응력 분포가 합리적이지 못하면 ①단계부터 다시 시작한다.

정확하고 유일한 해를 얻으려면 응력－변형률 관계가 도입되어야 한다. 그러나 이것은 한계평형해석에서는 적용할 수 없다.

Bishop(1955)은 두 현장을 대상으로 실시한 세 가지 사면안정해석 결과를 표 5.1과 같이 비교한 바 있다.[2] 이 표에서 보는 바와 같이 공사 완료 시의 사면안전율은 Fellenius법으로 산정할 경우 1.68이나 Bishop 간편법으로 계산하면 1.53으로 10% 정도 정밀하게 산정되었다. 이때 소요되는 계산시간은 Fellenius법으로 산정할 경우에 비해 Bishop 간편법으로 계산할 경우는 두 배의 시간이 걸렸다. 그러나 Bishop 엄밀해로 사면안전율을 산정할 경우 사면안전율은 1.60으로 Bishop 간편법으로 산정한 경우보다 4% 정도 크게 산정되었다. 계산에 소요된 시간은 3개월로 무척 많은 시간이 소요되었으나 사면안전율의 정도는 4% 정도의 차이밖에 나타나지 않았다.

표 5.1 사면안전율 비교

사면안정해석법	계산시간	공사 완료 시	수위급강하 시
Fellenius법	1시간/반복횟수	1.68	1.50
Bishop 간편법	2시간/반복횟수	1.53	1.84
Bishop 엄밀해	3개월	1.60	1.92

수위급강하의 경우도 사면안전율이 Fellenius법, Bishop 간편법, Bishop 엄밀해로 각각 1.50, 1.84, 1.92로 나타났다. 따라서 Bishop 간편법으로 사면안전율을 산정하면 Fellenius법보다 무려 19% 정도 크게 산정되고 Bishop 엄밀해보다는 4% 크게 산정되었다.

이 두 경우에 대하여 검토해보면 Bishop 간편법으로 사면안전율을 산정하는 것이 Fellenius법을 사용하는 경우보다 사면안전율을 정밀하게 산정할 수 있다고 할 수 있으며 Bishop 엄밀해를 적용할 경우는 소요시간에 비해 사면안정율의 정밀도 차이가 적어 일반적으로 Bishop 간편법으로 사면안전율을 산정하는 것이 경제적 및 공학적으로 유리하다고 할 수 있다.

결론적으로 모든 절편에서 $X_n = 0$으로 가정한 Bishop 간편법에 의한 식 (5.41)만을 적용하여 사면안전율을 산정하는 것이 충분한 정도와 경제적임을 알 수 있다.

Bishop 간편법은 수평력의 평형조건을 만족시키지는 못하고 내부 응력 분포가 합리적이진 않다. 그러나 Bishop 간편법에 의한 사면안전율은 모든 평형조건과 합리적인 내부 응력을 만족하는 해석값에 매우 근접하다고 할 수 있다.

5.3.4 최소안전율

사면안전율의 등치선도(contour)의 개념은 최소안전율과 그 원호의 위치를 찾는 데 활용될 수 있다. 그림 5.38에서 보는 바와 같이 가상파괴면으로는 하나의 중심에 수없이 많은 반경을 가지는 원호를 생각할 수 있다. 이들 가상파괴면에 대하여 각각 사면안전율을 산정할 수 있다. 이들 사면안전율 중 가장 작은 사면안전율을 가지는 가상파괴면이 파괴될 가능성이 가장 높을 것이다.

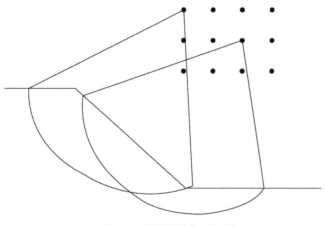

그림 5.38 사면안전율 격자망

또한 원호의 중심을 변경하면 또다시 수많은 가상파괴면을 고려할 수 있게 된다. 만약 이렇게 구한 사면안전율이 이전에 구한 사면안전율보다 낮으면 지금의 안전율에 해당하는 중심과 원호에서 파괴가 발생할 것이다. 이들 사면안전율 중에 또다시 제일 작은 사면안전율의 원호가 가장 파괴될 가능성이 높을 것이므로 그 사면안전율을 최소사면안전율로 정하고 그때의 원호를 구하는 것이 최종 작업이다. 따라서 반복작업이 많이 실시되어야 한다. 이 반복작업을 효율적으로 실시하기 위해 다음과 같이 한다.

먼저 주어진 사면의 기하학적형상으로부터 원호의 중심점의 1차 격자를 그림 5.38과 같이 사면 상부에 마련한다. 이 격자망을 처음에는 넓은 간격으로 마련하여 각 중심에서 수행하여 구한 사면안전율 중 제일 낮은 값을 써 넣는다.

다음으로는 1차 격자망 중 사면안전율 값이 작은 부분에서 더 세밀하게 2차 격자망을 그린다. 이와 같이 하면 더 낮은 사면안전율이 나타날 것이다. 여기서 재차 동일한 작업으로 제3차 격자망을 작성하고 각 점에서 사면안전율 계산을 수행하고 제일 낮은 사면안전율을 구한다. 이와 같은 작업을 반복하면서 최솟값의 사면안전율을 구해간다(그림 5.39 참조).

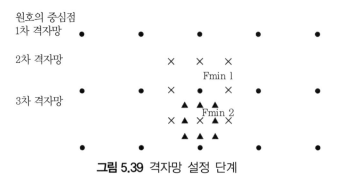

그림 5.39 격자망 설정 단계

이와 같은 작업으로 각각의 원호의 중심점에서 가장 낮은 사면안전율을 기입하고 이들 값으로 사면안전율 등치선도를 그림 5.40과 같이 작성한다.

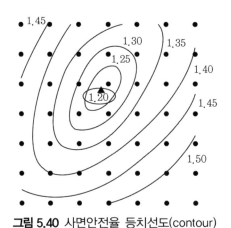

그림 5.40 사면안전율 등치선도(contour)

가끔 그림 5.41에 도시된 바와 같이 한 개 이상의 최소치가 있을 경우도 있다. 복잡한 사면의 경우는 이러한 결과가 발생되므로 충분한 검토가 요망된다.

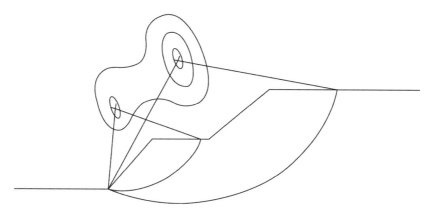

그림 5.41 복잡한 사면의 경우 사면안전율 등치선도

5.4 원호파괴와 평면파괴의 비교

제4장의 평면파괴해석과 제5장의 원호파괴해석에서 설명한 결과를 비교하여 다음 사항들을 알 수 있다.

① 원호파괴는 평면파괴나 쐐기파괴보다 항상 더 불안정하게 계산된다. 평탄한 사면일수록 이들 파괴면 사이의 안전율차이가 크다. 즉, 연직사면의 경우는 이들 파괴면 사이의 안전율 차이가 그다지 크지 않다.

② 현장 관찰 결과, 파괴는 평면파괴면보다는 곡면파괴면으로 더 잘 발생함을 확인할 수 있다. 즉, 특이한 지질학적 불규칙이 없을 경우 사면파괴면의 형상은 대부분의 이론해석에서 가정한 것처럼 근사적으로 원호로 발생한다.

③ 일정한 강도를 가지는 균일토층에 53° 이상의 가파른 경사면을 가지는 사면에서는 이론적으로 가장 취약한 원호파괴면은 선단을 통과한다. 다시 말하면 53° 이하의 완만한 경사면을 가지는 사면에서 가장 취약한 원호파괴면은 사면선단보다 아래를 통과하게 되며 원호반경은 무한반경을 가지게 된다. 따라서 원호파괴면이 통과하는 위치는 무한깊이로 된다.

④ 지반의 지질학적 및 물리적 특성으로 인하여 무한깊이의 원호파괴는 불가능하다. 그러므로 53° 이하의 완만한 경사면을 가지는 사면에서의 가장 취약한 원호파괴면은 하부 단

단한 지층에 접하는 위치까지 깊어진다.

⑤ 단단한 지층이 실용적으로 검토대상이 되는 깊이 내에 존재하지 않을지라도 모든 지층에서의 평균전단강도는 깊이에 따라 증가하며 $\tau = c + p\tan\phi$으로 표현된다. 여기서 수직응력 p는 깊이에 따라 증가하는 구속압에 비례한다. 또한 ϕ는 내부마찰각, c는 점착력이다. 정규압밀점토의 경우 비배수전단강도 c_u는 연직응력 $\sigma_v{}'$와 함께 증가한다. 따라서 $c_u/\sigma_v{}'$의 비는 일정하게 된다.[9] 이러한 깊이에 따른 강도증가현상 때문에 가장 취약한 원호파괴면이 무한정 깊게 형성되지는 않는다. 내부마찰각 ϕ값이 큰 지반일수록 가장 취약한 원호파괴면은 얕게 형성된다. 이런 지반의 경우 가장 취약한 원호파괴면은 사면의 경사면을 지나는 파괴면을 형성한다.

⑥ 일정한 강도를 가지는 이상적 소성지반에서는 가장 취약한 원호파괴면의 중심위치는 사면 중앙점 위의 연직면상에 존재한다. 그러나 깊이에 따라 강도가 증가하는 실제 지반에서는 가장 취약한 원호파괴면의 중심위치는 사면 중앙점 위의 연직면과는 다소 차이가 있다. 일반적으로 약간 선단부에 존재한다.

⑦ 취성지반을 제외한 지반에 대하여 지금까지 설명한 안정해석에서의 기본 가정은 다음과 같다.

(a) 사면안전율(예를 들면 전체 발휘 가능한 전단강도 대비 발달전단응력의 비로서의 안전율)은 파괴면의 모든 위치에서 동일하다.

(b) 지반은 이상적인 소성체이다. 예를 들면 첨두강도 이후 동일한 강도를 유지한다.
위의 두 가정은 실제지반에서는 옳지 않다고 알려져 있다. 그러나 이러한 가정의 적용은 무방하다고 인식되고 있다. 왜냐하면 사면안정해석으로 구한 답이 현장에서 실제 관찰된 사면거동과 실용상으로 거의 일치하기 때문이다. 더욱이 이러한 가정은 사면안정해석의 연산을 가능하게 하기 위해 반드시 필요하다.

⑧ 소성 응력-변형률 거동 재료의 첨두강도에 기인한 연직사면의 최대높이는 취성 응력-변형률 거동에 기인한 재료에 대한 경우의 두 배가 된다.

참고문헌

1. Bishop, A.W.(1954), "The use of pore pressure coefficients in practice", Geotechnique, Vol.4, No.4, pp.148~152.

2. Bishop, A.W.(1955), "The use of slip circle in the stability analysis of slopes", Geotechnique, Vol.5, No.1, pp.7~17.

3. Bishop, A.W. and Morgenstern, N.(1960), "Stability coefficients for earth slopes", Geotechnique, Vol.10, No.4, pp.129~150.

4. Fang, H.Y.(1975), "Stability of Earth Slopes", Ch. 10 in Foundation Engineering Handbook, edited by H.F. Winterkorn and H.Y. Fang, pp.354~372.

5. Fellenius, W.(1936), "Calculation of the stability of earth dams", Transactions Second Congress on Large Dams, International Commission on Large Dams of the World Power Conference, Vol.4, pp.445~462.

6. Fredlund, D.G. and Krahn, J.(1977), "Comparison of slope stability methods of analysis", Can. Geot. Jour., Vol.14, pp.429~439.

7. Janbu, N.(1968), "Slope Stability Computations", Soil Mechanics and Foundation Engineering Report, The Technical University of Norway, Tronheim.

8. O'Connor, M.J. and Mitchell, R.J.(1977), "An extension of the Bishop and Morgenstern slope stability charts", Canadian Geotechnical Journal, Vol.14, No.1, pp.144~151.

9. Singh, A.(1970), "Shear strength and stability of man-made slopes", Jour., Soil Mechanics and Foundation Engineerings Division, ASCE, Vol.96, No.SM6, November, pp.1879~1892.

10. Taylor, D.W.(1937), "Stability of earth slopes", Joun., Boston Society of Civil Engineers, Vol.24, No.3, July, Reprinted in Contributions to Soil Mechanics 1925-1940, Boston Society of Civil Engineers, pp.337~386.

11. Taylor, D.W.(1948), Fundamentals of Soil Mechanics, Wiley, Ch.16, pp.406~479.

사면안정해석 III
– 기타 파괴면

06 사면안정해석 III – 기타 파괴면

현장에서는 사면지형 및 지질특성에 따라 원호파괴면의 형태로 사면파괴가 발생되지 못하는 경우가 종종 있다.[2,11,15,18,20] 예를 들면 단단한 지층이 지중에 존재하면 파괴면은 이 지층에 연하여 발생되기 쉽다. 제6장에서는 이와 같은 임의파괴면으로 사면파괴가 발생될 경우의 해석법을 검토한다.

6.1 식과 미지수의 수

그림 6.1은 단일평면파괴나 원호파괴면과 달리 임의파괴면으로 발생한 사면파괴면에 대하여 분할법으로 사면안정해석을 실시할 경우 한 절편에 작용하는 작용력의 자유물체도이다.[4,5,19]

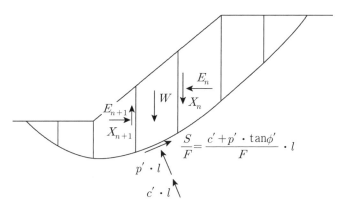

그림 6.1 임의파괴면의 절편에 작용력

여기서 이 그림에 표시된 용어는 아래와 같다.

W : 절편의 중량

E_n : 절편의 우측에 작용하는 수평절편력(horizontal slice force)

X_n : 절편의 우측에 작용하는 연직절편력(vertical slice force)

E_{n+1} : 절편의 좌측에 작용하는 수평절편력(horizontal slice force)

X_{n+1} : 절편의 좌측에 작용하는 연직절편력(vertical slice force)

τ : 사면파괴면에서의 유효전단강도($\tau = c' + p'\tan\phi'$)

c', ϕ' : 사면지반의 점착력과 내부마찰각

l : 절편 파괴면의 길이

p' : 사면파괴면에 작용하는 수직응력

$p'l$: 사면파괴면에 작용하는 수직력

u : 사면파괴면에 작용하는 간극수압

ul : 사면파괴면에 작용하는 수압

F : 사면안전율

한계평형이론에 의거하여 사면안정해석에 적용되는 평형방정식은 연직방향평형, 수평방향평형, 모멘트평형의 세 가지 평형조건을 적용한다. 이 경우 전체 모멘트평형조건은 적용하지 않는다. 이들 평형조건을 n개의 절편에 적용하면 식의 수가 $3n$개가 된다.

한편 해석 시 알 수 없는 미지수의 수는 다음과 같다.

$p'l$값 : n개

$p'l$의 작용 위치 : n개

E_n값 : $n-1$개

E_n의 작용 위치 : $n-1$개

X_n값 : $n-1$개

F : 1개

이들 미지수를 모두 합하면 전체 미지수가 $5n-2$개가 된다. 따라서 전체 식의 수가 $3n$이고

전체 미지수가 $5n - 2$개가 되어 정적해석으로는 구할 수가 없게 된다. 여기서 $p'l$의 작용 위치를 가정하면 미치수는 n개가 줄어들어 미지수는 $4n - 2$개가 된다. 결국 $n - 2$개의 미지수에 대한 가정이 더 필요하게 된다. 이는 원호파괴해석의 경우에도 동일하다.

6.2 쐐기법

그림 6.2와 같은 비원호 파괴면에 대한 안전율을 구하는 데 쐐기법을 적용할 수 있다.[4,5,15] 예를 들면 하부에 연약점토층이 협제되어 있는 장소에 성토를 시공하였을 경우 활동면은 이 연약점토층에 연하여 발생될 것이다. 이 경우는 원호파괴보다 이 연약협제층에 연한 파괴면이 더 취약하게 된다.

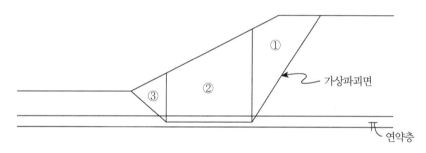

그림 6.2 연약점토의 협제층위 성토

다만 가상파괴면상의 토괴는 연직선과 여러 개의 쐐기 혹은 절편으로 나눈다. 각 쐐기 절편 사이의 경계면에 절편력이 작용하게 된다. 쐐기법에서는 쐐기 사이의 절편력이 수평으로 작용한다고 가정한다. 이 가정은 다소 보수적인 결과를 준다. 즉, 쐐기법에 의해 산정된 사면안전율은 엄밀해로 구한 사면안전율보다 낮은 값을 나타낸다.

쐐기법에서는 수평방향 평형조건과 연직방향 평형조건이 적용된다. 그리고 사면안전율은 시행착오법으로 산정한다. 먼저 사면안전율 F를 가정하고 평형조건식으로부터 구한 사면안전율이 가정한 사면안전율과 일치하는가 여부를 검토한다. 만약 일치하지 않으면 가정하였던 사면안전율과 산정된 사면안전율의 평균치로 다시 가정하여 사면안정해석을 반복하여 두 값이 일치할 때까지 반복 진행한다. 혹은 시행착오법으로 구한 사면안전율을 도면으로 작성하여 구할 수도 있다.

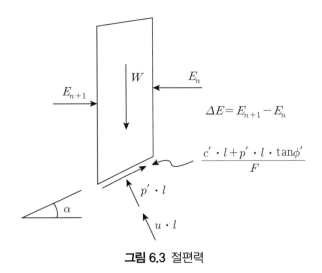

그림 6.3 절편력

먼저 각 쐐기의 연직방향 평형조건으로부터 식 (6.1)을 구한다. 이 식은 Bishop 간편법에서와 동일하다.[1]

$$p'l = \frac{W - ul\cos\alpha - \dfrac{c'l}{F}\sin\alpha}{\cos\alpha + \dfrac{\tan\phi'\sin\alpha}{F}} \tag{6.1}$$

Bishop 간편법에서는 식 (6.1)의 분모인 $\cos\alpha + \sin\alpha\tan\phi'/F$을 m_α라 정했다.
한편 각 쐐기의 수평방향 평형조건으로부터 식 (6.2)를 구한다.

$$E_{n+1} - E_n + \frac{c'l + p'l\tan\phi'}{F}\cos\alpha = p'l\sin\alpha + ul\sin\alpha \tag{6.2}$$

이 식을 정리하면 식 (6.3)과 같이 된다.

$$\Delta E = p'l\left(\sin\alpha - \frac{\tan\phi'\cos\alpha}{F}\right) - \frac{c'l}{F}\cos\alpha + ul\sin\alpha \tag{6.3}$$

식 (6.1)의 $p'l$을 식 (6.3)에 대입하면 식 (6.4)가 된다.

$$\Delta E = \frac{\left(W - ul\cos\alpha - \frac{c'l}{F}\sin\alpha\right)}{\frac{\cos\alpha}{F}(F + \tan\phi'\tan\alpha)} \frac{\cos\alpha}{F}(F\tan\alpha - \tan\phi') - \frac{c'l}{F}\cos\alpha + ul\sin\alpha \quad (6.4)$$

식 (6.4)를 계속 정리하면 식 (6.5)가 된다.

$$\Delta E = \frac{FW\tan\alpha - \dfrac{c'l}{\cos\alpha} - W\tan\phi' + ul\dfrac{\tan\phi'}{\cos\alpha}}{F + \tan\phi'\tan\alpha} \quad (6.5)$$

전체 수평방향 평형조건으로부터 식 (6.6)이 되어야 한다.

$$\sum \Delta E = 0 \quad (6.6)$$

예를 들어 3개의 절편의 경우 그림 6.4에 설명한 바와 같다.

만약 사면안전율이 바르게 가정되었으면 $\sum \Delta E$은 0이 되어야 한다. 만약 $\sum \Delta E$가 0보다 적으면 가정된 사면안전율이 너무 낮은 경우이고 $\sum \Delta E$가 0보다 크면 가정된 사면안전율이 너무 큰 경우이다.

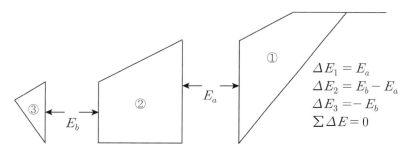

그림 6.4 3개의 쐐기인 경우의 수평방향 절편력

6.3 일반한계평형(GLE)법

GLE법은 Morgenstern & Price법과 유사하다. 먼저 GLE법을 설명하고 Morgenstern & Price법과의 차이점을 설명한다. [13,14]

이 해석법에서는 절편력 합력벡터의 방향을 결정하는 함수를 식 (6.7)과 같이 정한다 (Morgenstern and Price, 1965). [13]

$$\frac{X}{E} = \lambda f(x) \tag{6.7}$$

여기서, λ : 계수

　　　　$f(x)$: 함수

$f(x)$의 대표적인 함수는 그림 6.5와 같다. 즉, 함수 $f(x)$가 그림 6.5(a)와 같이 일정한 경우는 절편력 방향이 Spencer법에 적용된 가정과 일치한다. 다음으로 $f(x)$가 sin함수인 경우는 그림 6.5(b)와 같으며 변형 sin함수인 경우는 그림 6.5(c)와 같고 $f(x)$가 제형 분포인 경우는 그림 6.5(d)와 같다. 그리고 그림 6.5(e)의 특수함수의 경우는 임의로 절편력 함수를 입력시켜 사용할 수 있다. [16]

사면안전율식은 수평방향 힘의 평형과 모멘트평형에 의거하여 유도된다. λ는 두 사면안전율 F_f과 F_m이 같아질 때까지 변화시킨다. 이들 식의 해는 Newton-Raphson 수치해석기법을 사용하여 구할 수 있다. 이 해석의 주된 장점은 λ가 변할 때 모멘트와 힘의 평형에 의한 사면안전율의 변화를 이해할 수 있는 점이다.

'급속해석기법'이라 부르는 두 번째 해석법은 λ값을 엄밀해를 만족시키도록 정한다. 개념상으로는 이 해석법은 Newton-Raphson 기법과 유사하다. '급속해석기법'의 주된 장점은 전산시간을 줄일 수 있는 점이다. '급속해석기법'은 '최적회기분석법'에 소요되는 전산시간의 약 1/3에서 1/2 정도 걸린다. 이 방법은 Bishop 간편법에 소요되는 시간의 약 2배 혹은 3배 걸린다. [7]

'급속해석기법'을 사용하여 수렴시키려면 어려움이 따를 수 있다. 이런 경우에는 '최적회기분석법'으로 돌아가야 한다.

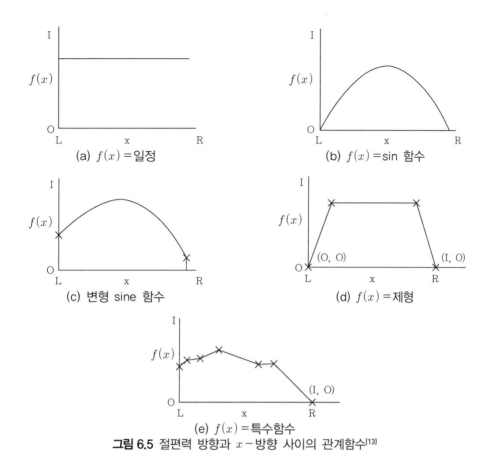

(a) $f(x)$ =일정

(b) $f(x)$ =sin 함수

(c) 변형 sine 함수

(d) $f(x)$ =제형

(e) $f(x)$ =특수함수

그림 6.5 절편력 방향과 x−방향 사이의 관계함수[13]

6.3.1 모멘트평형에 의한 사면안전율

GLE법에서 사면안전율 유도에 적용된 힘과 각 절편에 작용하는 절편력의 다각형은 그림 6.6과 같다. 한편 그림 6.7은 $f(x)$로 sine함수가 적용된 경우의 절편력을 도시한 그림이다.

전체사면에 대한 모멘트평형에 의한 사면안전율 F_m을 구하기 위해 중심 O에 대한 모멘트의 평형 조건을 식 (6.8)과 같이 구할 수 있다. 이 식에는 그림 5.24에서 그림 5.26까지에서 설명한 기타하중(외부수압 A, 선하중 D, 지진하중 kW)이 작용하는 일반적인 경우가 모두 고려되어 있다.

$$\sum Wx - \sum S_m R - \sum Pf + \sum kWe \pm [Dd] \pm Aa = 0 \tag{6.8}$$

여기서, W : 절편의 중량

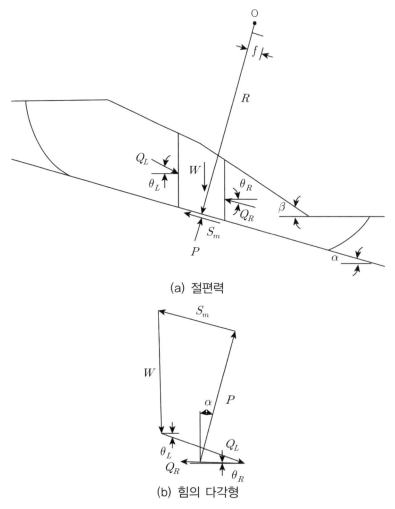

(a) 절편력

(b) 힘의 다각형

그림 6.6 GLE법에서의 힘의 자유물체도

x : 절편 중심에서 모멘트 중심까지의 수평거리

S_m : 절편파괴면에서의 발달전단력(mobilized shearing force)($= \tau_m l$)

τ_m : 절편파괴면에서의 발달전단강도(mobilized shear strength)

l : 절편파괴면의 길이($= b/\cos\alpha$)

R : 발달전단력 S_m 의 작용중심(파괴면 중심)에서 모멘트 중심 O까지의 수직거리

P : 절편파괴면에서의 수직력

f : 수직력 P의 작용방향과 모멘트 중심 사이의 수직거리

k : 지진계수($= a/g$)

e : 절편 중심과 모멘트 중심 사이의 연직거리(그림 5.26 참조)

a : 지진 시 수평가속도

g : 중력가속도

$D \& \omega$: 선하중과 작용방향(수평과의 각도)(그림 5.25 참조)

$A \& a$: 수압과 모멘트 중심까지의 수직거리(그림 5.24 참조)

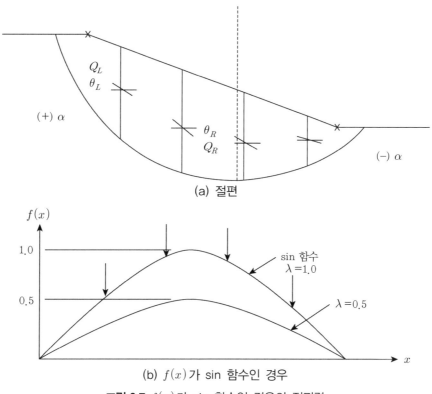

(a) 절편

(b) $f(x)$가 sin 함수인 경우

그림 6.7 $f(x)$가 sin 함수인 경우의 절편력

각 절편파괴면에서의 수직력 P는 연직방향 힘의 평형조건으로부터 식 (6.9)와 같이 구한다.

$$P = \frac{W + (X_L - X_R) - \dfrac{c'l\sin\alpha}{F} + \dfrac{ul\tan\phi'\sin\alpha}{F} + [D\sin\omega]}{m_\alpha} \tag{6.9}$$

여기서, $m_\alpha = \cos\alpha + \sin\alpha\tan\phi'/F$

식 (6.9)를 식 (6.8)에 대입하고 사면안전율 F_m 항으로 정리하면 식 (6.10)이 구해진다.

$$F_m = \frac{\sum [c'lR\cos\alpha + (W + (X_L - X_R)) + (D\sin\omega) - ul\cos\alpha)R\tan\phi']/m_\alpha}{\sum Wx - \sum Pf + \sum kWe \pm [Dd] \pm Aa} \quad (6.10)$$

첫 번째 계산에서 절편전단력(연직방향 절편력)을 0으로 설정한다. 그 다음 반복계산에서는 절편수직력(수평방향 절편력)을 산정한 후 절편전단력을 식 (6.7)에 의거 산정한다. 여기서 절편수직력은 각 절편의 수평방향 힘의 평형조건으로 식 (6.11)과 같이 구한다.

$$E_R - E_L = \left(W - (X_R - X_L) + [D\sin\omega]\tan\alpha - \frac{S_m}{\cos\alpha} + kW - [D\cos\omega] \right) \quad (6.11)$$

절편전단력은 절편수직력의 함수 식 (6.12)로 가정한다.

$$X_R = E_R \lambda f(x) \quad (6.12)$$

이와 같이 절편전단력이 수렴할 때까지 반복 계산한다.

6.3.2 힘의 평형에 의한 사면안전율

힘의 평형조건에 의한 사면안전율 F_f는 전체 사면의 수평방향 힘의 합을 식 (6.13)과 같이 구한다.

$$\sum (E_L - E_R) + \sum P\sin\alpha - \sum S_m\cos\alpha + \sum kW - [D\cos\omega] \pm A = 0 \quad (6.13)$$

식 (6.9)의 수직력 P와 발달전단강도 τ_m 및 $\sum (E_L - E_R) = 0$에 의거하여 힘의 평형에 의한 사면안전율 F_f는 식 (6.14)와 같이 구한다.

$$F_f = \frac{\sum \left\{ c'l + \left[\frac{W}{\cos\alpha} + \frac{(X_L - X_R)}{\cos\alpha} + \frac{[D\sin\omega]}{\cos\alpha} - ul \right] \tan\phi' \right\}/m_\alpha}{\sum \{ W + (X_L - X_R) + D\sin\omega \}\tan\alpha + \sum kW - D\cos\omega \pm A} \quad (6.14)$$

식 (6.11)로 절편수직력을 구한 후 식 (6.12)로 절편전단력을 다시 한번 산정한다. '최적회귀법(best-fit regression technique)'으로 모멘트평형 안전율 및 힘의 평형 안전율을 구하는 순서는 다음과 같다.

① 1차 계산 : 먼저 통상의 방법(Fellenius법)으로 사면안전율 F를 구한다. 이 값을 17% 증대시켜 GLE법의 초기치로 쓸 수 있다.[6]

② 2차 계산 : 식 (6.10)과 식 (6.14)로 사면안전율 F_m과 F_f를 구한다. 이때 절편전단력은 0으로 설정한다. 절편전단력을 0으로 놓고 식 (6.11)로 절편수직력을 산정한다. 식 (6.11)과 식 (6.9)에 F_m을 적용하여 모멘트평형에 의한 수렴이 이루어질 때까지 계산을 반복한다. 그런 후 식 (6.12)로 일련의 절편전단력을 산정한다.

③ 3차 계산 : 식 (6.10)과 식 (6.14)로 사면안전율 F_m과 F_f를 구한다. 그리고 절편전단력을 제2차 계산 과정에서 산정한다. 그리고 새로운 절편 수직력과 전단력을 계산한다.

④ 반복계산 : 모멘트평형 조건으로 사면안전율 F_m이 수렴할 때까지 3차 계산 과정을 반복한다. 그런 후 식 (6.9)와 식 (6.11)로 사면안전율 F_f가 수렴할 때까지 반복한다.

이러한 과정을 λ값을 변화시키면서 반복한다. GLE법에서는 최소 세 개의 λ값에 대하여 반복 계산한다. Spencer법에서 사용하는 방법은 그림 6.8에서 보는 바와 같이 모멘트평형과 힘의 평형으로 사면안전율을 구한다.[13] 즉, 사면안전율을 λ값에 대응시켜 정리하고 교차점을 다항식의 최적회귀 해석으로 결정한다.

급속해석법(rapid solver procedure)에서는 먼저 초기 λ값은 그림 6.9에서 보는 바와 같이 사면파괴면의 현(chord)의 길이로부터 구한다. 이 초기 λ값을 적용하여 모멘트평형조건 및 힘의 평형 조건에 의한 사면안전율 F_m과 F_f을 산정한다. 만약 모멘트평형 사면안전율 F_m이 힘의 평형 사면안전율 F_f보다 크게 산정되면 λ_i값을 0.1씩 증대시켜($\lambda_{i+1} = \lambda_i + 0.1$) 사면안전율 F_m과 F_f를 재차 계산한다(그림 6.10 참조). 반면에 모멘트평형 사면안전율이 힘의 평형 사면안전율보다 작게 산정되면 λ_i값을 0.1씩 감소시켜($\lambda_{i+1} = \lambda_i - 0.1$) 사면안전율 F_m과 F_f를 구한다.

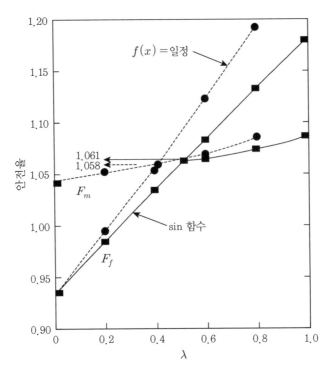

그림 6.8 λ값에 대응한 사면안전율 F_m과 F_f의 변화

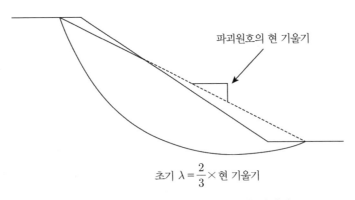

그림 6.9 급속해석법에서의 초기 λ값 설정법

모멘트평형 사면안전율 F_m과 힘의 평형 사면안전율 F_f의 변회율을 계산하여 λ값을 새롭게 설정하는 데 활용한다. 즉, 사면안전율 F_m과 F_f의 차이가 허용치를 초과하는지를 검토한다. 만약 차이가 허용치보다 작으면 계산작업을 멈추고 차이가 허용치보다 크면 λ값을 새롭게 설정한다.

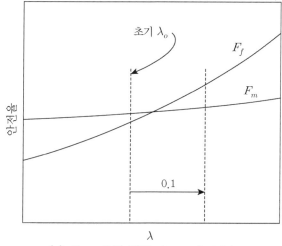

(a) $F_m > F_f$의 경우 : $\lambda_{i+1} = \lambda_i + 0.1$

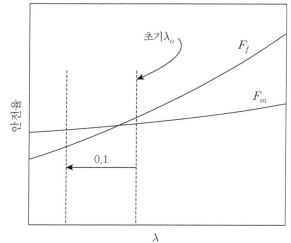

(b) $F_m < F_f$의 경우 : $\lambda_{i+1} = \lambda_i - 0.1$

그림 6.10 급속해석법에서의 λ값 설정법

6.3.3 절편력 작용점과 연직 사면안전율

절편력의 작용점은 각 절편의 저면파괴면의 중앙점에서의 모멘트평형 조건으로 식 (6.15)와 같이 구할 수 있다.

$$-E_L[t_L + (b/2)\tan\alpha] + E_R[t_R - (b/2)\tan\alpha] + X_L(b/2) + X_R(b/2) \qquad (6.15)$$
$$+ kW(h/2) + [Dx_d\sin\omega] - [Dy_d\cos\omega] = 0$$

식 (6.15)로부터 우측 수평절편력의 작용점 t_R을 구하면 식 (6.16)과 같이 된다.

$$t_R = \begin{bmatrix} E_L t_L + (b/2)(E_L + E_R)\tan\alpha - (b/2)(X_L + X_R) \\ - kW(h/2) - [Dx_d \sin\omega] + [Dy_d \cos\omega] \end{bmatrix} / E_R \tag{6.16}$$

파괴면 왼쪽의 수평절편력 작용점을 기지점으로 출발하면 계속되는 작용점은 사면의 적분으로 구할 수 있다.

각 절편의 연직평형에 의한 사면안전율 F_v은 전단응력과 전단강도의 비로 식 (6.17)과 같이 구할 수 있다.

$$F_v = \frac{\{c'h + E_R \tan\phi'\}}{X_R} \tag{6.17}$$

본 해석에서 절편에 작용하는 간극수압은 0으로 가정한다. 다층지반의 경우 토질정수(c'와 ϕ')는 평균치를 적용한다. 전응력과 유효응력이 혼합되어 있으므로 산정된 연직사면안전율은 근사치로만 사용한다.[3]

6.4 Morgenstern & Price법

Morgenstern & Price법은 기본적으로는 GLE법과 동일하다. 즉, 유도과정에 적용된 가정은 동일하다. 두 해석법의 주된 차이는 공식의 조성과정과 유도과정에 있다.

Morgenstern & Price(1965)는 각 절편의 바닥면, 즉 파괴면에 작용하는 접선력(전단력)의 합과 수직력의 합 및 절편파괴면 중앙점에서의 모멘트의 합으로 사면안전율을 산정하였다.[13] 무한폭의 절편을 대상으로 하고 있다. 힘과 모멘트의 평형방정식이 서로 합쳐지고 수정 Newton-Raphson 수치해법이 적용되었다. 다만 절편바닥, 즉 파괴면에 작용하는 수직력의 취급방법'이 그림 6.11에 도시된 바와 같이 약간의 차이가 있다.

즉, 절편의 바닥면에 작용하는 수직력의 취급방법에 그림 6.11에서와 같이 약간의 차이가 있다. Morgenstern & Price법에서는 절편의 바닥면에 작용하는 수직력의 합력 P가 절편의 중심과 약간의 오차가 있으나 GLE법에서는 이 합력이 절편의 중심을 지난다고 가정하였다.

Fredlund and Krahn(1977)은 이 두 해석법의 차이는 무시할 정도로 작다고 하였다.[7] λ값의 평균 차이는 Morgenstern & Price법이 약간 크나 0.1 이하라고 하였다.

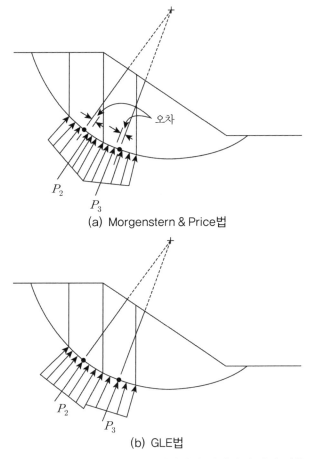

(a) Morgenstern & Price법

(b) GLE법

그림 6.11 Morgenstern & Price법과 GLE법에서의 파괴면 수직력 작용방향의 차이

6.5 Spencer법

Spencer법은 그림 6.12에서 보는 바와 같이 절편 좌우측에 작용하는 연직절편력과 수평절편력 사이에 식 (6.18)와 같은 일정한 관계가 있다고 가정하였다.[17]

$$\tan\theta = \frac{X_L}{E_L} = \frac{X_R}{E_R} \tag{6.18}$$

여기서, θ : 절편력합력이 수평과 이루는 각도

이 각도 θ는 절편의 좌우측 모두 동일하며 사면의 전체 절편에 걸쳐 일정하다고 가정한다.

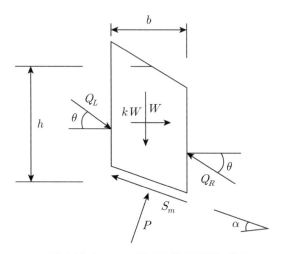

그림 6.12 Spencer법에서의 절편력 가정

Spencer법에서는 모멘트평형과 절편력방향의 평형조건으로 사면안전율을 구한다. 먼저 식 (6.19)는 전체 절편에 대한 모멘트의 합에 대한 평형조건으로 구한 사면안전율 F_m 산정식 이다.

$$F_m = \frac{\sum\{c'lR\cos(\alpha-\theta) + (W\cos\theta + [D\sin(\omega+\theta)] - kW\sin\theta - ul\cos(\alpha-\theta))R\tan\phi'\}/m_\alpha}{\pm(Dd) \pm Aa + \sum W_X + \sum kWe}$$

$$\tag{6.19}$$

다음으로 절편력에 평행한 방향으로의 힘의 평형조건으로부터 사면안전율 F_f는 식 (6.20) 과 같이 구해진다.

$$F_f = \frac{\sum\{c'l + (W\cos\alpha - kW\sin\theta + [D\sin(\omega + \alpha) - ul]\tan\phi')m_\alpha}{\pm A\cos\theta + \sum\{W\sin\alpha + kW\cos\alpha - [D\cos(\alpha + \omega)]\}/m_\alpha} \tag{6.20}$$

식 (6.19)와 식 (6.20)으로부터 θ에 대한 안전율 F_m과 F_f를 그림 6.13과 같이 작성한다. 그림 6.13에서 사면안전율 F_m과 F_f선이 만나는 점을 사면안전율로 정한다.

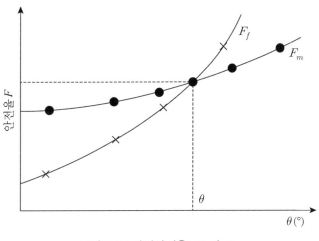

그림 6.13 사면안전율 F_m과 F_f

6.6 Janbu법

Janbu(1954, 1957, 1973)는 원호가 아닌 임의의 파괴면의 형상으로 파괴되는 사면의 안정해석을 수행하였다.[8,10,12] Janbu 해석법의 주요 특징은 절편력의 작용점을 일반 토압론에 적용되는 토압력작용선(line of thrust)으로 가정한 점이다. Janbu의 해석법에는 일반해법(Janbu,1954)[8]과 간편법(Janbu et al., 1956)[9]의 두 가지 해법이 있다.

6.6.1 일반해법

Janbu는 수평절편력의 작용점을 그림 6.14에서 보는 바와 같이 지중토압의 합력의 작용점과 연계하여 고려할 수 있다고 가정하였다. 그러나 점착력이 있는 사면지반의 정상부 부근에서는 주동토압이 작용하므로 상부 사면파괴면 부근에서는 수평절편력 E가 절편의 하부 1/3

위치보다 약간 아래에 작용한다고 생각하였다.

　반면에 사면 선단 부근에서는 수동토압이 작용하므로 수평절편력 E가 절편의 하부 1/3 위치보다 약간 위에 작용하게 된다고 생각하였다. 만약 점착력이 없는 지반이라면 수평절편력 E의 작용점은 토압력작용선(line of thrust)과 일치하게 된다.

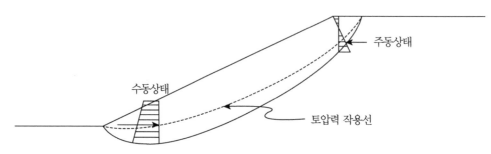

그림 6.14 사면 수평절편력의 작용선 위치(Janbu, 1954)[8]

　Janbu(1973)해석법에 적용된 절편과 용어는 그림 6.15와 같다. 이 그림에서 보는 바와 같이 절편 좌우에 작용하는 절편력수직력 E와 절편전단력 X가 작용하는 위치를 토압력작용선

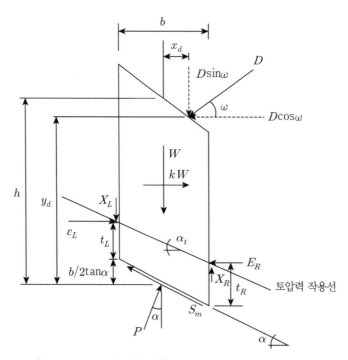

그림 6.15 Janbu 해석에 적용된 절편력과 절편에 작용하는 힘

(line of thrust)과 일치하는 것으로 가정하였다.

그림 6.15에서는 선하중과 지진하중도 고려하였다. 다만 선하중 D는 선하중이 작용하는 절편에만 적용하며 절편하부 파괴면의 중앙점에서 수평거리로 x_d 연직거리로 y_d 떨어진 위치의 절편지표면에 수평면과 ω의 각도(따라서 선하중의 수평성분은 $D\cos\omega$이고 연직성분은 $D\sin\omega$)로 작용한다.

그림 6.15에 적용된 새로운 용어는 다음과 같다. 이전의 분할법이나 GLE법에 적용한 용어와 동일한 용어는 생략하고 새로 적용한 용어만 설명하기로 한다.

t_L, t_R : 절편의 좌측과 우측에서 각각 절편의 저부파괴면으로부터 토압력작용선(line of thrust)까지의 연직거리

α_t : 절편을 관통하는 토압력작용선의 각도. 통상 절편중심부에서 수평면과 이루는 각도로 표시

x_d : 선하중이 작용하는 절편의 지표면 작용점에서 선하중의 연직성분과 절편의 중심을 지나는 연직선 사이의 수평거리

y_d : 선하중이 작용하는 절편의 지표면 작용점에서 선하중의 수평성분과 절편저부파괴면의 중앙점을 지나는 수평선 사이의 연직거리

ω : 선하중이 작용하는 절편의 지표면에서 선하중의 작용각도. 수평면을 기준으로 표시

힘의 평형조건을 적용하여 구한 사면안전율 F_f는 유도과정이 GLE법과 동일하므로 식 (6.14)와 같이 구할 수 있다.

$$F_f = \frac{\sum\left\{c'l + \left[\dfrac{W}{\cos\alpha} + \dfrac{(X_L - X_R)}{\cos\alpha} + \dfrac{[D\sin\omega]}{\cos\alpha} - ul\right]\tan\phi'\right\}/m_\alpha}{\sum\{W + (X_L - X_R) + D\sin\omega\}\tan\alpha + \sum kW - D\cos\omega \pm A} \tag{6.14}$$

Janbu 해석법에서는 위의 식 (6.14)를 풀기 위해서 먼저 $(X_L - X_R)$을 다음과 같은 과정으로 구한다.

① 첫 번째 계산에서는 $(X_L - X_R) = 0$으로 하고 사면안전율 F_f를 계산한다.

② 계속된 반복계산에서는 수평방향 힘의 평형조건으로부터 $(E_L - E_R)$을 구한다. 또한 절편전단력 X_R는 식 (6.23)으로 구한다.

즉, 그림 6.15의 절편요소에 대한 수평방향 힘의 평형조건인 식 (6.21)로부터 $(E_L - E_R)$을 구하면 식 (6.22)와 같이 된다. 단 식 (6.21) 중 절편바닥파괴면 중앙점에 작용하는 수직력 P는 식 (6.9)를 대입한다.

$$(E_L - E_R) + P\sin\alpha - S_m\cos\alpha + kW - [D\cos\omega] = 0 \tag{6.21}$$

$$(E_L - E_R) = [W + (X_L - X_R) + D\sin\omega)]\tan\alpha - \frac{S_m}{\cos\alpha} + kW - [D\cos\omega] \tag{6.22}$$

절편의 좌측에 작용하는 절편전단력 X_R은 절편의 저부파괴면 중앙점에서의 모멘트평형 조건으로부터 식 (6.23)과 같이 구해진다.

$$X_R = E_R\tan\alpha_t - \frac{(E_R - E_L)}{b}t_R + \frac{kWh}{2b} + \left[\frac{Dx_d\sin\omega}{b} - \frac{Dy_d\cos\omega}{b}\right] \tag{6.23}$$

절편전단력은 첫 번째 절편 왼쪽으로부터 순차적으로 누적시켜 구할 수 있으며 절편전단력은 상방향으로 작용하는 경우를 정(+)의 방향으로 가정한다.

Janbu 해석법으로 사면안전율을 산정하는 과정을 상세히 설명하면 다음과 같은 순서가 추천되고 있다. 먼저 사면 최상부 첫 번째 절편을 대상으로 절편력 X과 E의 계산을 시작하는데 통상 처음 계산 시에는 이들 값을 0으로 한다. 그러나 인장균열이 있는 경우는 인장균열 내의 수압을 고려해야 하므로 첫 절편에서부터 E값은 0이 아닌 인장균열 내의 수압으로 초깃값을 정한다.

다음 절편에 순차적으로 식 (6.22)와 식 (6.23)으로 절편력을 구하여 전 절편에 대한 절편력 X와 E을 구한다. 토압력작용선은 첫 절편 계산 시 각도 α_t와 작용점 t_R을 정하거나 가정한다. 절편력 X와 E의 합력으로 토압력작용선을 알 수 있다.

절편력의 산정값을 식 (6.14)에 대입하여 사면안전율을 산정할 수 있으며 몇 번의 반복계산으로 수렴된 사면안전율을 구할 수 있다. 새로운 사면안전율로 절편력을 다시 반복산정하고 토압력작용선을 식 (6.22)와 식 (6.23)으로 구할 수 있다.

Janbu 일반해법에는 사면안전율을 수렴시키는 데 어려운 점이 있다. 이 문제는 절편형상과 절편력이 비현실적인 형태와 값을 나타낼 때 주로 발생한다. 예를 들면 사면정상부 부근의 절편에서는 파괴면이 너무 가파르게 경사지게 되고 토압력작용선이 가파르게 되므로 큰 절편전단력이 발달하게 된다. Janbu 해석법으로 사면안전율의 수렴치를 구할 때 발생하는 수렴문제는 다음과 같은 조치로 일부 해결할 수 있다.

① 토압력작용선(line of thrust)을 재설정하거나 혹은 토압력작용선 경사를 감소시킨다.
　　이때 토압력작용점을 약간 상향으로 조정하는 방법이 사용된다.
② 사면 정상부의 인장균열을 조절한다(통상적으로 급경사의 절편전단력이 존재할 때).
③ 절편폭을 감소시킨다.

토압력작용선 기울기가 45°를 넘으면 절편의 전단력이 수직력보다 커진다. 이 경우는 절편전단력에 의한 수렴에 어려움이 발생하게 된다. 일반적으로 전형적인 합리적 토압력작용선은 그림 6.16과 같다.

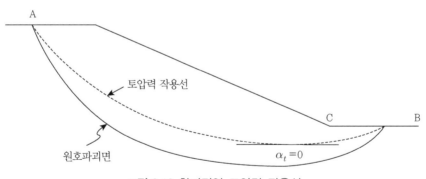

그림 6.16 합리적인 토압력 작용선

그림 6.17은 유한요소법과 Janbu 해석법으로 구한 절편력의 비 X/E값을 비교한 결과이다. 이 결과에 의하면 두 해석법의 결과는 사면 전체, 즉 정상에서 선단까지에 걸쳐 절편력 비의 차이가 커짐을 알 수 있다. 특히 사면정상부에서의 차이가 더욱 크게 나타났다. 따라서 토압력작용선(line of thrust)을 사면안정해석에 적용하는 데는 주의를 해서 검토해야 한다.

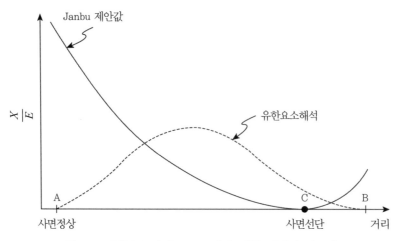

그림 6.17 유한요소법과 Janbu법에 의한 절편력 비 X/E

6.6.2 간편법

Janbu(1954)의 일반해법은 다소 복잡하고 반복계산 과정에 시간이 많이 소요되는 단점이 있다. 따라서 Janbu et al.(1956)은 식 (6.14)의 사면안전율공식에서 절편력을 제거하고 대신 경험적인 수정계수 f_o를 적용하여 식 (6.24)와 같이 사면안전율 산정식을 간편하게 정리하였다. 여기서 수정계수 f_o는 그림 6.18(a)의 도표로 구하여 사용하도록 하였다.[9]

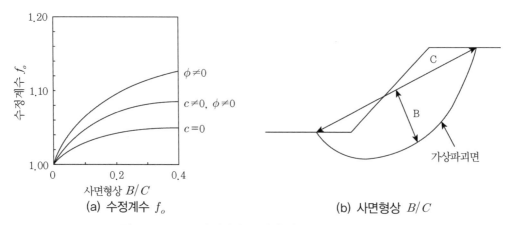

(a) 수정계수 f_o (b) 사면형상 B/C

그림 6.18 Janbu 간편법의 수정계수(Janbu et al., 1956)

$$F_f = f_o \frac{\sum \left\{ c'l + \left[\dfrac{W}{\cos\alpha} + \dfrac{[D\sin\omega]}{\cos\alpha} - ul \right] \tan\phi' \right\} / m_\alpha}{\sum \left\{ W + [D\sin\omega]\tan\alpha + \sum kW - [D\cos\omega] \pm A \right\}} \tag{6.24}$$

수정계수 f_o는 그림 6.18(a)에 도시한 바와 같이 점성토, 일반토사 및 사질토의 세 종류 토질을 대상으로 경험적으로 제시되어 있다. 이들 수정계수는 그림 6.18(b)에 도시된 사면파괴면의 형상에 따라 현 C와 최대깊이 B의 비와 연계하여 그림 6.18(a)에서 구할 수 있게 제시되어 있다.

6.7 대수나선법

6.7.1 기본 개념

이 해석법은 마찰원법과 유사하다. 다만 파괴면이 대수나선으로 가정되는 것 이외에는 모든 평형조건이 마찰원법의 경우와 동일하게 적용될 수 있다. 그림 6.19는 대수나선 파괴면을 적용하였을 경우의 사면파괴면형상이다. 이때 대수나선파괴면식은 식 (6.25)와 같다.

$$r = r_0 e^{\theta \tan\phi_d} \tag{6.25}$$

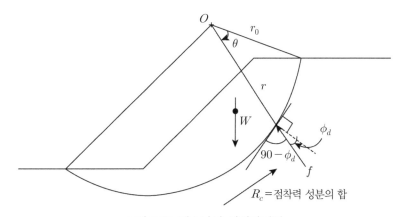

그림 6.19 대수나선 사면파괴면

그림 5.12의 마찰원법에서 설명한 합력 f는 대수나선 파괴면의 수직방향과 ϕ_d의 각도를 이루며 대수나선의 중심을 통과한다. 활동토괴의 중량으로 발생하는 활동모멘트는 저항모멘트와 평형을 이루는데 저항모멘트는 점착력성분의 합력 R_c에 의한 모멘트이다. 이는 마찰원법과 동일한 위치와 계산방법에 의하여 산정한다.

$c=0$인 사질토지반 사면에서는 활동토괴의 중심이 대수나선의 중심 아래 위치하게 된다. 이는 중심에 대하여 모멘트가 발생되지 않음을 의미한다. 이런 가장 위험한 대수나선은 무한사면의 경우와 같아지게 된다.

$\tan\phi_d = \dfrac{\tan\phi}{F}$이므로 파괴면의 형상은 사면안전율 F에 의해 결정된다. 이 사면안전율 F는 시행착오법으로 산정된다. 즉, 먼저 임의 값을 가정하고 힘을 산정하여 평형조건을 검토하는 방법으로 반복하여 수행한다. 이는 이미 마찰원법에서 수행한 바 있다.

6.7.2 대수나선도표

대수나선해석법에 의거한 사면안전율을 도표를 활용하여 구하기 위해 Wright(1969)는 도표를 그림 6.20과 같이 작성하였다.[20] 이 도표는 간단한 단순사면에 적용할 수 있으며 모든 조건은 마찰원법에 적용한 Taylor 도표와 유사하다.

이 도표를 이용하기 위해서는 무차원함수 $\lambda_{c\phi}$를 알아야 한다. 이 무차원함수 $\lambda_{c\phi}$는 식 (6.26)으로 구한다.

$$\lambda_{c\phi} = \frac{\gamma H \tan\phi}{c} \tag{6.26}$$

그림 6.20에서 이 도표는 사면경사각 β와 무차원함수 $\lambda_{c\phi}$를 알고 안정수 N_{cf}를 찾는다. 그런 후 사면안전율은 식 (6.27)로 산정한다.

$$F = N_{cf} \frac{c}{\gamma H} \tag{6.27}$$

그림 6.20(a)는 선단파괴 사면의 경우에 적용할 수 있고 그림 6.20(b)는 단단한 기반암 위의 사면에 적용할 수 있다. 또한 이 도표는 전응력해석 결과이다.

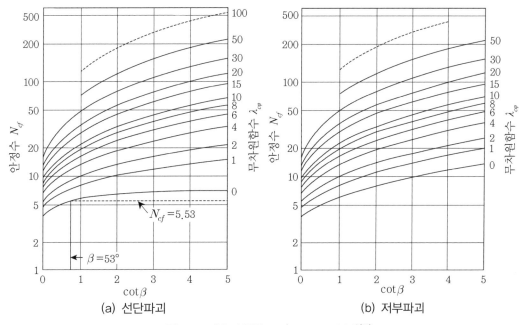

그림 6.20 대수나선법도표(Wright, 1969)[20]

| (a) 선단파괴 | (b) 저부파괴 |

예제 6.1 | 사면 높이 H가 9m이고 경사각 β가 60°인 사면의 사면안전율을 대수나선법으로 구하라. 이 사면지반의 단위체적중량은 1.6t/m³이고 전단강도정수 c와 ϕ는 각각 3t/m², 20°이다. 예제 6.1의 조건은 Taylor 도표를 이용한 예제 5.1과 동일하다.

풀이 | 지반조건 및 사면형상을 도시화하면 예제 그림 5.1과 같다.

① 우선 무차원함수 $\lambda_{c\phi}$을 산정한다.

$$\lambda_{c\phi} = \frac{\gamma H \tan\phi}{c} = \frac{1.6 \times 9 \times \tan 20°}{3} = 1.82$$

② 그림 6.20(a)에서 $\cot\beta = \cot 60° = 0.577$과 $\lambda_{c\phi} = 1.82$의 조건으로 N_{cf}를 구한다.

$$N_{cf} = 8.0$$

③ $F = N_{cf} \dfrac{c}{\gamma H}$ 에서 안전율 F를 산정한다.

$$F = N_{cf} \frac{c}{\gamma H} = 8.0 \frac{3}{1.6 \times 9} = 1.60$$

　같은 조건에서 Taylor 도표로 구한 $F=1.55$와 비교하면 두 방법에 의한 안전율이 아주 작은 차이만 보일 뿐 거의 유사하다. 따라서 임계원호해석과 대수나선해석은 거의 같은 결과를 얻을 수 있다. 실질적으로는 같은 파괴면을 갖는다.

참고문헌

1. Bishop, A.W.(1955), "The use of slip circle in the stability analysis of slopes", Geotechnique, Vol.5, No.1, pp.7~17.

2. Bishop, A.W. and Morgenstern, N.(1960), "Stability coefficients for earth slopes", Geotechnique, Vol.10, No.4, pp.129~150.

3. Brinch Hansen, J.(1962), "Relationship between stability analyses with total and with effective stresses", Bulletin No.15, The Danish Geotechnical Institute, Copenhagen, Denmark.

4. Broms, B.B.(1975), Landslides, Ch.11 in Foundation Engineering Handbook, edited by H.F. Winterkorn and H.-Y. Fang, pp.373~401.

5. Fang, H.Y.(1975), "Stability of Earth Slopes", Ch. 10 in Foundation Engineering Handbook, edited by H.F. Winterkorn and H.Y. Fang, pp.354~372.

6. Fellenius, W.(1936), "Calculation of the stability of earth dams", Transactions Second Congress on Large Dams, International Commission on Large Dams of the World Power Conference, Vol.4, pp.445~462.

7. Fredlund, D.G. and Krahn, J.(1977), "Comparison of slope stability methods of analysis", Can. Geot. Jour., Vol.14, pp.429~439.

8. Janbu, N.(1954), "Application of composite slip surface for stability analysis", Proc., EC on Stability of Earth Slopes, Stockholm, Vol.3, pp.43~49.

9. Janbu, N., Bjerrum, L. and Kjaernsli, B.(1956), Soil mechanics applied to some engineering problems, Norweigian Geotech. Institute, Publication No.16.

10. Janbu, N.(1957), "Earth pressures and bearing capacity calculations by generalized procedure of slices", Proc., 4th ICSMFE, Vol.2, London, pp.207~212.

11. Janbu, N.(1968), "Slope Stability Computations", Soil Mechanics and Foundation Engineering Report, The Technical University of Norway, Tronheim.

12. Janbu, N.(1973), "Slope stability computations", in Embankment-Dam Engineering edited by Hirschfeldm R.C. and Pou;os, S.J., John Wiley and Sons, New York, pp.47~86.

13. Morgenstern, N.R. and Price, V.E.(1965), "The analysis of the stability of general slip surfaces", Geotechnique, Vol.15, No.1, pp.79~93.

14. Morgenstern, N.R. and Price, V.E.(1967), "A numerical method for solving the equations of stability and general slip surfaces", The Computer Jounal, Great Britan, Vol.9, No.4, Feb,

pp.388~393.

15. Singh, A.(1970), "Shear strength and stability of man-made slopes", Jour., Soil Mechanics and Foundation Engineerings Division, ASCE, Vol.96, No.SM6, November, pp.1879~1892.

16. Spencer, E.(1967), "A method of analysis of the stability of embankments assuming parallel interslice forces", Geotechnique, Vol.17, No.1, pp.11~26.

17. Spencer, E.(1973), "The thrust line criterion in embankment stability analysis", Geotechnique, Vol.23, pp.85~101.

18. Taylor, D.W.(1937), "Stability of earth slopes", Joun., Boston Society of Civil Engineers, Vol.24, No.3, July,(Reprinted in Contributions to Soil Mechanics 1925-1940, Boston Society of Civil Engineers, pp.337~386.

19. Taylor, D.W.(1948), Fundamentals of Soil Mechanics, Wiley, Ch.16, pp.406~479.

20. Wright, S.G.(1969), "A study of slope stability and the undrained shear strength of clay shales", dissertation submitted in partial satisfaction of the requirement for the degree of doctor of philosophy, University of California, Berkeley.

사면안정해석
—인공신경망 모델

07 사면안정해석 – 인공신경망 모델

현재 통용되고 있는 사면안정성평가법은 한계평형이론에 의한 해석적 방법, 인공신경망 모델에 의한 해석적 방법, 통계적 방법으로 크게 나눌 수 있다. 이미 제4장에서 제6장까지는 한계평형이론에 의한 해석적 방법에 대하여 자세히 설명하였다. 한편 통계적 방법에서는 지형, 지질, 토질, 사면파괴유형 등 사면안정관련 모든 자료를 확률론적으로 분석한다.

제7장에서는 인공신경망 모델에 의한 사면안정성평가법에 대하여 설명한다. 현재, 인공신경망 모델은 복잡한 문제를 해석하는 데 여러 분야에서 널리 활용되고 있는 매우 효과적인 기법으로 알려져 있다. 이러한 인공신경망 모델 가운데 현재까지 가장 보편적이고 정확성을 보이고 있는 알고리즘은 오류역전파(error back propagation) 알고리즘이다.[55,56]

홍원표 외 3인(2004)은 토질물성, 지형 및 지질 데이터를 적용하여 국내 자연사면에 대한 산사태를 예측한 바 있다.[41] 이 연구에서 통계적인 분석방법으로 예측한 결과와 인공신경망 모델로 예측된 결과가 거의 일치하므로 인공신경망 모델로 예측한 결과가 매우 정확한 것으로 나타났다. 본 해석에 적용된 제반 자료는 한국지질자원연구원(2003)[38]에서 확률론적 분석을 위하여 사용된 지형, 지질, 토질물성치를 근거로 하였다.

제7장에서는 먼저 신경망 모델과 사면안정예측에 적용된 신경망구조에 대한 기초적 사항을 설명한 후 개발된 사면안정 예측 프로그램을 설명한다. 이 개발된 인공신경망 모델을 적용하여 산사태를 평가하는 방법과 절개사면의 안정성을 평가하는 방법을 설명한다.

우선 인공신경망 모델을 적용한 산사태 예측 결과와 확률론적 예측 결과를 비교·검토하여 우리나라의 산사태 발생을 예측한다.[40,41] 마지막으로 인공신경망 모델을 적용하여 절개사면의 안정성을 평가하는 경우의 제반 해석 결과를 상세히 설명한다.[42]

7.1 신경망 모델

인간의 뇌는 수많은 뉴런들이 거미줄처럼 연결되어 있는 신경망구조를 이루고 있다. 이러한 뇌의 신경망구조를 모델링한 것이 바로 인공신경망 모델이다. 신경망 모델은 오래전부터 연구되기 시작하였으나 컴퓨터가 보급되기 전에는 그다지 큰 관심을 끌지 못하였다. 그러나 컴퓨터가 급속히 활용됨과 더불어 최근에 다시 새로운 연구 분야로 주목을 받고 있다. 특히 주목해야 할 점은 신경망 모델에 관한 연구가 의학, 전자, 컴퓨터 등 다양한 학문 분야에서 진행되고 있다는 점이다.[61]

최근에는 지반공학 분야에서도 인공신경망 모델을 적용한 다양한 연구가 수행되어오고 있다. 예를 들면 Penumadu et al.(1994)은 이방성점토의 거동을 조사하는 데 인공신경망 모델을 적용하였다.[54] 그리고 Kumar et al.(2000)은 지반조사를 통하여 얻은 토질주상도를 이용하여 지층을 정확하게 구분하는 데 인공신경망 모델을 적용하였으며[49] Teh et al.(1997)은 말뚝의 지지력을 예측하기 위하여 적용하기도 하였다.[60]

한편 국내의 지반공학 분야에서도 인공신경망 모델을 적용한 연구가 많이 실시되어오고 있다. 예를 들면 이정학과 이인모(1994)는 말뚝의 극한지지력을 해석하는 데 적용하였으며,[35] 김홍택 외 2인(1998)은 쏘일네일링 굴착벽체의 변형을 예측하기 위하여 적용하였다.[28] 그 밖에 양태선 외 2인(2001)은 연약지반의 압밀거동을 예측하는 데 적용하였으며,[32] 이종구 외 2인(2003)은 터널거동을 예측하기 위하여 적용하였다.[36]

특히 사면안정 분야의 경우에도 인공신경망 모델을 이용한 연구가 진행되고 있다. 예를 들면 Mayoraz et al.(1996, 1997)[51,52]은 붕괴사면의 변위와 속도를 예측하고 사면안정성을 해석하는 데 적용시킨 바 있고,[62] Al-Tuhami(2000)는 사면 관련 자료(사면 높이, 사면경사 등)를 이용하여 사면안정성을 예측하는 데 적용한 바 있다.[43] 그 밖에도 Neaupane and Achet(2004)은 히말라야산에 시공되는 고속도로 주변의 사면에 대한 거동을 예측하고 실제 계측을 수행하여 비교·검토하는 데 적용하였다.[53]

신경망구조에는 여러 가지 특징이 밝혀져 있다. 이를 정리하면 다음과 같다.

① 디지털 및 아날로그 데이터를 처리할 수 있다.
② 데이터를 병렬로 처리한다.
③ 기본소자는 뉴런이다.

④ 학습에 의해 업무가 실행된다.

⑤ 뉴런들 간의 연결강도에 정보를 저장한다.

⑥ 내용에 의해 정보를 검색한다.

신경망 모델의 응용절차를 단계별로 설명하면 다음과 같다.

① 1단계 : 응용에 대한 세부적인 분석

신경망 모델을 특정 분야에 응용하기 위해서는 우선 신경망에 입력되는 자료 및 원하는 출력을 비롯하여 응용에 대한 세부적인 분석이 선행되어야 한다.

② 2단계 : 신경망 모델의 선택

응용에 대한 세부적인 분석이 완료되면 다양한 신경망 모델 중에서 응용 목적에 적합한 신경망 모델을 선택하여야 한다. 신경망 모델의 선택이 잘못되면 원하는 결과를 얻지 못할 수도 있다.

③ 3단계 : 신경망의 구조설계

신경망 모델을 선택한 다음에는 신경망의 구조를 설계하여야 한다. 구조설계라 함은 뉴런 수는 몇 개로 하며, 뉴런들을 어떤 형태로 배치하고 어떻게 연결시킬 것인지, 입력과 출력은 어떻게 할 것인지를 결정하는 것이다.

④ 4단계 : 신경망 학습

a) 학습방법의 선택 : 신경망의 구성이 완료되면 원하는 일을 할 수 있도록 신경망을 학습시켜야 한다. 여기서, 학습이란 특정 응용목적에 따라 뉴런들 간의 연결강도를 변경하는 과정을 말한다. 새로운 학문을 습득하는 방법에는 지도학습방법과 자율학습방법이 있다.

b) 학습패턴의 특징 추출 : 학습방법이 결정되면 신경망을 학습시킬 학습패턴을 선정하여야 한다.

⑤ 5단계 : 신경망 구현

최종적으로 실제 신경망을 어떻게 구현할 것인가를 결정하여야 한다. 신경망을 구현하는 방법에는 VLSI(Very Large Scale Integration, 최대규모집적회로)로 구현하는 방법, 광학적으로 구현하는 방법, 디지털 컴퓨터로 시뮬레이션하는 방법 등이 있으나 디지털 컴퓨터로 시뮬레이션하는 방법이 보편적으로 사용되고 있다.

7.1.1 생물학적 신경망

인간의 뇌는 운동, 감각 등의 육체적 기능뿐만 아니라 기억, 연상, 추론, 판단 등의 정신적 기능을 담당하고 있는 매우 중요한 기관이다.

(1) 인간의 기억메커니즘

인간의 기억은 단기기억과 장기기억으로 구분할 수 있다. 단기기억은 자극에 의해 대뇌피질에 약간의 변화가 일어나서 정보가 기억되지만 곧바로 몇 초 이내에 잊히는 기억이며, 장기기억은 자극이 반복적으로 가해지거나 자극이 상당히 커서 그 자극에 관련된 뉴런 간의 연결강도가 강해지고, 그 효과가 몇 분 혹은 영구히 지속되는 기억이다.

(2) 뉴런의 구조
① 신경계

신경계는 인간의 신체활동을 전반적으로 통제하는 역할을 하며 중추신경계, 말초신경계, 자율신경계로 구성되어 있으며 다음과 같이 구분할 수 있다.

- 중추신경계 : 인체의 신경계를 총괄적으로 통제한다.
- 말초신경계 : 감각기관으로부터의 자극을 중추신경계로 전달하거나 중추신경계로부터의 반응을 감각기관으로 전달하는 기능을 담당한다.
- 자율신경계 : 심장, 폐, 혈관 등의 수축 및 이완 작용을 담당한다.

신체의 외부나 내부에 가해진 자극은 감각기관의 수용기에 의해 받아들여져서 화학적 변화가 일어나게 된다. 이 변화는 곧바로 구심섬유를 통해 그 자극의 해당 중추신경계로 전달된다. 중추신경계에서는 이 자극에 대하여 적절한 반응을 할 수 있도록 원심섬유를 통해 신경흥분을 해당기관으로 전달한다.

② 뉴런(neuron)

신경계의 기능적 최소 단위는 뉴런이며, 뇌중에서도 특히 대뇌피질에 많은 뉴런들이 분포되어 있다. 뉴런은 그림 7.1에서 보는 바와 같이 세포체(cell body), 수지상돌기(dendrites),

축색돌기(axon)로 구성되어 있으며, 그 기능은 다음과 같다.

- 세포체 : 일정 시간 동안에 들어온 자극은 세포체내에서 가중되고, 외부자극의 가중합이 임계치보다 커지면 뉴런이 활성화된다.
- 수지상돌기 : 세포체 주위에 섬유더미 모양으로 연결되어 있으며, 인접한 뉴런으로부터의 신경흥분이 세포체로 들어오는 통로역할을 한다.
- 축색돌기 : 하나의 가늘고 긴 신경섬유로 되어 있으며, 인접한 뉴런으로부터 신경흥분을 전달하는 통로 역할을 한다. 이 신경섬유에는 약 1mm 간격으로 랑비에 마디가 있어서 신경흥분이 빠르게 전달되도록 해준다.

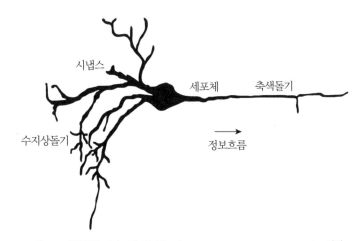

그림 7.1 생물학적 뉴런의 구조(Tsoukalas and Uhirig, 1977)[61]

③ 시냅스(synapse, synapse junction)

신경흥분이 전달되는 뉴런 간의 연결부위를 시냅스라고 하며, 시냅스에는 흥분성과 억제성의 2가지 유형이 있다. 흥분성시냅스는 인접 뉴런으로부터 전달되는 신경흥분이 뉴런을 활성화시키는 역할을 하며, 억제성시냅스는 인접 뉴런으로부터 전달되는 신경흥분이 뉴런을 활성화되지 못하게 하는 역할을 한다.

(3) 뉴런의 활성화

뉴런의 활성화를 위한 조건은 다음과 같다.[33]

① 자극의 크기가 임계치 이상으로 커야 한다.

안정된 상태일 경우에는 세포막에 약 −70mV의 전위차가 나타나는데 이를 안정막전위라고 한다. 안정막전위를 −55mV까지 낮출 수 있는 자극을 임계자극이라고 하며, 뉴런이 활성화되려면 임계자극보다 큰 외부자극이 인가되어야 한다.

② 자극이 일정 시간 이상 지속되어야 한다.

뉴런의 반응시간은 상당히 느리기 때문에 자극이 너무 짧게 인가되면 뉴런이 반응하지 못한다.

③ 자극이 약할 경우에는 자극을 반복하여야 한다.

비록 인가되는 외부자극이 임계자극보다 작더라도 빠르게 반복되면 자극가중현상에 의해 세포체내에서 누적된 자극이 임계자극보다 커져서 뉴런이 활성화될 수 있다.

④ 일단 활성화된 뉴런은 일정 시간이 경과되어야 한다.

활성화된 뉴런은 어느 정도 시간이 경과되어야 원래의 상태로 복귀되므로 일정 시간이 경과되어야 자극에 의해 활성화될 수 있다.

(4) 뇌에서의 정보 저장

뇌에서의 정보처리는 단순히 뉴런의 활성화 동작에 의해 수행될 뿐이다. 일반적으로 자극의 반복에 의해서 뉴런 간의 연결강도가 변한다. 다시 말하면, 어떤 자극에 의해 뉴런의 활성화가 반복되면 시냅스의 연결강도가 변하게 된다. 이러한 변화과정을 거쳐 장기기억 형태가 되면 시냅스의 연결강도가 더 이상 변하지 않고 고정되게 된다. 학습에 관련되었던 자극이 다시 들어오면 고정된 시냅스 연결강도에 의해 동일한 신경흥분을 다음 뉴런으로 전달할 수 있으므로 뉴런에 들어온 자극을 처리한 결과가 저장된 것으로 간주할 수 있다. 현재까지는 이와 같이 시냅스의 연결강도 형태로 정보가 저장된다고 알려져 있다.

7.1.2 인공신경망

(1) 뉴런의 모델링

뉴런은 입력된 외부자극의 합이 임계자극보다 큰 경우에 활성화되는 단순한 기능만 수행하므로 뉴런을 그림 7.2와 같이 모델링할 수 있다. 뉴런에 입력되는 외부자극의 가중합 NET와 뉴런의 출력 y는 각각 식 (7.1) 및 식 (7.2)와 같이 표현할 수 있다.

$$NET = \sum x \tag{7.1}$$

$$y = f(NET) \tag{7.2}$$

여기서, x 는 외부입력이고, $f(NET)$는 뉴런의 활성화 여부를 결정하는 활성화함수이다.

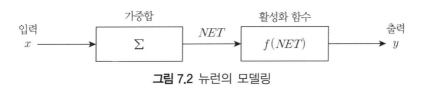

그림 7.2 뉴런의 모델링

(2) 일반적인 신경망 모델

생물학적 신경망의 경우 뉴런이 단독으로 어떤 기능을 수행하기보다는 여러 뉴런들이 거미줄처럼 복잡하게 연결되어 서로 상호작용을 하게 된다. 따라서 신경망은 방향성 그래프를 이용하여 모델링할 수 있으며, 이를 인공신경망 모델 혹은 신경망 모델이라고 한다.

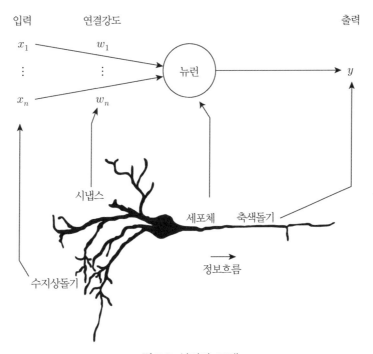

그림 7.3 신경망 모델

신경망 모델은 일반적으로 그림 7.3과 같이 나타낼 수 있다. 그림에서 보는 바와 같이 입력은 수지상돌기(dendrites), 연결강도는 시냅스(synapse), 축색돌기(axon)는 출력을 의미한다.

① 뉴런의 입력가중합(sum of weighted inputs)

신경망 모델에서 뉴런의 입력가중합이란 각각의 입력 x와 연결강도 w를 곱하여 이들을 모두 더한 것을 말한다. 따라서 입력 가중합 NET는 식 (7.3)과 같이 구할 수 있다.

$$NET = t = x_1 w_1 + x_2 w_2 + \cdots + x_n w_n = \sum_{i=1}^{n} x_i w_i \tag{7.3}$$

또한 입력가중합 NET는 입력 x와 연결강도 w로 식 (7.4)와 같이 표시할 수 있다.

$$NET = XW^T \tag{7.4}$$

여기서, W^T는 W의 치환벡터이다.

② 뉴런의 출력

그림 7.4는 뉴런의 출력을 개략적으로 나타낸 것이다. 신경망 모델에서 뉴런의 최종출력 y는 입력가중합 NET를 이용하여 식 (7.5)와 같이 구할 수 있다.

$$y = f(NET) \tag{7.5}$$

여기서, $f(NET)$는 활성화함수이다.

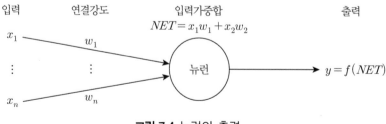

그림 7.4 뉴런의 출력

만약 입력가중합 NET가 임계치보다 크거나 같으면 뉴런은 활성화되지만 그렇지 않으면 뉴런이 활성화되지 못한다.

③ 신경망의 유형

신경망의 유형은 매우 다양하며, 계층수와 출력 형태에 따라 다음과 같이 분류할 수 있다. 먼저 계층수에 따라 분류하면, 단층신경망과 다층신경망으로 분류할 수 있다.

우선 단층신경망은 가장 단순한 신경망 구조로서 그림 7.5와 같이 나타낼 수 있다. 이 그림에서 보는 바와 같이 입력층 x와 출력층 y로만 구성된다.

그러나 다층신경망은 여러 계층으로 구성된 신경망 구조로서 그림 7.6과 같이 나타낼 수 있다. 이 그림에서 보는 바와 같이 입력층 x, 은닉층 z 및 출력층 y로 구성되어 있으며, 일반적으로 3계층 구조가 가장 널리 사용된다.

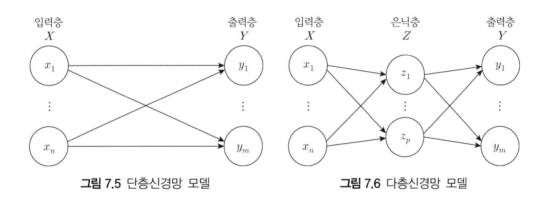

그림 7.5 단층신경망 모델   그림 7.6 다층신경망 모델

3계층 신경망구조에서는 입력층의 입력에 따라 은닉층의 출력이 나오며, 은닉층의 출력은 다시 출력층에 입력되어 최종출력이 나오게 된다.

단층신경망의 경우 일반적으로 선형분리가 가능한 응용에 적용되고 다층신경망은 임의 유형의 분류가 가능하므로 다양하게 응용하여 적용할 수 있다.

여기서 입력층 x는 외부입력을 받아들이는 계층이고 출력층 y는 처리된 결과를 출력하는 계층이며 은닉층 z는 입력층과 출력층 사이에 위치하여 외부로 나타나지 않는 계층이다.

한편, 출력 형태에 따라 신경망을 분류하면, 순방향신경망과 순환신경망으로 구분할 수 있다. 우선 순방향신경망은 신경망의 출력이 단지 입력에만 관련된 형태로서 그림 7.7과 같이 나타낼 수 있다. 다음으로 순환신경망은 신경망의 출력이 다시 입력층에 피드백되어 새로운 출력이 나오는 형태로서 그림 7.8과 같이 나타낼 수 있다. 따라서 신경망을 실제 응용할 경우에는 순방향 신경망은 신속한 출력을 얻을 수 있는 반면에 순환신경망은 최종 출력을 얻는 데 상당한 시간이 소요되기도 한다.

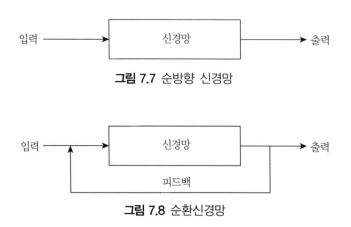

그림 7.7 순방향 신경망

그림 7.8 순환신경망

④ 신경망의 학습

신경망의 학습방법은 지도학습방법, 자율학습방법 및 경쟁학습방법으로 구분할 수 있다. 먼저 지도학습(supervised learning)방법은 신경망을 학습시키는 데 반드시 목표치가 필요한 방법으로, 입력과 원하는 목표치를 학습패턴쌍이라고 한다. 지도학습방법의 일반적인 절차는 다음과 같다.

- 1단계 : 응용목적에 적합한 신경망 구조를 설계한다.
- 2단계 : 연결강도를 초기화한다.
- 3단계 : 학습패턴쌍을 입력하여 신경망의 출력을 구한다.
- 4단계 : 출력과 목표치를 비교하여 오차를 계산한다.
- 5단계 : 오차를 학습신호발생기에 입력하여 연결강도의 변화량을 계산한다.
- 6단계 : 연결강도를 변경한다.
- 7단계 : 변경된 연결강도에 대하여 3~6단계의 작업을 반복한다.
- 8단계 : 더 이상 연결강도가 변하지 않으면 학습을 종료한다.

자율학습방법은 신경망을 학습시키는 데 목표치가 필요 없는 방법이다. 자율학습의 일반적인 절차는 다음과 같다.

- • 1단계 : 응용목적에 적합한 신경망구조를 설계한다.
- • 2단계 : 연결강도를 초기화한다.
- • 3단계 : 학습패턴을 입력하여 신경망의 출력을 구한다.
- • 4단계 : 출력을 학습신호발생기에 입력하여 연결강도의 변화량을 계산한다.
- • 5단계 : 연결강도를 변경한다.
- • 6단계 : 변경된 연결강도에 대하여 3~5단계의 작업을 반복한다.
- • 7단계 : 더 이상 연결강도가 변하지 않으면 학습을 종료한다.

경쟁학습방법은 지도학습방법과 동일한 절차이지만, 각 단계에서 전체 연결강도를 변경시키지 않고 단지 특정 부분의 연결강도만을 변경시키는 방법이다. 이 방법은 연결강도를 변경시키는 과정이 축소되므로 신경망의 학습에 소요되는 시간을 상당히 단축시킬 수 있다.

⑤ 연결강도의 변경

신경망의 학습은 연결강도 w를 변경시키는 과정이며, 이는 그림 7.9와 같이 나타낼 수 있다. 일반적으로 연결강도 변화량 Δw는 식 (7.6)과 같이 나타낼 수 있다.

$$\Delta w = \alpha \gamma X \tag{7.6}$$

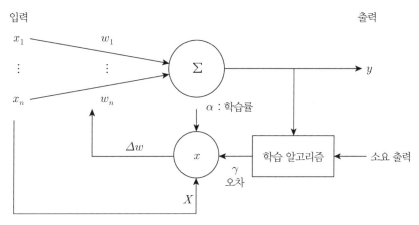

그림 7.9 연결강도의 변경 과정

여기서, α는 학습률, γ는 학습신호, X는 학습입력패턴이다.

따라서 $k+1$단계 학습과정에서의 연결강도 w_{k+1}은 식 (7.7)과 같이 나타낼 수 있다.

$$w_{k+1} = w_k + \Delta w \tag{7.7}$$

⑥ 학습인자

a) 초기연결강도

신경망 모델은 학습에서 초기연결강도를 적절히 선택해야 한다. 초기연결강도를 잘못 선택하면 응용목적에 적합하게 학습이 이루어지지 않을 수도 있다. 초기연결강도를 너무 큰 값으로 설정하는 것은 바람직하지 않다. 이와 반대로 너무 작은 값으로 설정하게 되면 학습이 진행될 때 연결강도의 변화량이 매우 적게 되어 학습시간이 오래 걸리게 되는 단점이 있다. 따라서 적절한 초기연결강도값을 선택하여야 한다. 일반적으로 초기연결강도는 -0.5~0.5 범위의 값으로 설정한다.

b) 신경망의 구조

신경망의 구조 자체도 학습시간에 상당한 영향을 미친다. 만약 입력층의 뉴런수가 n, 은닉층의 뉴런수가 p, 출력층의 뉴런수가 m이라면 신경망의 전체연결강도수는 $n \times p + p \times m$이 된다. 따라서 신경망을 구성하고 있는 뉴런의 수가 많으면 뉴런간의 연결강도수도 급격히 증가되어 학습이 느려지게 된다.

일반적으로 응용에 따라 입출력층의 뉴런수는 직관적으로 산출할 수 있으나 은닉층에 대한 정보는 알 수 없기 때문에 은닉층을 몇 계층으로 할 것인지, 각각의 은닉층에 뉴런은 몇 개를 배치할 것인지는 결정하기가 어렵다.

은닉층의 수가 증가하면 당연히 연결강도수도 증가하여 신경망의 학습이 매우 느려지게 된다. 그러나 다행스럽게도 특수한 경우를 제외하고는 은닉층을 1개로 하여도 거의 대부분의 응용에 적합하다.

c) 학습률

학습률 α는 신경망의 구조 및 응용목적에 따라 다르므로 신경망의 학습에 적합한 학습률을 규정하기는 어렵다. 그러나 학습률은 일반적으로 0.001~10 사이의 값을 사용한다.

급격하고 좁은 오차의 최소점을 갖는 응용에서는 큰 값의 학습률을 선택하게 되면 빠르게 학습이 진행될 수도 있으나, 잘못하면 학습이 되지 않는 상황이 발생할 수도 있다. 반면에 너무 작은 값의 학습률을 선택하게 되면 각 학습단계에서의 연결강도 변화량이 미세하여 전체 학습시간이 매우 길어지는 단점이 있다.

7.2 사면안정예측에 적용된 신경망구조

7.2.1 오류역전파 신경망(Back Propagation Neural Network)

신경망 연산은 다층구조로 연결된 뉴런에 의하여 좋은 성능으로 수행할 수 있다. 일반적으로 큰 신경망은 큰 연산용량을 제공한다.

뉴런을 층에 배열하는 것은 뇌의 일부분인 계층화된 구조를 모형화한 것이다. 이러한 다층 신경망은 패턴 인식과 시스템 인식, 또는 제어와 같은 응용에서 가장 일반적으로 사용되는 알고리즘이다.

그림 7.10은 전형적인 다층신경망을 나타낸 것으로 입력층, 출력층 및 은닉층으로 구성되어 있으며, 일반적으로 하나 이상의 은닉층을 가진다. 그림에서 각각의 원은 뉴런을 나타낸

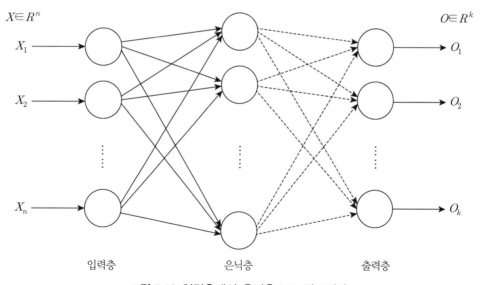

그림 7.10 입력층에서 은닉층으로 정보전달

것이다. 이 신경망은 X라는 입력벡터를 갖는 입력층과 O라는 출력벡터를 갖는 출력층으로 이루어진다. 입력층과 출력층 사이의 층을 은닉층이라 한다.

오류역전파는 인공신경망의 훈련방법 중 하나이다. 대부분의 다층신경망의 학습은 Rumelhart et al.(1986)에 의해서 제시된 오류역전파 알고리즘을 사용하여 수행할 수 있다.[57] 이 알고리즘은 주어진 입력에 대하여 원하는 출력 결과를 학습시키고자 할 때 사용되며, 출력층의 각 뉴런에서 발생되는 출력오차를 각 층으로 역으로 전파시켜 나가면서 연결링크의 가중치 수정을 통해 오차를 최소화시키는 기법이다.

오류역전파 알고리즘의 원리는 다음과 같다.

① 전형적인 오류역전파 신경망의 구조는 입력층, 은닉층 및 출력층으로 구성되어 있다. 신경망에서 얼마나 많은 은닉층이 필요한지는 확실하게 알 수 없다. 입력층에서 뉴런의 수는 입력벡터 구성요소의 수와 동일하고, 학습하는 동안 입력층은 그림 7.10에서 보는 바와 같이 입력정보를 모든 은닉층으로 보낸다.

② 은닉층의 뉴런들은 그림 7.11에서 보는 바와 같이 모든 출력층의 뉴런에 그들의 결과를 보낸다. 출력층의 뉴런은 가중된 합계를 계산하고 오류벡터를 산출하기 위해 원하는 출력치로부터 실제 결과치를 뺀다. 그림을 살펴보면 입력층으로부터 받는 정보를 갖는 은닉층의 뉴런은 결과를 계산하고 출력층으로 계산된 결과를 보낸다.

③ 출력노드는 가중치에 대해서 오류벡터 항들을 편미분으로 계산한다. 그리고 그림 7.12에서 보는 바와 같이 편미분 값들을 역방향으로 은닉층에 보낸다. 이러한 계산방법을 적용하는 알고리즘을 오류역전파라고 한다. 각각의 은닉층은 출력층의 오류에 대한 기여도를 찾기 위하여 오류벡터 항의 편미분 값에 대한 합계를 계산한다.

앞에서 설명한 과정을 수학적으로 표현하면 다음과 같이 설명할 수 있다. 입력층(O_i)과 은닉층(O_j), 출력층(O_k)은 j번째 은닉층의 뉴런으로부터 k번째 출력층의 뉴런 간의 가중치를 w_{kj}로 표기한다. 따라서 출력층을 계산하면 식 (7.8) 및 식 (7.9)와 같다.

$$O_k = \Psi[NET_k] \tag{7.8}$$

$$NET_k = \sum_j w_{kj} O_j \tag{7.9}$$

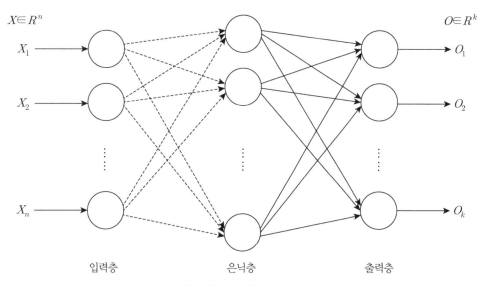

그림 7.11 은닉층에서 출력층으로 정보전달

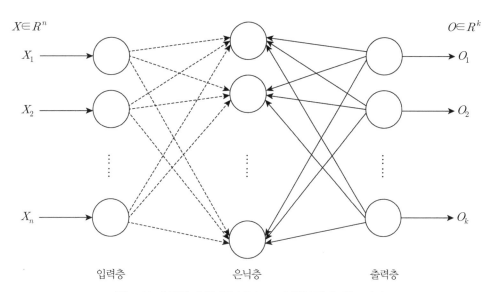

그림 7.12 출력층에서 은닉층으로 오류역전파 정보전달

이와 같은 방법으로 은닉층을 계산하면 식 (7.10) 및 식 (7.11)이 된다.

$$O_j = \Psi[NET_j] \tag{7.10}$$

$$NET_j = \sum_i w_{ji} O_i \tag{7.11}$$

여기서, 활성함수는 식 (7.12)와 같은 단극성함수를 사용하였다.

$$\Psi[x] = \frac{1}{1+\exp{(-x)}} \tag{7.12}$$

패턴 p에 대한 오차의 제곱은 식 (7.13)과 같이 된다.

$$E_p = \frac{1}{2}\sum_k (D_{pk} - O_{pk})^2 \tag{7.13}$$

전체 패턴에 대한 자승오차의 총합은 식 (7.14)와 같다.

$$E = \sum_p E_p \tag{7.14}$$

즉, 학습의 목적이 가중치를 조정하여 E를 최소화하는 것이므로 오차를 최소화하기 위하여 가중치를 음의 경사방향으로 변화시켜준다.

$$\Delta w_{kj} = -\eta \frac{\partial E_p}{\partial w_{kj}} \tag{7.15}$$

여기서, η는 학습률이다.
따라서 일반화된 오차신호는 식 (7.16)과 같다.

$$\delta_k = -\frac{\partial E_p}{\partial NET_k} \tag{7.16}$$

식 (7.16)을 연쇄규칙을 사용하여 식 (7.17)과 같이 간단하게 쓸 수 있다.

$$\frac{\partial E_p}{\partial w_{kj}} = \frac{\partial E_p}{\partial NET_k}\frac{\partial NET_k}{\partial w_{kj}} = -\delta_k\frac{\partial NET_k}{\partial w_{kj}} \tag{7.17}$$

식 (7.9)에 의해서 식 (7.18)과 같이 된다.

$$\frac{\partial NET_k}{\partial w_{kj}} = \frac{\partial \sum_j w_{kj} O_j}{\partial w_{kj}} = O_j \qquad (7.18)$$

그러므로 $\Delta w_{kj} = \eta \delta_k O_j$ 가 된다.

δ_k는 식 (7.19)와 같이 계산된다.

$$\delta_k = -\frac{\partial E_p}{\partial NET_k} = -\frac{\partial E_p}{\partial O_k} \neq \frac{\partial O_k}{\partial NET_k} \qquad (7.19)$$

식 (7.13)으로부터 식 (7.20)을 구할 수 있다.

$$\frac{\partial E_p}{\partial O_k} = -(D_k - O_k) \qquad (7.20)$$

식 (7.9)에 의해 식 (7.21)로 표현된다.

$$\frac{\partial O_k}{\partial NET_k} = \psi'[NET_k] \qquad (7.21)$$

식 (7.12)에 의해 활성함수의 미분은 식 (7.22)와 같이 쓸 수 있고 이를 식 (7.21)에 대입하여 식 (7.23)이 구해진다.

$$\psi' = \psi(1 - \psi) \qquad (7.22)$$

$$\frac{\partial O_k}{\partial NET_k} = O_k(1 - O_k) \qquad (7.23)$$

가중치의 변화분은 식 (7.24) 및 식 (7.25)와 같다.

$$\Delta w_{kj} = \eta \delta_k O_j \tag{7.24}$$

$$\delta_k = O_k(1 - O_k)(D_k - O_k) \tag{7.25}$$

따라서 가중치의 변화는 식 (7.26) 및 식 (7.27)과 같다.

$$w_{kj} = w_{kj} + \Delta w_{kj} \tag{7.26}$$

$$w_{ji} = w_{ji} + \Delta w_{ji} \tag{7.27}$$

오류역전파 알고리즘에 대한 학습과정을 요약하면 그림 7.13과 같이 나타낼 수 있다. 오류역전파 알고리즘은 오류신호를 계산하고 신경망의 가중치를 조정하기 위하여 원하는 목표치가 필요하다. 이러한 신경망은 학습에 사용되지 않은 새로운 데이터를 입력할 수 있다.

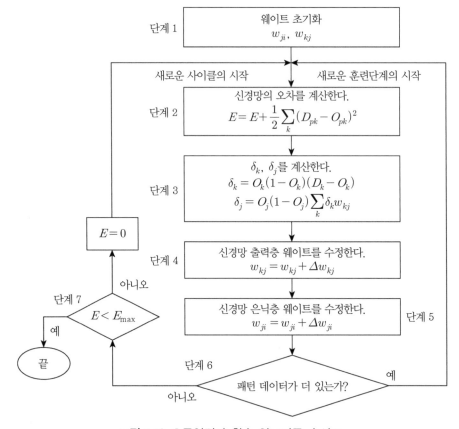

그림 7.13 오류역전파 학습 알고리즘 순서도

학습된 데이터가 아닌 데이터를 갖는 신경망의 정확성은 신경망의 일반화 능력을 부여하게 된다. 이것이 신경망의 신뢰도를 가리킨다.

7.2.2 신경망구조

오류역전파 알고리즘에서 일반적으로 1개 혹은 2개의 은닉층을 사용하므로 은닉층의 수가 1개인 경우와 2개인 경우를 학습에 사용하여 해석을 수행해본다. 본 해석에서 입력인자 중에서 BIAS(편견)값을 1로 설정하며, 은닉층의 노드개수는 2개에서 15개로 조정한다. 입력된 데이터는 한국지질자원연구원(2003)에서 제공된 통계분석 자료를 사용하였으며, 데이터의 정확성을 높이기 위해 0~1 사이로 정규화하여 입력하였다.[40]

(1) 토질물성 데이터로 구성된 경우

토질물성 데이터는 용인-안성지역의 77개 데이터와 경기북부지역 69개 데이터로서 총 146개의 데이터이다.[40] 용인-안성지역의 경우는 산사태 미발생 지역 37개와 발생 지역 40개의 데이터로 구성되어 있으며, 경기북부지역의 경우는 산사태 미발생 지역 47개와 발생 지역 22의 데이터로 구성되어 있다. 이를 종합하면, 산사태 미발생 지역 84개와 발생 지역 62개의 데이터를 확보하여 학습을 수행하였다.

학습에 적용된 인자로는 비중, 포화단위중량, 습윤단위중량, 건조단위중량, 함수비, 간극율, 간극비, 흙의 분류, 투수계수를 사용하였다. 그리고 흙의 분류는 통일분류법을 적용하였으며, CL, SC, SC-SM, SM(SW-SC), SW-SM의 5개로 크게 구분하여 입력하였다.

그림 7.14와 그림 7.15는 토질물성 데이터만을 입력하여 산사태를 예측하는 인공신경망구조로서 각각 은닉층이 1개인 경우와 은닉층이 2개인 경우를 나타낸 결과이다.

(2) 토질물성 데이터와 지형/지질 데이터로 구성된 경우

토질물성 데이터와 지형 및 지질 데이터는 경기북부 장흥과 이의 인접지역에 대한 97개의 데이터이다. 산사태 미발생 지역 25개와 발생 지역 72개의 데이터로 구성되어 있다.[40]

그림 7.16과 그림 7.17은 토질물성 데이터와 지형 및 지질 데이터를 입력하여 산사태를 예측하는 인공신경망 구조로서 각각 은닉층이 1개인 경우와 2개인 경우를 나타낸 것이다.

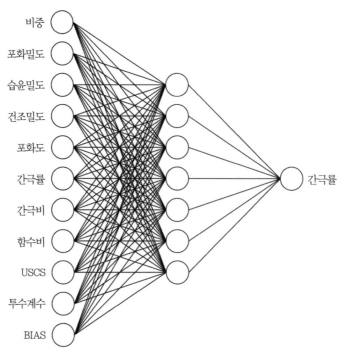

그림 7.14 토질물성 데이터를 사용한 산사태 발생 예측 신경망(은닉층이 1개인 경우)

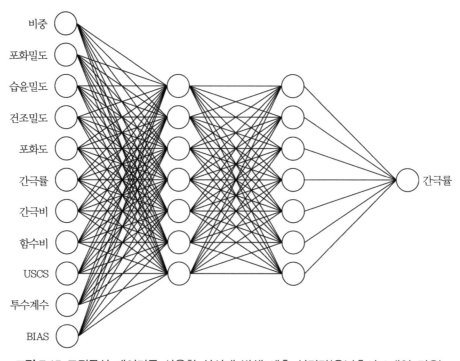

그림 7.15 토질물성 데이터를 사용한 산사태 발생 예측 신경망(은닉층이 2개인 경우)

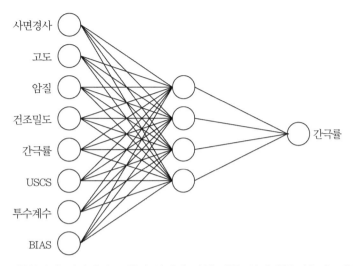

그림 7.16 지형/지질 데이터가 포함된 산사태 발생 예측 신경망(은닉층이 1개인 경우)

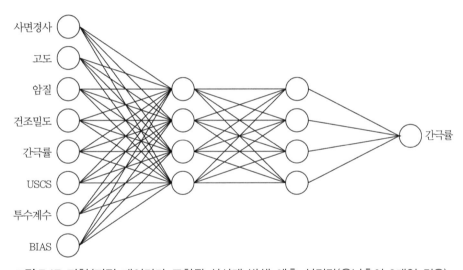

그림 7.17 지형/지질 데이터가 포함된 산사태 발생 예측 신경망(은닉층이 2개인 경우)

학습에 적용된 인자로는 토질물성 데이터, 지형 데이터 및 지질 데이터로 구분할 수 있다. 토질물성 데이터로는 건조단위중량, 간극비, 흙의 분류, 투수계수를 적용하고, 지형 데이터로는 사면경사와 고도를 적용한다. 그리고 지질 데이터로는 암질을 적용한다. 흙의 분류는 토질물성 데이터만을 사용한 경우와 동일하게 하였으며, 적용인자 가운데 비중, 포화단위중량, 습윤단위중량 및 함수비는 확률론적 상관관계 분석을 통하여 제외시켰다.

7.3 예측 프로그램 개발

앞에서 설명한 인공신경망 구조를 적용하여 산사태 발생 예측이 가능한 SlideEval(Ver 1.0) 프로그램을 개발하였다(송영석, 2003; 홍원표 외 3인, 2004).[31,41] 본 프로그램은 Windows를 기반으로 제작된 프로그램이며, 멀티테스킹의 지원, 그래픽디바이스 인터페이스, 시각적인 환경 등을 갖추고 있다. 또한 데이터의 입력 및 수정을 화면상 메뉴에서 제시하는 방식에 의거하여 쉽게 작성할 수 있으므로 데이터 입력 시 에러를 최소화할 수 있으며, 해석 결과도 화면상에서 즉시 확인할 수 있다.

7.3.1 프로그램 흐름도

그림 7.18은 전체적인 프로그램의 흐름도를 설명한 모식도이다. 본 프로그램에서는 산사태 발생인자들을 0에서 1 사이로 정규화(Nomalize)하여 입력하였다. 그리고 최적의 학습횟수를 결정하기 위하여 은닉층수 1개, 노드수 10개의 구조를 대상으로 해석을 수행하였다.

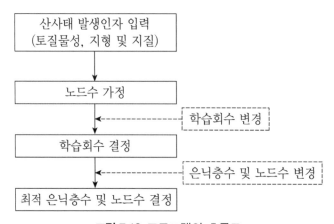

그림 7.18 프로그램의 흐름도

이로부터 선정한 가장 효과적인 학습횟수를 결정하였으며, 은닉층수를 1개인 경우와 2개인 경우로 수정이 가능하도록 하였다. 그리고 노드수를 2개부터 15개까지 변경하여 최적의 오차를 갖는 구조를 선택하도록 구성하였다. 학습에서 선택된 데이터는 내부적으로 난수를 발생시켜서 선택되도록 프로그래밍을 하였다.

본 프로그램은 C/C++언어를 사용하여 개발하였으며, 프로그램의 수정을 용이하게 하고 연속적으로 하기 위하여 캡슐화하였다.

7.3.2 프로그램 구성

SlideEval(Ver 1.0) 프로그램의 개발환경은 Windows(2000 Professional)이며, C++(MFC Visual C++) 프로그램 언어를 이용하여 개발되었다. C언어는 미국 벨연구소의 Ritchie(1971)에 의해 개발되었다. C언어는 유닉스(UNIX)운영체제 작성을 위한 시스템 프로그램 작성용 언어로 설계되었다. C언어가 개발됨에 따라 기존의 유닉스 운영체제는 어셈블리어에서 C언어로 대체되었고, 그로 인해서 C언어의 사용이 급증하게 되었다.

C++언어는 미국 AT&T사 벨연구소의 Stroustrup(1983)에 의해 개발된 언어로서 C언어에 객체지향 프로그래밍(OOP) 개념을 도입한 것이다. 1980년 발표 당시에는 'C with class'라는 이름으로 발표되었으며, C++라는 이름은 1983년부터 사용되기 시작하였다. C++언어는 C언어의 문법을 그대로 사용하면서 C언어에 여러 가지 기능이 추가된 것이므로 C언어와 완벽한 호환성을 가지고 있다. 특히 C++에 추가된 가장 큰 특징은 앞서 언급하였던 것처럼 객체지향 프로그래밍을 지원하는 것이다. 그리고 어셈블리어를 대체하여 개발되었으므로 상당히 빠르게 결과를 도출해낼 수 있다.

현재 개인용 컴퓨터의 주요 운영체제인 Windows 2000/NT/XP와 같은 그래픽 사용자 인터페이스(Graphic User Interface : GUI) 환경에서 새로운 애플리케이션을 만들 때 프로그래머들이 가장 많이 사용하는 언어가 C++이라는 사실에서 C++의 우수성과 편리함을 잘 증명하고 있다. 그래픽 사용자 인터페이스(GUI)를 사용하는 응용프로그램은 1970년대와 1980년대의 문자기반 응용프로그램보다 훨씬 더 복잡하다. 실생활에서 보면 그림에 의한 표현은 문자를 이용한 것보다 정보의 의미를 효과적으로 전달할 수 있다. 이러한 맥락에서 프로그래밍의 경우도 직접 결과를 확인하면서 개발할 수 있는 비주얼 프로그래밍으로 발전하고 있다. 따라서 객체지향 프로그래밍의 경향도 C++처럼 객체지향의 비주얼 버전을 사용하는 쪽으로 기울어가고 있다.

SlideEval(Ver 1.0) 프로그램의 개발환경은 Windows(2000 Professional)이며, C++(MFC Visual C++) 프로그램 언어를 이용하여 개발하였다. 그림 7.19는 SlideEval(Ver 1.0) 프로그램의 클래스 구성도를 나타낸 것이다. 그림 7.19에서 보는 바와 같이 본 프로그램은 크게 변수설정과 함수설정으로 구성되어 있다.

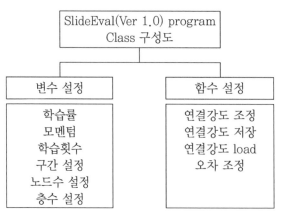

그림 7.19 SlideEval(Ver 1.0) 프로그램 클래스 구성도

7.4 인공신경망 모델에 의한 산사태 평가

해석 프로그램에서 사용된 인공신경망의 구조는 오류역전파 신경망 구조를 사용하여 작성되었다. 신경망 구조에서 사용된 초기가중치는 −0.5에서 0.5 사이의 범위에 있으며, 학습률은 기울기가 크고 폭이 좁은 최소지점에서 오류가 발생하지 않도록 0.05로 결정하였다. 또한 오류역전파 알고리즘의 수렴속도를 증가시키기 위해서 모멘텀항이 포함된 구조로 설계하였으며, 그 값은 0.5로 결정하였다.

7.4.1 학습횟수

학습횟수에 따른 인공신경망 모델의 정확성을 알아보기 위하여 산사태가 발생한 10개 지역과 발생하지 않은 10개 지역을 선택하여 평가를 실시하였다(표 7.1 참조). 또한 학습횟수에 따른 정확성을 판단하기 위하여, 은닉층수가 1개인 3층 구조의 신경망 구조를 채택하여 검증하였다.

그림 7.20은 토질물성 데이터만을 적용하였을 경우 학습횟수에 따른 오차를 나타낸 것이다. 이는 토질물성 데이터 146개를 학습시켜서 사면파괴의 발생 확률을 예측하였을 경우 오차의 분포를 나타낸 것이다. 그림에서 보는 바와 같이 학습횟수가 10,000회와 13,000회에서 최솟점을 보였으나, 수렴 정도가 낮은 것으로 나타났다. 토질물성 데이터로 사면파괴의 발생 가능성을 예측하는 데는 최솟점인 13,000회 학습하였을 때를 채택하였으며, 이때의 오차율은 11.04%로 나타났다.

그리고 그림 7.21은 토질물성 데이터와 지형 및 지질 데이터를 적용하였을 경우 학습횟수에 따른 오차를 나타낸 것이다. 그림에서 보는 바와 같이 토질물성 데이터와 지형 및 지질 데이터가 조합된 경우는 학습횟수 3000 정도에서 수렴하는 경향을 나타냈으며, 이때의 오차율은 17.75%였다.

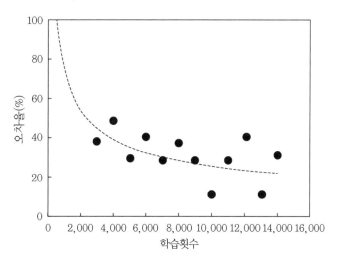

그림 7.20 학습회수에 따른 오차(토질물성 데이터만을 적용 시)

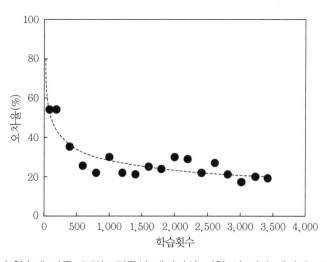

그림 7.21 학습횟수에 따른 오차(토질물성 데이터와 지형 및 지반 데이터 모두를 적용 시)

한편 동일한 학습횟수에서 정확성을 판단하기 위하여 학습횟수 3,000회일 경우 오차율을 비교해보면, 토질물성 데이터만을 적용한 경우 오차율은 37.8%이며 토질물성, 지형 및 지질 데이터를 적용한 경우 오차율은 17.73%로 나타났다. 따라서 동일한 학습횟수에서의 오차율은 토질물성, 지형 및 지질 데이터를 적용한 경우가 더 낮음을 알 수 있다.

그림 7.20 및 그림 7.21에서 보는 바와 같이 토질물성 데이터로 사면파괴 가능성을 예측한 경우 오차율은 적게 발생하였으나 최소오차율을 갖는 학습횟수가 13,000회로 매우 크게 나타났다. 그러나 동일한 학습횟수에서 오차율을 비교해보면 토질물성, 지형 및 지질 데이터를 적용한 경우에 오차율이 더 낮게 나타났다.

또한 학습횟수와 신경망 모델의 구조가 변경될 경우 신경망 모델의 안전성에 문제가 발생할 가능성이 존재하게 된다. 따라서 토질물성, 지형 및 지질 데이터를 적용한 경우를 사면파괴 발생 가능성 예측에 적용하는 것이 더 합리적일 것으로 판단된다.

7.4.2 은닉층수

은닉층수에 따른 인공신경망 모델의 정확성을 알아보기 위하여 토질물성, 지형 및 지질 데이터를 적용하여 조사하였다. 이를 위하여 사면파괴가 발생한 10개 지역(표 7.1의 no-55 지역에서 no-65 지역)과 발생하지 않은 10개 지역(표 7.1의 Un-1 지역에서 Un-10 지역)을 선택하여 평가를 실시하였다. 그리고 은닉층수에 따른 정확성을 판단하기 위하여 안정적인 노드수에 따른 정확성을 판단하기 위하여 안정적인 노드수를 선정하여 해석을 수행하였다.

토질물성, 지형 및 지질 데이터와 같이 통계적 분석을 통하여 전처리 작업을 수행하여 학습을 실시한 경우의 오차율은 토질물성 데이터와 같이 전 처리작업을 수행하지 않고 학습을 수행한 경우에 비하여 오차율의 편차가 작은 것으로 나타났으며 평균오차율도 작게 나타나고 있다.[31,40,41] 따라서 학습데이터 선정에서 통계적인 방법을 사용하는 것이 바람직하다고 판단되며 보다 정확한 결과를 얻기 위해서는 통계적인 분석을 통한 데이터의 전처리 작업이 필요함을 알 수 있다.

그림 7.22는 은닉층수가 1개이고, 토질물성 데이터와 지형 및 지질 데이터를 이용하여 학습을 실시한 경우 노드수에 따른 오차를 나타낸 것이다. 그림에서 보는 바와 같이 노드수가 3개인 경우 11.48%의 최저오차율이 발생되고 있으며, 노드수가 15개인 경우 21.84%의 최대오차율이 발생되고 있다.

그리고 통계적 분석을 통하여 데이터를 전 처리하여 학습을 실시한 경우의 오차율은 전처리 없이 토질물성치 데이터로 학습을 실시한 경우에 비하여 오차율의 편차가 작은 것으로 나

표 7.1 통계적인 분석 결과와 인공신경망 예측 결과와의 비교[41]

구분	발생 유무	신경망 예측	신경망 에러	확률 예측	확률 에러
no-55	발생	100.00%	0.00%	99.50%	0.50%
no-56	발생	100.00%	0.00%	99.00%	1.00%
no-57	발생	100.00%	0.00%	100.00%	0.00%
no-58	발생	100.00%	0.00%	100.00%	0.00%
no-59	발생	100.00%	0.00%	100.00%	0.00%
no-60	발생	100.00%	0.00%	99.64%	0.36%
no-61	발생	100.00%	0.00%	99.64%	0.36%
no-62	발생	100.00%	0.00%	99.27%	0.73%
no-63	발생	100.00%	0.00%	98.84%	1.16%
no-65	발생	100.00%	0.00%	84.56%	15.44%
Un-1	미발생	0.72%	0.72%	36.23%	36.23%
Un-2	미발생	0.06%	0.06%	11.90%	11.90%
Un-3	미발생	100.00%	100.00%	6.35%	6.35%
Un-4	미발생	0.98%	0.98%	67.68%	67.68%
Un-5	미발생	1.19%	1.19%	89.46%	89.46%
Un-6	미발생	0.81%	0.81%	96.31%	96.31%
Un-7	미발생	0.00%	0.00%	0.00%	0.00%
Un-8	미발생	0.00%	0.00%	0.08%	0.08%
Un-9	미발생	0.01%	0.01%	8.11%	8.11%
Un-10	미발생	0.00%	0.00%	1.82%	1.82%

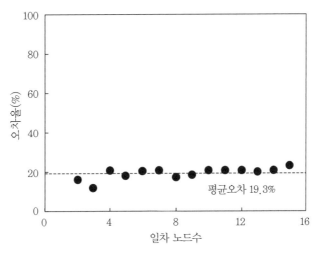

그림 7.22 은닉층수가 1개인 경우 학습 결과(토질물성 데이터와 및 지형 및 지질 데이터 적용)

타났으며, 평균오차율도 작게 나타나고 있다.[31,41] 따라서 학습데이터 선정에서 통계적인 방법을 사용하는 것이 바람직하다고 판단되며, 보다 정확한 결과를 얻기 위해서는 통계적인 분석을 통한 데이터의 전처리작업이 필요함을 알 수 있다.

표 7.1에서 보는 바와 같이 사면파괴가 발생한 지역의 경우는 평균 0.01%의 오차율이 나타났으며, 사면파괴가 미발생한 지역의 경우는 평균 22.96%의 오차율이 나타났다. 이는 사면파괴 미발생 지역인 Un-3의 발생 확률이 100%로 나타났기 때문이며, 이로 인하여 사면파괴 미발생 지역의 오차율이 상승되었다

그림 7.23은 노드수가 3개이고, 은닉층수가 1개인 경우 인공신경망에 의한 사면파괴 예측 결과와 실제 사면파괴 발생 결과를 비교하여 나타낸 것이다. 그림의 점선은 산사태 발생 유무를 구분하는 것으로서, 사면파괴 발생 가능성이 50% 이상일 경우 사면파괴가 발생하는 것으로 예측하게 된다. 그림에서 보는 바와 같이 사면파괴가 발생되지 않았으나 인공신경망에 의해 예측된 사면파괴 발생 확률이 50% 이상인 경우가 두 지역(Un-3, Un-5)인 것으로 나타났다. 이로 인하여 사면파괴 미발생 지역에 대한 오차율은 상승되었다. Un-3과 Un-5 지역의 경우 사면의 경사가 급함에도 불구하고 실제로 사면파괴가 발생되지 않았다. 그러나 사면파괴가 발생된 지역에서는 인공신경망에 의해 예측된 사면파괴 발생 확률이 모두 50% 이상인 것으로 나타났다.

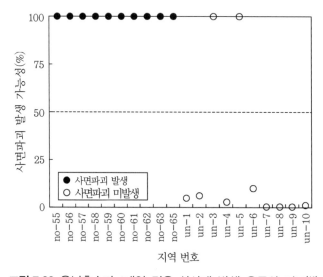

그림 7.23 은닉층수가 1개인 경우 산사태 발생 유무와 비교[41]

따라서 사면파괴가 발생된 지역에서는 정확한 예측이 가능하므로 인공신경망을 이용하여 사면파괴의 예측이 가능함을 확인할 수 있다.

그림 7.24는 은닉층수가 2개인 경우 노드수에 따른 오차를 나타낸 것이다. 그림에서 범례에 표시된 숫자는 첫 번째 은닉층의 노드수이고, 횡축은 두 번째 은닉층의 노드수이다. 첫 번째 노드수가 9개이고 두 번째 노드수가 6개인 경우 5.19%의 최소오차율을 보이는 것으로 나타났다. 그리고 오차율의 편차는 약 5%에서 30% 사이에 존재하며, 오차율은 은닉층수가 1개인 경우와 유사하게 20% 부근에 주로 위치하는 것으로 나타났다. 따라서 토질물성 데이터와 지형 및 지질 데이터로 학습을 실시하는 경우에는 은닉층수를 1개로 하여 해석하는 것보다 2개의 은닉층을 적용하여 사면파괴 발생 예측을 실시하는 것이 보다 정확한 결과를 나타내고 있음을 알 수 있다. 이 경우 오차율의 편차도 작게 나타났다.

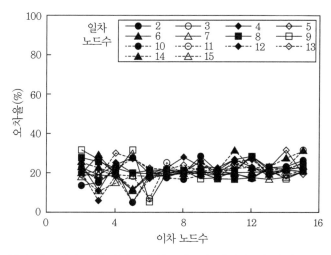

그림 7.24 은닉층수가 2개인 경우 학습 결과(토질물성 데이터 및 지형 및 지질 데이터 적용)

7.4.3 통계 분석 결과와의 비교

표 7.1은 통계적인 방법으로 분석한 결과와 인공신경망을 이용한 방법으로 분석한 결과를 서로 비교한 표이다.[41] 통계 분석 결과는 한국지질자원연구원(2003)[38]에서 수행된 산사태 예측 및 방지기술 연구를 통하여 얻은 결과이며, 인공신경망을 이용한 결과는 은닉층수가 2개(첫 번째 층 노드수 9개, 두 번째 층 노드수 6개)일 경우에 대한 학습 결과이다. 먼저, 산사태 발생 지역에 대하여 비교해보면 신경망 예측과 통계적인 예측 결과는 거의 일치하는 것을 알

수 있다.

그러나 산사태 미발생 지역에 대한 예측 결과를 살펴보면 Un-3 및 Un-6에서 각각 93.65%
(=100-6.35%) 및 95.50%(96.31-0.81%)의 큰 편차가 발생되는 것으로 나타났다. 그러나
Un-3의 경우는 인공신경망 예측의 결과가 큰 오차율을 발생하는 것으로 나타났으며, Un-6
의 경우 통계적인 예측의 결과가 큰 오차율을 발생하는 것으로 나타났다.

이들 두 가지 방법의 예측 결과를 살펴보면 예측 결과가 두 가지 방법에서 동시에 잘못된 예
측을 하는 경우는 나타나지 않았다. 따라서 산사태 예측을 수행하는 데 두 가지 예측 방법을
병용하는 것이 합리적인 방법이라고 판단된다. 그리고 통계적인 분석을 통하여 산사태 발생
인자를 선정하는 것이 신경망 모델의 안정과 정확도를 높이는 결과를 가져올 수 있을 뿐만 아
니라 신경망 구조를 설계하는 데 도움을 줄 것이다.

또한 두 가지 예측 방법의 단점을 최소화하기 위해서는 전국적인 데이터의 확보와 분석이
필요할 것으로 판단된다. 이를 위해서 지리정보 시스템을 사용한 전국적인 데이터베이스를
구축함으로써 보다 정확하고 합리적인 예측 및 평가 시스템을 구축할 수 있을 것이다.

따라서 산사태 발생 지역의 경우 인공신경망 예측 결과와 통계적인 예측 결과는 거의 일치
하므로, 인공신경망을 이용하여 개발된 해석 프로그램은 산사태를 예측하여 사면의 안정성을
평가할 수 있음을 확인할 수 있다.

7.5 인공신경망 모델에 의한 절개사면안정성 평가

우리나라에서 발생되는 산사태는 그 발생 원인이 장마철 집중강우에 의한 경우가 대부분이
다. 즉, 연평균강우량의 대부분이 6월에서 9월 사이에 집중되어 있어 집중호우로 인한 사면파
괴나 산사태가 발생하게 된다. 그러나 기존의 인공신경망 모델[41]은 산사태에 영향을 많이 미
치는 강우, 지반의 강도정수, 상부토층 등에 대한 영향을 전혀 고려하지 못하고 있다. 따라서
기존의 인공신경망 모델을 보다 발전시켜 지반의 강도정수, 강우, 상부토층 등을 고려할 수
있으며, 자연사면뿐만 아니라 절개사면에서도 적용할 수 있는 새로운 모델을 개발하였다.[42]

이 모델에서는 사면의 기하학적 요소, 지반공학적 요소 및 강우의 요소를 적용하여 인공신
경망을 개발하고 이를 이용하여 절개사면에서의 사면파괴 가능성을 예측한다. 이 결과에 의
거하여 기존 개발 프로그램 SlideEval(Ver 1.0)을 수정하여 SlideEval(Ver 1.5) 프로그램을

개발하였다.[42]

이를 위하여 먼저 사면의 기하학적 요소, 지반공학적 요소 및 강우 요소에 해당하는 사면안정성 평가인자를 추출하였다. 이와 같이 추출된 사면안정 평가인자를 토대로 인공신경망 모델을 개발하고 이를 토대로 SlideEval(Ver 1.5) 프로그램을 개발하였다.

적용된 인공신경망 모델의 알고리즘은 현재 가장 보편적이고 정확성을 보이고 있는 오류역전파(error back propagation) 알고리즘을 채택하였다.[56] 제 7.5절에서 인공신경망 모델에 적용된 자료는 1987년도부터 2002년까지 국내 16개 지역에서 조사된 총 96개의 사면조사자료[1-25]를 대상으로 하였다.[42] 인공신경망 모델을 적용하여 학습횟수와 은닉층수에 따른 영향을 살펴보고 절개사면에 따른 사면파괴 가능성을 예측한다.

7.5.1 사면안정성평가 인자 추출

(1) 한계평형해석법에 적용된 인자

한계평형해석법은 사면의 안정해석에 널리 사용되고 있으며 이 방법의 유용성과 신뢰성은 현재까지 축적된 경험을 통하여 잘 알려져 왔다. 한계평형해석법은 사면활동에 대한 문제를 단순화하기 위하여 가정을 설정하고 이를 토대로 정역학적인 해석을 수행한다. 이러한 해석결과로 사면안전율을 계산하게 되며 사면안전율은 전단강도와 전단응력의 비로서 구할 수 있다.

사면안정해석방법은 여러 가지가 있으나[44,45,47,58] 그 정확성은 지반의 강도정수와 사면의 기하학적 조건 및 해석방법 고유의 정밀도에 따라 좌우된다.[46] 이들 한계평형해석법을 이용한 사면안정해석법에 공통적으로 적용되는 인자들을 추출하여 표 7.2와 같이 나타낼 수 있다. 표 7.2에서 보는 바와 같이 한계평형해석법에서는 지반의 강도정수 및 사면의 기하학적 형상이 사면안정성 평가에 공통적으로 적용됨을 알 수 있다.

표 7.2 한계평형해석법에서 공통적으로 적용된 인자

구분	적용인자
지반의 강도정수	단위중량(γ), 내부마찰각(ϕ), 점착력(c)
사면의 기하학적 형상	사면의 높이, 경사각, 지하수위 상재하중(혹은 배면경사)

(2) 사면위험성평가법에 적용된 인자

사면위험성평가법(risk assessment)은 기존의 사면파괴 발생 및 미발생 사면에 대한 각종 소인을 조사하여 통계분석을 통해 시면파괴 발생에 대한 판정표를 작성하고, 이를 토대로 사면의 위험도를 판정하는 방법이다. 이러한 사면의 위험성평가법은 각 국가의 사면파괴 특성에 따라 다르게 개발되고 있으며, 현재 외국에서는 이 방법이 많이 사용되고 있다.

표 7.3은 앞서 언급한 일부 국내외 사면위험성평가표에 적용되는 인자들을 정리한 것이다. 예를 들면 홍콩의 경우 8,441개소의 사면조사를 수행하고 사면붕괴에 영향을 미치는 인자를 비교 분석하여 위험성평가표를 마련하였다.[50] 일본의 경우, 건설성, 고속도로공단, 철도공단에서 각각 사면조사를 수행하여 위험성평가표를 작성하였다.[59]

국내의 경우 한국건설기술연구원(1989),[37] 산림청(1989),[30] 국립방재연구소(2001)[26]에서 사면조사 혹은 외국의 위험성평가표를 수정하여 제안된 바 있다. 이 표에서 보는 바와 같이 각 국가의 사면파괴 발생 특성에 따라 평가항목이 차이가 있음을 알 수 있다.

표 7.3 국내외 사면위험성평가법에서 적용한 인자

위험성평가기관	적용 인자	평가항목
홍콩	사면 높이, 사면경사각, 사면상부의 상재하중, 옹벽 여부, 사면상태, 사면과 옹벽의 결합상태, 사면방향과 일치하는 절리, 지질, 불투수성 사면에 대한 지표수의 배수로, 사면상부에 물이 고일 수 있는 조건, 사면에 배수로가 있는 경우, 물을 이동시킬 수 있는 시설, 용수상태, 사면저부와 구조물, 도로, 운동장과의 거리, 사면상 하부상태	경사면의 붕괴로 예상되는 피해 비용 산출과 붕괴가능성 산정
일본건설성	사면 높이, 사면경사, 용수 상황, 자연사면 상황(돌출, 함몰, 평행), 토질, 암종, 암분류, 균열 상황, 식생 상황, 보호공, (개인적) 판단	
일본철도공단	토질, 사면노화, 경사높이, 경사구배, 최대강우량, 위험판단, 용출수 상황, 사면표면상태, 사면보호공, 연속강우량, 사면주변상황	
한국건설기술연구원	사면 높이, 사면경사, 절리방향, 절리경사, 교차선의 방향, 교차선의 경사, 절리특성, 용수 유무	사면의 파괴위험과 예상피해점수 산정

(3) 인공신경망 모델 적용인자 추출

한계평형해석법과 사면위험성평가법에 적용된 인자들을 정리하고, 강우와 관련된 국내 사면파괴 및 산사태 연구 결과들을 토대로 하여 인공신경망 모델에 적용하기 위한 인자를 추출

하였다. 한계평형해석법의 경우 실제 사면안전율 계산에 필요한 항목인 점착력, 내부마찰각, 단위중량, 사면 높이 및 사면경사를 선정하였다. 그리고 사면위험성평가법의 경우 국내외 여러 기관에서 제안된 방법에 공통적으로 적용되는 사면 높이, 사면경사각, 상재하중, 토질조건, 암반조건, 강우량, 강우강도를 선정하였다. 따라서 인공신경망 모델에 적용될 인자는 사면의 기하학적 요소로서 사면경사각, 사면 높이, 상재하중을 선정하였고, 지반공학적 요소로서 전체 토층 깊이, 각 층의 깊이, 점착력, 내부마찰각, 단위중량을 선정하였다(홍원표 외 2인, 2005).[42]

한편, 인공신경망 모델에 적용될 강우의 요소를 선정하기 위하여 홍원표 외 4인(1990),[39] 이영남(1991),[34] 박용원 외 2인(1993),[29] 김상규(1995),[27] Kim & Chae(1998)[48] 등의 국내 연구 결과를 분석하였다. 홍원표 외 4인(1990)은 최대 시간강우강도와 당일 및 전날 누적강우량을 이용하여 산사태 발생을 예측하였고,[39] 이영남(1990)[34]은 1일 누적강우량, 평균시간강우강도 및 최대시간강우량을 이용하여 산사태 발생을 연구하였으며, 박용원 외 2인(1993)[29]은 당일 누적강우량 및 최대 시간강우량을 이용하여 산사태 발생을 분석하였다. 그리고 김상규(1995)는 최대시간강우량, 1일 및 2일 누적강우량을 이용하여 산사태 발생을 예측하였으며,[27] Kim & Chae(1998)는 12~24시간의 강우량을 이용하여 산사태 발생을 분석하였다.[48] 따라서 이들 연구 결과를 토대로 인공신경망 모델에 적용될 강우의 요소로서 최대시간강우강도와 2일 누적강우량을 선정하였다(홍원표 외 2인, 2005).[42]

7.5.2 현장자료 및 사면안정성평가해석

인공신경망 모델에 적용된 현장자료는 1987년도부터 2002년까지 서울, 부산, 대전, 경기도 부천, 강원도 정선, 태백, 충청북도 옥천, 단양, 충청남도 진안, 경상남도 마산, 창원, 진해, 거제, 통영, 전라북도 군산, 전라남도 여수 등 국내 16개 지역에서 조사된 총 96개의 사면조사자료를 대상으로 하였다.[1-25] 96개소의 사면조사자료는 사면파괴가 발생된 26개소와 사면파괴가 발생되지 않은 70개소로 구성되어 있다.

각각의 자료는 앞서 선정된 인공신경망 모델 적용 인자별로 구분하여 정리하였다. 즉, 사면의 기하학적 요소 및 지반공학적 요소들은 사면조사자료를 이용하여 정리하였으며, 강우의 요소는 기상청에 의뢰하여 해당년도 및 해당지역의 강우기록을 정리하였다. 특히 상재하중은 절개사면의 배후사면경사와 여기에 추가적으로 작용하는 상재하중에 대한 사항으로 네 단계로 구분하여 가중치를 산정하였다.

추출된 인공신경망 적용인자에 대한 자료는 사면파괴가 발생된 26개소의 사면과 사면파괴가 발생되지 않은 70개소의 사면에 대하여 구분하여 비교·검토해보았다. 표 7.4는 인공신경망 적용인자별 사면파괴 발생사면과 미발생사면의 평균값을 비교한 것이다. 이 표에서 보는 바와 같이 사면 높이, 전체 토층 깊이, 각 층의 깊이, 점착력, 내부마찰각 및 단위중량은 사면파괴 발생사면과 미발생사면에서 평균값이 비슷한 것으로 나타났다.

표 7.4 사면파괴 발생 유무에 따른 인공싱경망 적용인자 비교

적용인자		사면파괴 발생사면	사면파괴 미발생사면
사면 높이(m)		30.4	33.2
사면경사(°)		38.7	24.3
상재하중(kg/m^2)		2.9×10^3	1.8×10^3
전체 토층 깊이(m)		15.4	15.4
1번째 층	깊이(m)	9.0	6.4
	단위중량(kg/m^3)	2.0×10^3	1.8×10^3
	내부마찰각(°)	27.4	22.9
	점착력(kg/m^2)	1.0×10^3	4.2×10^3
2번째 층	깊이(m)	10.2	13.4
	단위중량(kg/m^3)	1.9×10^3	2.0×10^3
	내부마찰각(°)	33.7	29.4
	점착력(kg/m^2)	5.3×10^3	9.1×10^3
2일 누적강우량(mm)		187.7	145.2
최대시간강우강도(mm/hr)		53.2	34.5

그러나 사면경사, 최대시간강우강도, 2일 누적강우량, 상재하중은 사면파괴 발생사면과 미발생사면에서 평균값이 차이가 큰 것으로 나타났다. 사면경사는 사면파괴 발생사면의 경우 38.7°이고, 미발생사면의 경우 24.3°로 14.3°의 차이를 보이는 것으로 나타났다. 상재하중도 사면파괴 발생사면의 경우 $2.9 \times 10^3 kg/cm^2$이고, 미발생사면의 경우 $1.8 \times 10^3 kg/cm^2$으로 $1.1 \times 10^3 kg/cm^2$의 차이를 보이는 것으로 나타났다. 한편, 최대시간강우강도와 2일 누적강우량은 각각 사면파괴 발생사면의 경우 53.2mm/hr, 187.2mm이고, 미발생사면의 경우 34.5mm/hr, 145.2mm로 큰 차이가 있는 것으로 나타났다. 따라서 인공신경망 적용인자 가운데에서도 사면경사, 상재하중, 최대시간강우강도 및 2일 누적강우량이 사면안정성에 많은 영향을 미치고

있음을 알 수 있다.

사면안정성평가에 적용된 인공신경망 모델 및 개발된 프로그램에 대하여는 앞의 제 7.2절과 제7.3절에서 자세히 설명하였다. 여기서는 은닉층수의 영향과 적절한 학습횟수에 대하여 검토하기로 한다. 해석 프로그램에서 사용된 인공신경망의 구조는 오류역전파 신경망 구조를 사용하여 작성되었으며 신경망 구조에서 사용된 초기가중치는 −0.5에서 0.5 사이의 범위에 있으며,[33] 학습률은 기울기가 크고 폭이 좁은 최소지점에서 오류가 발생하지 않도록 0.05를 결정하였다. 그리고 모멘텀항이 포함되어 있는 구조로 설계하였으며, 그 값은 0.5로 결정하였다.[42]

7.5.3 은닉층수의 영향

은닉층수에 따른 사면안정성 평가의 정확성에 미치는 영향을 살펴보고, 최적의 은닉층수를 선정하기 위하여 개발된 인공신경망 모델을 이용하여 해석을 실시하였다. 이를 위하여 사면파괴가 발생된 5개 지역(st-1~st-5)과 발생되지 않은 5개 지역(un-1~un-5)을 선정하여 평가를 실시하였다.[42] 이상의 10개 지역은 개발된 인공신경망 모델의 학습에 적용되지 않은 사면을 대상으로 한 것이며, 이를 토대로 개발된 인공신경망 모델의 적합성을 판단하고자 한다. 그리고 은닉층수에 따른 정확성을 판단하기 위하여 안정적인 노드수를 선정하여 해석을 수행하였으며, 학습횟수는 5,000일 경우를 대상으로 하였다.

그림 7.25는 은닉층수가 1개일 경우 노드수에 따른 오차를 나타낸 것이다. 그림에서 보는 바와 같이 노드수가 15개인 경우 3.03%의 최저오차율이 발생되고, 노드수가 12개인 경우 23.11%인 최대오차율이 발생되는 것으로 나타났다.

그림 7.26은 최저오차율을 갖는 15개의 노드수와 은닉층수가 1개인 경우 인공신경망에 의한 사면파괴 예측 결과와 실제 사면파괴 발생 결과를 비교하여 나타낸 결과이다. 그림의 점선은 사면파괴 발생 유무를 구분하는 것으로서, 발생 가능성이 50% 이상일 경우 사면파괴가 발생하는 것으로 예측하게 된다. 그림에서 보는 바와 같이 사면파괴가 발생된 현장의 경우 사면파괴 발생 확률은 81.7~100.0%인 것으로 나타났으며, 사면파괴가 발생되지 않은 현장의 경우 사면파괴 발생 확률은 0.0~10.8%인 것으로 나타났다. 따라서 사면파괴 발생 지역 및 미발생 지역에 대한 인공신경망 예측 결과는 매우 정확한 것으로 나타났다.

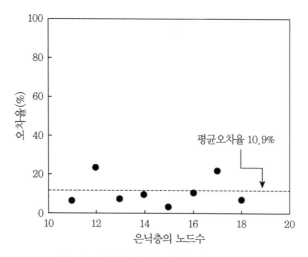

그림 7.25 은닉층수가 1개인 경우 학습 결과

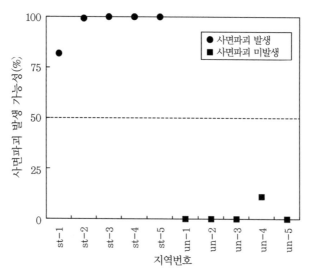

그림 7.26 은닉층이 1개인 경우 사면파괴 유무와 비교

    그림 7.27은 은닉층수가 2개일 경우 노드수에 따른 오차를 나타낸 것이다. 그림 속 범례에 표시된 숫자는 두 번째 은닉층의 노드수이고, 횡축은 첫 번째 은닉층의 노드수이다. 첫 번째 은닉층의 노드수가 12개이고 두 번째 은닉층의 노드수가 8개인 경우 0.47%의 최소오차율이 발생되고, 첫 번째 은닉층 노드수가 14개이고 두 번째 노드수가 1개인 경우 19.48%의 최대오차율이 발생되는 것으로 나타났다.

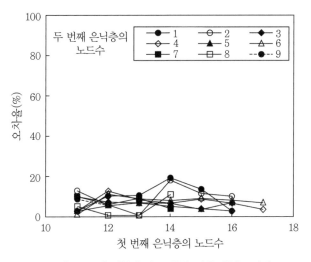

그림 7.27 은닉층수가 2개인 경우 학습 결과

그림 7.28은 은닉층수가 2개인 경우 최소오차율을 갖는 인공신경망에 의한 사면파괴 예측 결과와 실제 사면파괴 발생 결과를 비교하여 나타낸 그림이다. 최소오차율을 갖는 인공신경망의 노드수는 첫 번째 은닉층의 경우 12개이고, 두 번째 은닉층의 경우 8개로 구성되어 있다. 그림 속 점선은 사면파괴 발생 유무를 구분하는 선으로서, 발생 가능성이 50% 이상일 경우 사면파괴가 발생하는 것으로 예측하게 된다. 그림에서 보는 바와 같이 사면파괴가 발생된 현장의 경우 사면파괴 발생 확률은 96.9~100.0%인 것으로 나타났으며, 사면파괴가 발생되지 않

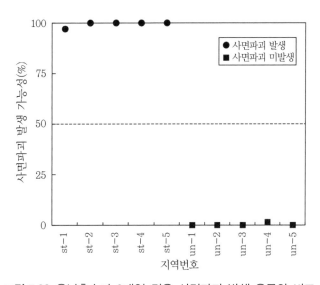

그림 7.28 은닉층수가 2개인 경우 사면파괴 발생 유무와 비교

은 현장의 경우 사면파괴 발생 확률은 0.0~1.4%인 것으로 나타났다. 따라서 사면파괴 발생 지역 및 미발생 지역에 대한 인공신경망 예측 결과는 매우 정확한 것으로 나타났다.

그림에서 보는 바와 같이 은닉층수가 2개인 경우가 은닉층수가 1개인 경우보다 오차율이 더 적으며, 사면파괴 발생 확률도 더 정확한 것으로 나타났다. 따라서 본 연구에서 개발된 인공신경망 모델은 2개의 은닉층수를 갖는 것이 보다 정확함을 알 수 있다.

7.5.4 적절한 학습횟수

학습횟수에 따른 인공신경망 모델의 정확성을 알아보기 위하여 사면파괴가 발생한 5개 지역과 발생하지 않은 5개 지역을 선택하여 평가를 실시하였다. 학습횟수에 따른 정확성을 판단하기 위하여 은닉층수가 1개인 경우와 2개인 경우에 대한 오차율을 검토하였으며, 학습횟수는 3,000에서 15,000까지의 범위를 대상으로 하였다. 은닉층수가 1개인 인공신경망구조는 노드수가 15개인 3층 구조를 채택하였다. 그리고 은닉층수가 2개인 경우 인공신경망 구조는 첫 번째 은닉층수의 노드수가 12개이고 두 번째 은닉층수의 노드수가 8개인 4층 구조를 채택 하였다.

그림 7.29는 은닉층수가 1개이고, 노드수가 15개인 경우 학습횟수에 따른 오차율을 나타낸 그림이다. 이 그림에서 보는 바와 같이 학습횟수가 증가함에 따라 오차율은 계속해서 감소하는 것으로 나타났다. 따라서 학습횟수가 15,000일 경우 최소오차율을 나타내며, 이때 최소오차율은 2.03%이다.

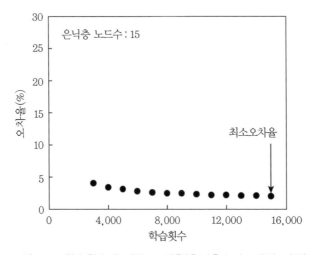

그림 7.29 학습횟수에 따른 오차율(은닉층수가 1개인 경우)

그리고 그림 7.30은 은닉층수가 2개이고, 첫 번째 은닉층의 노드수가 12개이며 두 번째 은닉층의 노드수가 8개인 경우 학습횟수에 따른 오차율을 나타낸 그림이다. 그림에서 보는 것처럼 학습횟수가 3,000~5,000에서는 학습횟수가 증가함에 따라 오차율은 급격하게 감소하지만 5,000~15,000에서는 학습횟수가 증가함에 따라 오차율은 미소하게 증가하는 것으로 나타났다. 따라서 학습횟수가 5,000인 경우 최소오차율을 나타내며 이때 최소오차율은 0.47%이다.

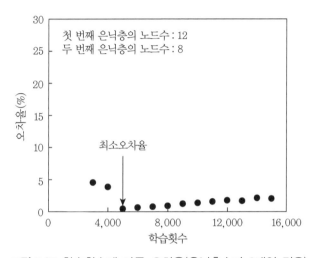

그림 7.30 학습횟수에 따른 오차율(은닉층수가 2개인 경우)

그림 7.29 및 7.30을 서로 비교해보면, 은닉층수가 1개인 경우 최소오차율은 2.03%이고 은닉층수가 2개인 경우 최소오차율은 0.47%인 것으로 나타났다. 즉, 최소오차율은 은닉층수가 2개인 경우가 1개인 경우보다 더 작음을 알 수 있다. 그리고 최소오차율을 갖는 학습횟수도 은닉층수가 1개인 경우 15,000이고, 은닉층수가 2개인 경우 5,000인 것으로 나타났다. 즉, 최소오차율을 갖는 학습횟수도 은닉층수가 2개인 경우가 1개인 경우보다 더 작음을 알 수 있다. 따라서 사면안정성 평가를 위한 사면파괴 발생 가능성 예측은 은닉층수가 2개이고 학습횟수 5,000회인 경우를 대상으로 하는 것이 가장 합리적인 것으로 판단된다.

7.5.5 사면경사에 따른 사면안정성 평가

개발된 인공신경망 모델을 이용하여 사면경사에 따른 사면안정성 평가를 실시하였다. 이러한 사면경사의 변화에 따른 안정성 평가는 절개사면에서의 경사각을 결정하는 데 적용 가능할 것으로 판단된다. 개발된 인공신경망 모델에서 다른 인자는 일정한 값을 갖도록 하고 사면경사각만을 30°에서 60°까지 변화시켜 사면파괴 발생 여부를 검토하였다. 이때 적용된 은닉층수는 2개로서 첫 번째 은닉층의 노드수는 12개, 두 번째 은닉층의 노드수는 8개이며, 학습횟수는 5,000으로 하였다.

그림 7.31은 실제로 사면파괴가 발생된 사면과 사면파괴가 발생되지 않은 사면을 각각 선택하여 사면의 경사에 따른 사면안정성 평가를 실시한 결과이다. 사면파괴가 발생된 사면의 경우 점선으로 표시하였으며 사면의 높이는 37.5m, 사면경사는 31°, 전체 토층의 깊이는 28.6m이고, 배후사면의 경사가 급하다. 그리고 사면파괴가 발생되지 않은 사면의 경우 실선으로 표시하였으며 사면의 높이는 34.4m, 사면경사는 37.5°, 전체 토층의 깊이는 11.6m이고, 배후사면의 경사가 평행하다.

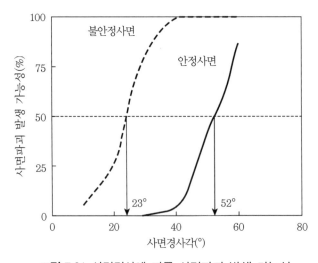

그림 7.31 사면경사에 따른 사면파괴 발생 가능성

그림에서 보는 바와 같이 사면파괴가 발생된 사면의 경우는 사면경사가 23° 이상이 되면 사면파괴 발생 가능성이 50% 이상 되는 것으로 나타났다. 그러나 사면파괴가 발생되지 않은 사면의 경우는 사면경사가 52° 이상이 되어야 사면파괴 발생 가능성이 50% 이상이 되는 것으로 나타났다. 이와 같이 대상현장의 조건에 따라 사면파괴 발생 가능성이 달라지며, 사면파괴가 발생된 현장에서는 낮은 각도에서도 사면파괴가 발생되는 것으로 나타났다. 따라서 이러한 경우 사면경사를 낮게 하여 안정성을 유지하거나, 사면경사를 높게 한 후 각종 사면보강공법을 작용하여 사면의 안정성을 증가시켜야 할 것으로 판단된다.

참고문헌

1. 건설교통부(1994), 군장공단 – 호남고속도로 (1공구) 공사 실시설계 보고서.

2. 경기도(1997), 고색 – 의왕 간 도로개설 공사 보고서.

3. 고려대학교(1994), 도시고속도로(포이 – 내곡동) 사면안정검토 최종보고서.

4. 단양군(1995), 단양군 휴석동 산사태 방지 대책공사 실시설계 보고서.

5. 대한토목학회(1987), 정선병원 절토사면 안전진단 연구보고서.

6. 대한토목학회(1991), 대동아파트 신축부지 절개사면 안정성 검토 연구 용역보고서.

7. 대한토목학회(1993), 부산에덴 금호아파트 신축부지 절개사면 안전성 검토 연구보고서.

8. 대한토목학회(2001), 부천 범박동 홈타운 굴착 암반경사도에 대한 연구보고서.

9. 대한토질공학회(1990), 삼룡사 법당 및 회관신축부지 절토공사에 따른 배면지반 변형 영향 검토 연구보고서.

10. 부산대학교(1987), 장복로 수해복구를 위한 안전대책방안 수립보고서.

11. 부산대학교(1990), 진해시민회관 부지조성 사면안정 대책 연구 용역보고서.

12. 비엔지컨설턴트(1997), 계명대학교 암반사면 안정성 검토보고서.

13. 삼성중공업(1999), 거제조선소 사면안정성 평가 및 보수 보강 대책에 관한 연구보고서.

14. 서울시립대학교(1993), 삼성중공업 창원 2공장 사면활동 원인, 산정검토 및 대책 연구보고서.

15. 서울시립대학교(2000), 서울 대모초등학교 절개지 사면안전 진단보고서.

16. 전라북도(1994), 용담댐 이설도로 개설공사 실시 설계보고서.

17. 중앙대학교(1995), 경부고속철도 제7-1공구 노반신설 기타 공사구역 내 지탄터널공사구간 대절토사면 안정성 확보에 관한 연구보고서.

18. 중앙대학교(1997), 부산 황령산 유원지내 운동시설 조성공사 현장 사면안정성 확보방안에 대한 연구보고서.

19. 중앙대학교(2003), 부산 사하구 당리 청마아파트 사면안정 대책검토 의견서.

20. 한국건설기술연구원(1998), 합천군 쌍백면 우회도로 축조공사 안전점검 보고서.

21. 한국도로공사(1995), 대전 – 통영 간 고속도로 건설공사 보고서.

22. 한국도로송사(1996), 공주 – 서천 간 고속도로 건설공사 보고서.

23. 한국지반공학회(1994), 충무시 외곽진입로 절취사면 안정성 검토 보고서.

24. 한국토지공사(1999), 용인죽전지구 택지조성 보고서.

25. 한남지질주식회사(1989), 부산 장림동 현대아파트 부지 사면안정성에 대한 조사보고서.

26. 국립방재연구소(2001), "재해영향평가시 사면안정성 평가법 개발", 행정자치부.

27. 김상규(1995), "사면의 설계에 관련되는 공학적 문제, 사면안정대책 조사 및 설계방법", 시공사례 학술발표회 논문집, 한국지반공학회, pp.3~6.

28. 김홍택, 강인규, 박성원 (1998), "인공신경망을 이용한 쏘일네일링 굴착벽체의 변형 예측기법에 관한 기초연구", 대한토목학회 학술발표회 논문집, pp.404~404.

29. 박용원, 김감래, 여운광(1993), "1991년 용인 – 안성지역 산사태 연구", 한국지반공학회, 제9권 제4호, pp.103~116.

30. 산림청(1989), "산사태 예방 사방실시 요령", pp.1~13.

31. 송영석(2003), 활동억지시스템으로 보강된 사면의 설계법, 중앙대학교대학원 공학박사학위논문.

32. 양태선, 박형규, 이송 (2001), "인공신경망을 이용한 지반의 압밀거동 예측", 대한토목학회 논문집, 제21권, 제6-C호, pp.633~642.

33. 이상배(1999), 퍼지 – 뉴로제어 시스템, (주)교학사.

34. 이영남(1991), "지반공학과 자연재해(II); 산사태", 대한토질공학회지, 제7권 제1호, pp,105~113.

35. 이정학, 이인모(1994), "인공신경망이론을 이용한 말뚝의 극한지지력 해석(1) – 이론", 한국지반공학회 논문집, 제10권, 제4호, pp.17~27.

36. 이종구, 문홍득, 백영식(2003), "인공신경망을 이용한 터널 거동 예측 시스템 개발", 한국지반공학회논문집, 제19권, 제2호, pp.267~278.

37. 한국건설기술연구원(1989), "사면 안전진단 및 보호공법 연구".

38. 한국지질자원연구원(2003) "산사태 예측 및 방지기술 연구", 과학기술부.

39. 홍원표 외 4인(1990), "강우로 기인되는 우리나라 사면활동의 예측", 한국토질공학회지, 제6권, 제2호, pp.55~63.

40. 홍원표 외 3인(2002), "신경망이론을 적용한 자연사면의 산사태 평가", 대한토목학회 학술발표회 논문집, pp.67~70.

41. 홍원표 외 3인(2004), "인공신경망모델을 이용한 산사태 예측", 한국지반공학회논문집, 제20권, 제8호, pp.67~75.

42. 홍원표, 송영석, 임석규(2005), "인공신경망모델을 이용한 절개사면의 안정성 평가", 대한토목학회논문집, 제25권, 제4C호, pp.275~283.

43. Al-Tuhami, A.A.(2000), "Neural networks : A solution for the factor of safety problems in slopes", Proc., 8th ISL, Cardiff, Vol.1, pp.46~50.

44. Bishop, A.W.(1955), "The use of slip circle in the stability analysis of slopes", Geotechnique, Vol.5, No.1, pp.7~17.

45. Fellenius, W.(1936), "Calculation of the stability of earth dams", Transactions Second Congress on Large Dams, International Commission on Large Dams of the World Power Conference, Vol.4, pp.445~462.

46. Fredlund, D.G. and Krahn, J.(1977), "Comparison of slope stability methods of analysis", Can. Geot. Jour., Vol.14, pp.429~439.

47. Janbu, N.(1954), "Application of composite slip surface for stability analysis", Proc. Eruopean Conf. on Stabiligy of Earth Slopes, Vol.3, pp.43~49.

48. Kim, W. Y. and Chae, B.G (1998), "Landslide characteristics in Korea", Proc. on Korea-France Joint Seminar on Geotechnical and Environmental Survey for Civil Eng. and Groundwater Protection, Seoul. p.5.

49. Kumar, J.K., Konno, M. and Yasuda, N.(2000), "Susurface soil-geology interpolation using fuzzy neural network", Journal of Geotechnical and Geoenvironmental Engineering, ASCE, Vol.126, No.7, pp.632~639.

50. GCO(1984), "Geotechnkcal manual for slopes", Geotechnical Control Office, Hong Kong.

51. Mayoraz, F., Comu, T. and Vulliet, L.(1996), "Using neural networks to prediet slope movements", Proc. 7th ISL, Trondheim, Vol.1, pp.295~300.

52. Mayoraz, F., Cornu, T., Djukic, D. and Vulliet, L.(1997), "Neural networks: A tool for predction of slope movements", Proc., 14th ICSMFE, Hamburg, Vol.1, pp.703~706.

53. Neaupane, K.M. and Achet, S.H.(2004), "Use of backpropagation neural network for landslide minitoring: a case study in the higher Himalaya", Engineering Geology, Vol.74, pp.213~226.

54. Penumadu, D. et al.(1994). "Anisotropic rate dependent behavior of clays using neural networks", Proc., 13th ICSMFE, New Delhi, India, Vol.4, pp.1445~1448.

55. Rosenblatt, F.(1958), "The perception a probalilistic model for information storage and organization in the brain", Psychology Rev., Vol.65, No.6, pp.386~408.

56. Rumelhart, D., McClland, J. and the PDP Research Group(1986), "Parallel distributed pressing", MIT Press, Cambridge.

57. Rumelhart, D.E., Hinton, G.E and McClelland, J. L.(1986), "A general framework for parallel distributed pressing, Explorations in the microstructure of cognition", Vol.1, MIT Press. Cambridge. Mass.

58. Spencer, E.(1967), "A Mehtod of analysis of th stability of embankments assuming parallel

inter-slice forces", Geotechnique, Vo.17, No.1, pp.11~26.

59. Task Committee of Japaneses Geotechnical Soceity(1996), "Manual for zonation on rain-induced slope failure(Prelimenary draft)", Japaneses Geotechnical Soceity.

60. Teh, C.I., Wang, K.S. Goh, A.T.C. and Jaritngam, S.(1997), "Prediction of pile capacity using neural network", Journal of Comp. in Civil Engineering, ASCE, Vol.11, No.2, pp.129~138.

61. Tsoukalas, L. H. and Uhirig, R. E.(1977), "Fuzzy and neural approaches in engineering", John Wiley and Sons, Inc. pp.191~228.

62. Vulliet, I. nand Mayoraz, F.(2000), "Coupling neural networks and medical models for a better landslide management", Proc. 8th ISL, Cardiff, Vol.3, pp.1521~1526.

사면안정공법

CHAPTER

08 사면안정공법

제8장에서는 현재 국내외에서 많이 적용되고 있는 사면안정공법을 사면안정의 역학적 기본 원리에 입각하여 사면안전율유지법과 사면안전율증가법의 두 가지로 분류하고 이들 공법의 특징을 체계적으로 설명해보고자 한다.

그런 후 제9장과 제10장에서는 각각 사면안전율유지법과 사면안전율증가법이 적용된 몇몇 현장 사례를 설명한다.

8.1 사면안정공법의 기본 원리

우리나라는 전국토의 약 70%가 산지로 구성되어 있는 지리적인 여건과 연평균강우량이 1,100~1,400mm인 다우지역 지역 특성과 연간 우기의 강우집중률이 큰 기상환경으로 인하여 예로부터 산사태 및 사면파괴가 많이 발생되고 있다.

원래 우리나라에서 발생되는 사면파괴의 규모는 길이 30m, 폭 6m, 깊이 0.8m 정도인 경우가 많아 비교적 소규모의 사면파괴 형태로 발생되는 특징이 있는 것으로 조사된 바 있다.[5] 이러한 사면파괴는 자연산림지역에서 주로 발생되는 경우로 인간에 미치는 피해는 비교적 적어서 지금까지는 지역사회에 그다지 큰 문제가 되지 않았다.

그러나 최근 수십 년 동안의 급격한 도시팽창과 국토개발에 따른 구릉지와 산지의 빈번한 개발과정에서 인위적 행위에 의거하여 산사태를 포함한 사면파괴의 발생 빈도뿐만 아니라 규모도 함께 증대되고 있는 실정이다.[9,10,17] 그 결과 매년 우기가 되면 발생되는 사면파괴로 인하여 재산과 인명상에 막대한 피해가 증가하고 있는 실정이다.

사면의 안정성은 제1장에서 자세히 설명한 바와 같이 주로 식 (8.1)로 표현되는 바와 같이 사면활동면에 발달하는 전단응력과 사면지반의 전단강도를 비교하여 판단한다.

$$F_s = \frac{\text{사면지반의 전단강도}}{\text{사면활동면에 발달한 전단응력}} \tag{8.1}$$

즉, 사면이 불안정한 경우는 사면지반의 전단강도가 작거나 사면활동면에 발달하는 전단응력이 큰 경우이다. 비록 지금은 사면이 안정된 상태에 있더라도 사면지반의 전단강도를 감소시키거나 사면활동면에 발달하는 전단응력이 증대될 경우에는 사면이 불안정하게 되고 종국적으로는 사면파괴가 발생한다.

따라서 사면파괴의 발생 요인은 전단강도를 감소시킬 수 있는 내적 취약성이 있거나 전단응력을 증대시키는 외적 유인이 있는 두 가지로 크게 나눌 수 있으며 이들 두 요인이 함께 구비되었을 때 사면파괴가 비로소 발생된다.[6] 이러한 사면의 잠재적 내적 취약성을 내적 요인(소인)이라 하고 전단응력을 증대시키는 직접적 외적 유인을 외적 요인(유인)이라 한다.[12]

사면파괴는 이들 두 요인이 겹칠 때 비로소 발생하게 된다. 즉, 내적으로 취약한 지질구조를 가지고 있는 사면에 강우, 절토 등의 외적 유인이 가해질 경우 사면파괴가 발생되기 쉽다. 최근에 발생되는 대부분의 사면파괴는 구릉지와 산지 개발에 따른 인위적인 유인에 의한 경우가 대부분이다.

따라서 사면파괴 발생을 방지할 사면안정 대책공법을 마련하려면 이들 사면파괴 발생 요인을 잘 파악하여 이에 대한 효과적인 대응책을 결정하여야 할 것이다. 즉, 사면안정공법의 기본 원리는 사면지반의 전단강도를 감소시키는 내적 요인을 제거하거나 개선시킬 수 있어야 하며 사면활동면에서의 전단응력을 증대시키는 외적 요인을 제거하거나 저감시킬 수 있어야 한다. 이 원리는 다른 말로 표현하면 사면의 안전성을 향상시키기 위해서는 사면파괴에 저항하는 저항력을 증대시키거나 사면파괴를 초래하는 활동력을 감소시키는 원리이기도 하다.

현재 사면파괴를 방지하기 위해 수많은 사면안정공법이 채택 적용되고 있다. 그러나 효과적인 사면안정공법은 대상지역의 지질학적, 지형학적 및 지반공학적 특성에 따라 다를 수 있다. 즉, 국가나 지역에 따라 기상특성, 지반특성 및 사면파괴 발생 기구 특성이 다르므로 각 지역의 특성에 적합한 대책공법을 개발할 필요가 있다.

종래의 사면안정공법으로는 경사면을 식물이나 블록으로 피복하여 강우에 의한 지표면세

굴을 방지하는 정도의 소규모의 공법이나 사면의 구배를 완만하게 하는 공법이 많이 사용되었다. 그러나 최근에 이르러서는 이들 공법으로 사면파괴를 억지시키기에는 한계가 있어 말뚝, 앵커, 옹벽 등으로 사면의 저항력을 증대시키는 적극적인 공법이 많이 사용되고 있다.[6-8]

전자의 경우는 사면안전성이 원래는 충분하였으나 외적 요인에 의해 사면안전성이 떨어지는 것을 방지시켜줄 수 있는 '안전율유지법'인 반면에 후자의 경우는 원래 부족한 사면안전성을 개선시켜줄 수 있는 '안전율증가법'이라 할 수 있다.

즉, 강우, 강설 등과 같은 물의 영향에 의하여 전단응력이 증가하여 사면의 안전율이 감소하는 것을 방지하는 전자의 방법과 불안전하게 판단된 사면의 안전율을 말뚝 등의 저항력을 이용하여 부족한 전단강도나 저항력을 증가시켜주는 후자의 방법이다. 전자는 사면파괴를 발생시키는 직접적 유인으로부터 사면을 보호하는 소극적 대책방법이라 할 수 있으며, 후자는 사면파괴의 잠재적 취약성을 개선시키려는 적극적 대책방법이라 할 수 있다.

8.2 사면안정공법 분류

산지나 구릉지에 도로나 주택을 건설하는 경우 절개사면 및 성토사면의 안정성이 절실하게 요구된다. 이때 이들 사면에 대한 사면안정성이 확보되지 않을 경우 효과적인 방지 대책이 마련되어야 한다. 현재 세계 각국에서는 수많은 사면안정공법이 개발 사용되고 있다.

이들 사면안정공법을 정리 구분하는 방법 또한 여러 가지 방법이 제안·적용되어왔다. 예를 들면 Schuster(1992)는 대책공법을 배수공(drainage), 절토공(slope modification), 압성토공(earth butresses) 및 지반보강공(earth retention systems)의 4가지로 구분하였고[27] 山田(1982)는 사면안정공법을 억제공(抑制工)과 억지공(抑止工)의 두 가지로 구분하였다.[40]

그러나 이들 사면안정공법을 기능상으로 분류한다면 앞 절에서 설명한 바와 같이 현재 사면안전율이 확보되어 있는가에 따라 구분될 수 있을 것이다. 현재 사면안전율이 확보되어 있는 경우는 안전율이 감소되지 않게 하여야 할 것이고 현제 사면안전율이 확보되어 있지 않았거나 확보되지 않을 것이 예상되는 경우는 안전율이 확보되도록 대책을 마련해야 될 것이다.[6]

즉, 사면파괴가 발생되는 경우는 원래 사면이 안정된 상태인 경우와 원래부터 사면이 불안정한 경우의 두 가지로 구분된다. 전자는 원사면이 안정된 상태였던 것이 우수의 침투나 세굴에 의하여 사면안전율이 원래보다 상당히 감소되어 사면파괴가 발생되는 경우이며 후자는 절토 등을 실시할 사면의 안전성이 확보되지 못하거나 충분하지 못한 경우 강우 등의 외적 요인이 가하여져서 사면파괴가 발생될 것이 예상되는 경우이다.

이들 사면파괴를 방지하기 위해서는 전자의 경우는 사면의 안전성을 계속 유지할 수 있도록 대책을 마련할 필요가 있으며 후자의 경우는 부족한 사면안전성을 보완하여 소요안전성을 확보할 수 있는 대책을 마련하여야 할 것이다.

제 8.1절에서는 사면안정공법의 기본 원리를 '안전율유지법'과 '안전율증가법'의 두 가지로 크게 구분하였다. 즉, 현재의 사면안전성은 확보되어 있으나 우수의 침투, 세굴 등에 의하여 사면안전율이 감소되는 것을 방지하기 위하여 적용되는 안전율유지법과 사면안전성이 확보되지 못할 것이 미리 예상되는 사면에 적용할 수 있는 안전율증가법의 두 가지로 구분하였다.[6,12]

먼저 '안전율유지법'에 대하여 설명하면, 평상시 안전한 사면이라도 여러 가지 자연적 원인에 의하여 사면의 안전성이 감소되어 종국에는 사면파괴가 발생될 수 있다. 따라서 이런 경우의 사면파괴를 방지하려면 여러 가지 자연적 유인으로부터 사면을 보호하여야 한다.

자연적 작용의 대표적 예로는 우수나 융설수의 침식작용과 비탈면의 풍화작용을 들 수 있다. 이러한 작용으로부터 사면을 보호하기 위해서는 비탈면을 가급적으로 공기 중에 직접 노출시키지 않도록 식생공, 블록공 등으로 사면 표면을 피복시켜 지표수로부터 사면 표면을 보호해 줄 필요가 있다.

그리고 지중에 침투된 물은 즉각 배수시켜 사면의 활동력과 저항력에 물의 영향이 미치지 못하게 하거나 최소화되도록 처리해야 한다. 즉, 사면지반이 포화되면 토사중량의 증가로 사면의 활동력이 증가하고 사면지반의 전단강도는 감소하게 되어 종국적으로 사면은 불안전하게 된다. '안전율유지법'으로는 그림 8.1의 분류도에서 보는 바와 같이 배수공, 지표면보호공, 표층안정공 등이 대표적 공법이다.

'안전율유지법'은 자연사면 및 인공사면에서 가장 일반적으로 많이 적용되고 있는 경제적인 사면안정공법이라 할 수 있다. 그러나 최근에는 급경사지 및 활동력이 큰 사면의 경우에 대한 적극적인 대책공법이 많이 적용되고 있어 이러한 적극적 대책공법(안전율증가법)을 보완하는 보조공법으로 주로 채택·적용되고 있다.

한편 '안전율증가법'은 잠재적으로 불안정한 사면에 적용한다. 예를 들어 이 방법은 도로건설 및 주택부지조성으로 인하여 발생될 절개사면의 사면파괴를 억지시키는 목적으로 주로 적용된다. 즉, 현장조사 등에 근거하여 수행된 설계 결과로 사면안정성이 충분하지 못한 것이 판단될 경우 대상사면에 대하여는 사면파괴를 방지하기 위하여 사면의 안전율을 증가시킬 수 있는 대책이 마련되어야 할 것이다.

또한 사면 내부에 취약한 지질구조를 가지고 있을 경우도 사면의 불안정이 예상되므로 이 경우도 사면의 안정성을 개선시켜 줄 대책공법이 필요하다.

'안전율증가법'의 대책공법으로는 그림 8.1의 사면안정공법의 분류도에서 보는 바와 같이 두 가지 방법이 주로 이용될 수 있다. 하나는 사면의 활동력에 저항시키기 위한 저항력을 증가시켜주는 방법이고 다른 하나는 사면의 활동력을 감소시켜주는 방법이다. 어느 방법이나 모두 사면의 안정성을 향상시키는 결과를 가져올 수 있다.

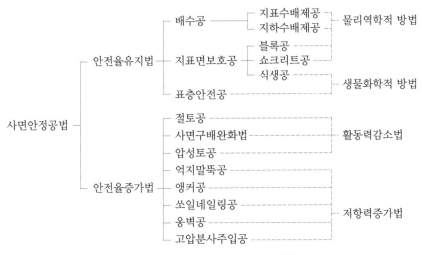

그림 8.1 사면안정공법의 분류[12]

우선 저항력증가법으로는 말뚝, 앵커, 옹벽 등을 사용하여 이들 재료의 전단, 휨, 인장, 압축 등의 역학적 저항특성을 이용하는 물리적 방법과 지반안정약액을 사용하여 직접 사면지반의 전단강도를 증가시켜줌으로써 사면활동에 저항하도록 하는 화학적 방법을 들 수 있다.

반면에 활동력감소법으로는 잠재 활동파괴면상에 존재하는 토괴를 제거시키는 절토공, 사면의 경사를 보다 완만하게 변경시키는 사면구배완화법, 사면선단에 실시하는 압성토공 등을 들 수 있다. 이들 공법을 적용하면 식 (8.1)의 분모인 전단응력이 감소하고 결과적으로 사면안전율이 증가하게 된다.

통상적으로는 사면안정공법을 현장에 적용할 경우 두 개 이상의 공법을 복합적으로 사용하는 경우가 많다. 이 경우 주공법과 보조공법으로 분류할 수 있으나 안전율증가법은 주로 주공법으로 적용되며 안전율유지법은 보조공법으로 주로 적용된다.

8.3 사면안전율유지법

그림 8.1에서 분류 설명한 바와 같이 사면안전율유지법으로는 배수공, 지표면보호공 및 표층안정공의 세 가지를 대표적으로 들 수 있다. 여기서 배수공은 다시 지표수배제공과 지하수배제공으로 구분할 수 있다. 지하수배제공은 또 다시 천층지하수를 처리하는 공법과 심층지하수를 처리하는 공법으로 나눌 수 있다. 한편 지표면보호공은 불록공, 식생공 및 쇼크리트공으로 분류할 수 있다. 제 8.3절에서는 안전율유지법으로 분류되는 사면안정공법에 대하여 설명한다.

8.3.1 배수공

사면의 안정성에 미치는 물의 영향은 매우 크다. 왜냐하면 사면 내의 물은 지반의 전단강도를 저하시키고 활동력의 증대에 의한 전단응력 증대로 사면의 활동을 촉진시키기 때문이다. 따라서 사면의 안정에 가장 큰 영향을 미치는 요소인 이 물의 영향을 사면이 되도록 받지 않도록 강구하는 것이 사면의 안정성을 유지시킬 수 있는 방법 중 가장 먼저 고려해야 할 사항 중에 하나일 것이다.

안전율유지법 중 가장 먼저 고려할 수 있는 공법으로 배수공을 들 수 있다. 배수공으로는 지하에 물이 침투하지 않도록 하는 방법과 사면에 침투한 물을 지하로부터 효율적으로 즉각 배제시키는 두 가지가 있다. 전자를 지표수배제공이라 하고 후자를 지하수배제공이라 한다.

다시 지하수의 경우는 천층, 즉 지표부분에 존재하는 천층지하수와 지중 깊은 곳에 존재하는 심층지하수로 구분한다.

(1) 지표수배제공

그림 8.2는 지표수배제공의 대표적인 공법인 수로공이고 그림 8.3은 계곡을 흐르는 지표수로부터 산사태를 억제하기 위해 지표수를 집수처리하기 위해 주로 적용하는 사방댐을 도시한 그림이다.

① 수로공
수로공은 유역 내의 강수를 신속히 집수하여 유역 외부로 배수할 수 있는 시설을 설치하는 공법이다. 이 공법을 적용할 때는 유역 내의 수로망을 포설할 필요가 있다. 이 수로망을 효과적으로 조성하기 위해서는 유역 내의 지형을 상세히 측량한 지형도를 작성하여 수로를 계획해야 한다. 수로공에는 집수로(그림 8.2(a) 참조)와 배수로(그림 8.2(b) 참조)를 마련해야 한다.

집수로는 주로 사면에 내리는 강수, 지표수를 되도록 신속히 모으기 위해 사면을 횡단하여 조성하며 비교적 폭이 넓고 얕은 배수로에 연결되어 있다. 반원 흄관, 콜게이트 주름반원관 등 여러 형태의 관이 사용되고 있다.

한편 배수로는 모인 물을 되도록 신속히 배수하는 데 이용하기 위해 비교적 급한 구배로 유출량에 적합하게 단면을 결정해야 한다. 배수로는 계곡부에는 20~30m 간격으로 묶어주고 필요시 말뚝으로 배수관을 고정시켜준다.

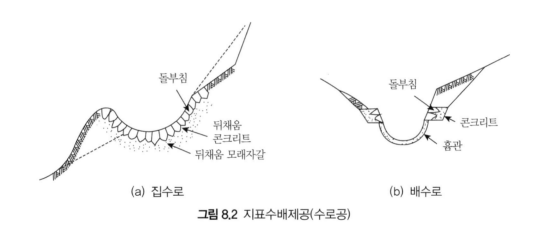

(a) 집수로　　　　　　　　　　　(b) 배수로

그림 8.2 지표수배제공(수로공)

② 사방댐

토사재해는 산지의 침식작용에 의한 토사가 인간의 문화와 접촉함에 따라 발생하는 자연재해이다. 이 토사재해에 대한 대표적인 대책으로 사방댐이 많이 적용되고 있다. 이와 같이 사방댐은 주로 산사태가 발생될 수 있는 지역의 하류에 축조되는 댐이다. 그림 8.3은 사방댐 단면의 횡단면도이다.[40]

지표수와 함께 흘러 사방댐 앞에 쌓인 모래는 원래 하류부에 끼칠 수 있는 토석류와 같은 토사제해를 방지할 뿐만 아니라 압성토와 같은 억지효과를 발휘할 수 있는 공법이다.

그러나 사방댐은 원칙적으로는 산사태의 영향을 받지 않는 안전한 지역에 축조하는 것이 바람직하다. 왜냐하면 산사태 영향을 받는 지역 속에 사방댐을 설치하면 역으로 산사태를 촉진시킬 가능성이 있기 때문이다. 즉, 기초나 계곡의 세굴로 인해 산사태를 촉진시킬 가능성이 있으며 산사태 토사의 압력으로 사방댐 본체가 파괴될 우려가 있다.

원래 사방의 목적은 하천으로 흘러 이동하는 토사에 의한 피해를 방지하는 데 있다. 따라서 사방에서는 산지와 계류를 유출토사의 입장에서 바라보아야 한다. 여기서 계류(溪流)라 함은 산지의 일부이며 하천의 통로로 사면에 둘러싸여있는 저지대를 일컫는다. 계류보다 하류측의 유로는 하천으로 취급한다. 통상적으로 계류의 시점은 복수로 존재한다.

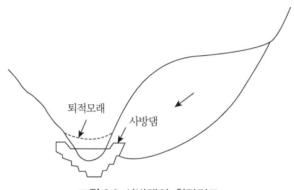

그림 8.3 사방댐의 횡단면도

토사생성현상의 대부분은 산지사면에서의 침식과 풍화물질이동(mass wasting)에 의한 현상이다. 이 현상에 의해 토사가 계류로 이동하고 계류에서는 유수에 의해 이 토사가 하류로 유송된다. 여기서 풍화물질이동(mass wasting)현상이란 지표풍화에 의해 생성된 물질이 중력의 직접영향을 받아 사면하방으로 이동하는 현상이다.

사방댐은 산사태가 발생하는 지역에 주로 설치하는 방재구조물이다. 즉, 사방댐은 산지재해의 원인이 되는 토사와 암석의 토석류의 흐름을 멈추게 하기 위해 계류를 횡단하여 설치하고 사방댐에 모인 토사를 하류로 천천히 안전하게 이동하게 하는 역할을 한다. 또한 사방댐은 산사태가 발생한 지역의 복구공사에 많이 적용된다.

그림 8.4는 토석류 발생 시 사방댐의 기능을 보기 쉽게 도시한 개략도이다. 먼저 그림 8.4(a)는 토석류가 발생하기 이전의 사방댐 설치 단면이고 그림 8.4(b)는 토석류 발생 시의 상태를 도시하였으며 그림 8.4(c)는 토석류 발생 후의 상태를 개략적으로 도시한 그림이다.

사방댐은 산사태로 빠른 흐름의 토석류가 발생하였을 때 그림 8.4(b)와 같이 사방댐 내에 토석류의 토사를 저류시킴으로써 토석류의 빠른 흐름으로 발생될 수 있는 재난을 예방하는 기능을 가지고 있다. 이후 사방댐에 쌓인 토사는 제거하기도 하고 그대로 방치하기도 한다. 그대로 방치할 경우 저류조에 쌓인 토사는 계류의 구배를 완화시키므로 사면안정에 기여할 수 있게 된다.

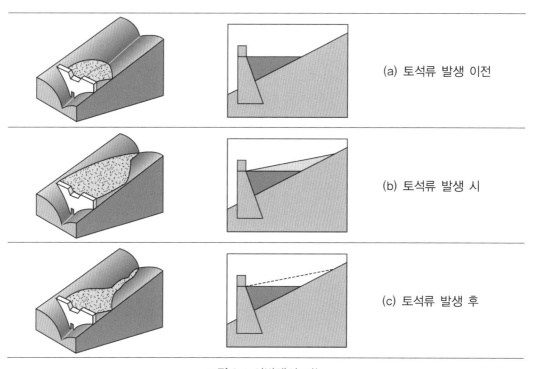

그림 8.4 사방댐의 기능

현재 여러 가지 목적으로 사방댐을 사용하고 있지만 사방댐의 주 역할은 다음과 같이 ① 토사저류, ② 하상침식억제, ③ 유송토사량조절의 세 가지로 생각할 수 있다.

이러한 사방댐은 일반적으로 오픈댐의 형태로 사용한다. 현재 사용되는 사방댐을 목적별로 구분하면 다음과 같다.

① 종방향 침식방지댐
② 하상퇴적물유출방지댐
③ 산기슭고정댐
④ 유출토사억제 및 조절댐
⑤ 토속류대책댐

그림 8.5는 계류에 다단으로 설치된 모형사방댐에 토사가 저류된 상태의 사진이다. 이와 같이 토석류로 운반되는 토사를 다단의 모형사방댐에 저류시켜 급작스런 토석류에 의한 산사태 피해와 같은 하류의 재난을 방지할 수 있다.[11]

그림 8.5 모형사방댐에 저류된 토사[11]

사방댐 구조물을 사면안정구조물로 취급할 수 있는가는 이견이 있을 수 있으나 사방댐이 산사태나 토석류에 의한 재해를 방지 혹은 지연시킬 수 있으므로 유용한 지표수배제공으로 분류할 수 있을 것이다.

한편 그림 8.6은 일본의 고베(神戶)지역 롯고산(六甲山)에 설치된 여러 형태의 사방댐 사진을 보여주고 있다. 이 지역에는 다양한 재료와 형태의 사방댐이 개발되어 산사태 복구 현장에 적용되고 있다. 사방댐에 사용하는 재료에 따라 콘크리트댐, 암석댐, 흙댐, 목조댐, 강재댐 등이 있다. 콘크리트댐과 흙댐, 암석댐이 많이 사용되고 있다. 또한 사방댐이 토석류의 토사만 걸러내고 물은 통과시키기 위해 그림 8.6에서 보는 슬리트댐도 사용한다. 그 밖에도 미관을 고려하여 조경석으로 계류를 조성하는 경우도 있다.

그림 8.6 롯고산에 설치된 다양한 형태의 사방댐[11]

(2) 천층지하수배제공

사면에 내린 강우나 강설의 물이 지표에서 배제되지 못하여 지반 속으로 침투한 지하수는 천층지하수를 조성하며 사면지반의 단위중량을 증가시켜 사면의 활동력을 증가시킬 뿐만 아니라 지반 속의 간극수압을 증가시켜 전단강도도 감소시킨다. 결국 이 천층지하수는 사면안전성을 저하시켜 사면파괴를 초래할 수 있다.

Kim et al.(1991)은 실내모형실험을 통하여 강우 시 불포화토지반의 침투는 지반이 습윤되면서 지표면 아래로 습윤대가 증가하며, 강우강도가 투수계수의 4~5배인 경우까지 증가함을 확인하였다.[21] 따라서 최대강우강도까지 사면에서 강우침투는 높은 수압뿐만 아니라 침투력도 유발시킨다. 최대강우강도보다 큰 강우강도는 지표면의 침식과도 밀접한 관계가 있다.

천층지하수배제의 목적은 지중에 투수계수가 큰 지층을 조성하여 사면 내에 분포되어 있는 천층지하수를 그쪽으로 유도 배수시키기 위함이다. 천층지하수를 신속히 배제시킴으로 인하여 사면의 함수비나 간극수압을 낮출 수 있고 토괴를 안전하게 유지할 수 있다. 또한 사면활동지역 내의 투수층으로 사면활동지역 밖에서 지하수가 유입하려고 하는 경우에 유입 전에 이 지하수를 차단하여 그 유량의 일부를 지표수로 배제할 수 있다.

지하수배제공은 그림 8.4와 그림 8.6에 도시한 바와 같이 천층지하수배제공과 심층지하수 배제공의 두 가지로 구분할 수 있다. 즉, 비교적 얕은 층에 존재하는 지하수와 깊은 층에 존재하는 지하수에 대한 배제공으로 구분할 수 있다. 천층지하수는 외부로부터 사면경사면을 통하여 사면 지반에 침투하는 경우가 대부분이지만 심층지하수는 주변에 환경변화로 지하수위가 상승하여 발생할 수도 있다. 예를 들면 주변에 댐이 축조되고 저수지담수로 인하여 주변 사면지반의 지하수위가 상승할 수도 있다. 그러나 여기서는 모두 같은 지하수로 취급하여 사면의 안전성을 유지하는 경우를 대상으로 한다.

① 암거공

먼저 대표적인 천층지하수배제공은 맹암거공으로 그림 8.7에 개략적으로 도시한 바와 같이 지표로부터 3m 부근까지 분포하는 지하수를 배제하는 데 적당한 공법으로 투수계수가 작은 토층의 토입자 간의 간극에 분포하는 지하수를 배제할 수 있다.

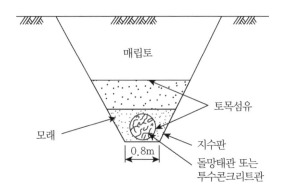

그림 8.7 천층지하수배제공(맹암거공)

맹암거공법은 얕은 지층에 존재하는 지하수를 지중에 맹암거를 설치하여 집수 배제하는 공법이다. 즉, 이 공법은 비교적 얕은 지층에 존재하는 지하수를 맹암거로 집수하여 사면 밖으로 신속히 배제시키는 공법이다. 암거에는 집수거와 배수거가 있다. 집수거는 부근의 지하수를 수집하기 위해 이용하며 배수거는 집수된 지하수를 지표수와 같이 배수로에 연결시킬 목적으로 사용한다.

② 트렌치공

한편 그림 8.8은 그림 8.7에서 설명한 천층지하수배제공으로 적용하는 맹암거공을 더욱 적극적으로 활용하여 지하수를 사면으로부터 신속히 배제시키는 목적으로 발전시킨 트렌치 배수공법의 단면이다.

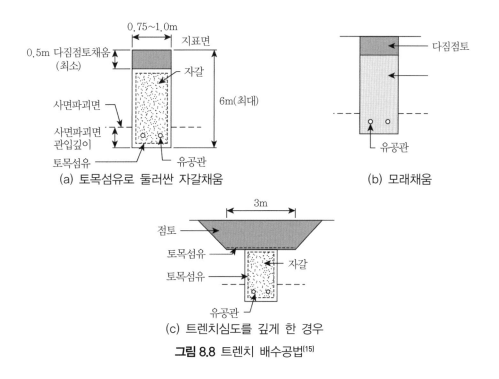

(a) 토목섬유로 둘러싼 자갈채움
(b) 모래채움
(c) 트렌치심도를 깊게 한 경우

그림 8.8 트렌치 배수공법[15]

즉, 지표면에서 대략 6m 이내의 심도로 트렌치를 굴착하고 그곳에 모래·자갈과 같이 투수성이 큰 층을 조성하여 지하수를 집·배수하여 지반 속의 지하수를 배제하고 사면지반의 안전성을 유지시키는 공법이다. 이때 트렌치 속의 모래·자갈은 토목섬유로 둘러싸서 원지층과 분리시킨다. 사면 내에 트렌치를 효과적으로 분포 조성하기 위해서는 유역 내의 지형을 상세히 측량한 지형도를 작성하여 트렌치 설치로를 계획해야 한다. 트렌치 심도를 깊게 해야 할 경우는 그림 8.5(c)에 도시한 바와 같은 단면의 트렌치를 조성하기도 한다.

(3) 심층지하수배제공(배수터널공)

천층지하수는 대부분이 지표면으로부터 침투한 지표수로 인하여 조성된 지하수이며 심층지하수는 주변환경의 변화로 조성된 지하수의 경우가 많다. 예를 들면 새로운 댐 축조 후 저수지담수로 인하여 인접 사면의 지중지하수위가 상승한 경우 유입되는 지하수이다.

그림 8.9는 지하배수터널을 축조하여 지하수를 집수 배제할 수 있게 하는 공법이다. 즉, 심층지하수를 배제하기 위한 공법으로 지중에 집배수용 터널을 축조하는 공법이다. 이 터널에서 횡방향으로 보링하여 배수파이프 설치하고 지하수를 집배수함으로써 인접사면지반 속의 지하수위 상승을 방지하는 공법이다.

배수공은 사면안전율을 증대시키는 역할도 할 수 있으므로 두 번째 방법인 안전율증가법으로 생각할 수도 있으나, 이는 원래 안전율이 높은 상태에 있는 사면이 물의 영향으로 안전율이 일시적으로 감소된 것을 회복하는 것에 지나지 않으므로 안전율유지법으로 분류함이 타당할 것이다. 또한 이 방법은 수로가 변하거나 배수파이프가 막히는 등 미래까지 확실한 효과를 발휘할 수 있는가 의문이다. 따라서 배수공은 어디까지나 안전율증가법의 보조공으로 사용하는 것이 바람직한 경우가 많다.

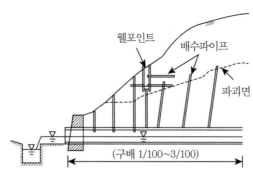

그림 8.9 심층지하수배제공(배수터널공)

그러나 외국에서는 사면안정을 위하여 배수공법을 적극적으로 사용하는 예도 있다. 예를 들면 New Zealand의 남섬 최남단에 있는 Clyde댐의 담수로 인하여 주변 산의 지하수위가 상승하게 되어 주변산지에 변형이 발생하여 지하배수터널을 뚫어 사면안정을 도모한 예는 배수공법을 적극적으로 사용한 대표적 사례이다.[14]

8.3.2 지표면보호공

식생, 블록, 쇼크리트, 돌부침 등과 같은 재료를 이용하여 경사면을 보호하는 것은 지표면의 강우침투와 침식을 방지하는 매우 효과적인 방법이다. 또한 지표면보호공은 소규모의 암반붕락과 얕은 파괴를 감소시키거나 제거하는 데도 매우 효과적이다.

이러한 공법들은 간접적으로 혹은 미소하게 사면안정효과가 있으나 일반적으로 사면안정해석에서는 이들 공법에 의한 효과를 무시한다. 이러한 공법들 가운데 식생공과 블록공이 가장 미관상 우수하고, 상대적으로 비용이 저렴한 편이다.

최근에는 가격이 비싸고, 미관상 불량함에도 불구하고 지표면 침투 및 침식에 대하여 우수한 보호 효과를 갖는 쇼크리트, 소일시멘트 등이 많이 사용되고 있다. 또한 쇼크리트공 혹은 블록공에 의해 처리된 표면의 미관을 아름답게 하기 위해서는 특별하게 넝쿨과 관목, 식물 등을 사용하여 표면을 덮어준다.

(1) 블록공

사면의 지표면이 공기 중에 노출된 상태 그대로 방치되면 풍수나 우수 등에 의하여 침식되어 종국에는 붕괴하게 된다. 따라서 사면을 블록이나 격자블록 등으로 덮어서 사면안정을 도모하는 공법이 블록공 및 격자블록공이다.

블록공에는 프리캐스트 콘크리트 블록(precast concrete block)이나 블록석 이외에 동일한 목적으로 설치되는 연속콘크리트보와 같은 것도 블록공에 포함된다. 그림 8.10은 프리캐스트 콘크리트 블록을 이용하여 사면보호공을 시공한 표면을 찍은 사진이다.

그림 8.10 프리캐스트 콘크리트 블록에 의한 표면보호공

격자블록공은 표면을 정리하고 프리케스트 콘크리트 블록으로 격자를 만들고 앵커핀으로 고정시킨 후 격자 안에 흙채움을 하여 사면의 표면을 보호하는 공법이다. 본 공법의 장점으로는 시공이 간단하며 가격이 저렴함을 들 수 있다. 반면에 경사가 1:1보다 급한 사면에서는 적용이 곤란하며 부분 침식이 발생할 가능성이 있는 단점이 있다.

그림 8.11은 연속철근콘크리트보로 격자블록을 설치하는 모습을 찍은 사진과 시공 완료 후의 격자블록 사면이다.

그림 8.11(a)에서 보는 바와 같이 사면의 노출면에 연속철근콘크리트보를 시공하고 이 보를 앵커핀으로 고정시키면서 사면의 노출면을 격자블록으로 피복시킨다. 그림 8.10과 같은 프리케스트 콘크리트 블록보다 작업량과 비용이 비싸지만 표면보호의 효과는 훨씬 크게 기대할 수 있다.

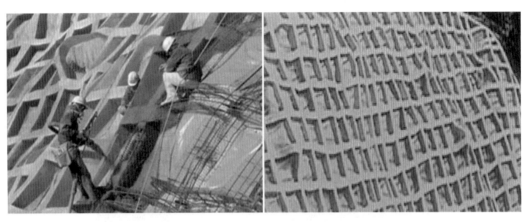

(a) 시공사진   (b) 시공 완료 후 격자블록

그림 8.11 철근콘크리트보로 시공한 격자블록

(2) 식생공

경사면을 잔디 등의 식물로 피복하여 우수에 의한 침식 및 토사유실을 방지하여 사면을 보호하려는 공법이다(그림 8.12 참조). 식생공은 미관상 매우 유리하며, 경제성이 우수하므로 사용 빈도가 높다. 대상사면이 암일 경우 Coir-net, Co-mat, Seed spray 및 Texsol이 많이 사용되며 국내에는 사면의 암판정에 따라 구분하여 사용하기도 한다.[1] 본 공법은 성토사면뿐만 아니라 절개사면에서도 성공적으로 적용되고 있다.

도로건설이 증가함에 따라 잔디공급량이 부족하게 되고 시공 시 많은 인력이 소요되며 시

공시기 및 품질 확보가 어렵고 토질조건에 적합한 식생천이가 이루어지지 않아 많은 부작용이 초래되고 있다. 그림 8.13에서 보는 바와 같이 토질조건을 고려하지 않은 상태에서 식생의 발육제한이나 활동력에 대한 저항력이 마련되지 못하여 사면표층이 유실되는 사례가 많다.[1]

그림 8.12 식생공에 의한 표면보호공

(a) 토질조건을 고려하지 않은 식생공(분리)   (b) 식생공의 사면유실(활동)

그림 8.13 식생공의 유실 사례[1]

최근 국내고속도로 절개사면에 대한 문제점 등을 고찰하여 유지관리측면에서 경제적인 사면보호용 신재료 식생공법이 도입 적용되고 있다. 이 새로운 재료는 보온 및 보수력이 좋은 코코넛 껍질을 이용하여 Multi-cellular fiber로 구성된 코코넛 섬유를 mat 형태, 즉 광분해성 폴리사로 누벼 엮은 카펫을 피복재로 사용하는 사례도 있다.[1]

산사태 발생 지역의 복구공사에 수로공과 식생공을 많이 사용한다. 이 경우 수로에 거의 직각방향으로 계단식 식생공을 조성하는데 그림 8.14는 수평방향으로 식생공을 조성한 후 자연을 복원시킨 사면의 전경이다.

그림 8.14 식생공으로 복원된 자연사면

(3) 쇼크리트공

쇼크리트 공법은 지표수가 경사면으로 침투하는 것을 방지하기도 하고 사면 노출면을 풍화로부터 방지할 목적으로 적용한다. 즉, 쇼크리트 공법은 표면을 정리한 후 와이어메쉬를 정해진 위치에 앵커핀으로 고정시킨 후 시멘트모르타르이나 콘크리트를 압축공기로 뿜어 표면을 보호하는 공법이다. 일반적으로 록볼트, 앵커 등과 함께 사용한다.

그림 8.15(a)은 사면의 표면을 노출로부터 보호하기 위해 쇼크리트를 사면에 품어 부치는 시공사진이며 그림 8.15(b)는 시공 완료 후 쇼크리트로 피복한 사면 전경이다.

본 공법은 표면보호능력이 우수하다. 그리고 낙석발생이 예상되는 암반사면에 적합하며, 연약한 암반층과 단단한 암반층이 교호되어 있는 경우와 절리가 발생한 연암 이상의 암반사면에서 매우 효과적이다.

단점으로는 지하수가 많은 경우 수압으로 인한 쇼크리트표면의 탈락이 발생할 수 있으며 배수성이 나쁘다. 그리고 겨울에 동결로 인한 균열이 발생할 수 있다. 쇼크리트에 의해 피복된 사면의 경우 미관이 불량하다. 이러한 미관상 불량한 단점을 보완하기 위하여 넝쿨식물을 사용하여 표면을 덮는 개선 방법을 적용한다.

| (a) 시공사진 | (b) 시공 완료 후 사면 |

그림 8.15 쇼크리트공

쇼크리트 공법은 사용하는 장비에 따라 습식과 건식이 있다.

① 습식 쇼크리트공법 : 쇼크리트 전 재료를 미리 믹서기로 혼합한 후 압축공기로 뿜어 부치는 공법이다.
② 건식 쇼크리트공법 : 시멘크와 골재를 믹서기로 혼합시킨 후 압력호스 혹은 철관으로 압송하고 쇼크리트기 선단노즐로 필요량의 압력수를 분사 혼합하여 뿜어 부치는 공법이다.

8.3.3 표층안정공

주입재를 주입하여 불안정한 표토층의 안정도를 향상시키고 지하수나 침투수의 유입을 막아 사면지반이 불안전하게 되는 것을 막아주는 공법이다.[3] 이 공법 중에는 주입공법만이 아니라 어느 정도의 강도나 강성을 가지는 재료를 병용하여 강도를 보강시키는 공법도 있다.

주입공법에 사용되는 주입재로는 많은 종류가 있으나 시멘트계(현탁액 그라우트), 시멘트 약액계(입자용액 그라우트), 약액계(용액 그라우트)로 크게 나눌 수 있다. 시멘트그라우트가 가장 사용하기 쉽고 신뢰성이 높으며 경제적이다. 주입은 통상 보링공을 통하여 지반 내에 압입하나 재료는 지반에 따라 주입 가능한 것을 선택해야 한다. 또한 주입재가 피압수, 지하수, 침투수 등에 의하여 유실되어서는 안 된다.

최근에는 쇼크리트공 등이 개발되어 지표면보호공으로 적용 사용되므로 표층안정공과의 구분이 잘 안 되는 점이 있다. 또한 주입압이 지나치게 커서 지반을 파괴하거나 전단강도를 저하시키지 않도록 주의해야 한다. 효과적으로 주입을 실시하기 위해서는 주입재의 종류, 주입압, 주입 크기와 양, 목적, 경제성 등을 신중히 고려해야 한다.

표층안정공은 원래 안전율유지법이나 이 방법을 보다 적극적으로 사용하여 지표면보다 깊이 지중 개량체를 조성할 경우 안전율증가법으로도 분류될 수 있다. 특히 최근 고압분사주입공법의 개발로 개량체의 강도가 어느 정도 확보됨으로 인하여 억지말뚝공과 동일하게 안전율증가법으로 활용이 가능하게 되었다.

그러나 지표면 토사층만을 안정화시키는 종래의 저압약액주입공법의 경우는 주입재의 효과기대가 아직 불명확하여 사면안정공의 보조적인 공법으로 사용함이 안전하다.

8.4 사면안전율증가법

사면안전율증가법으로는 활동력감소법과 저항력증가법으로 분류하여 각각에 대한 공법들에 대하여 설명한다. 활동력감소법으로는 사면구배완화공, 절토공, 압성토공이 있으며 저항력증가법으로는 옹벽공, 억지발뚝공, 앵커링공, 고압분사주입공이 있다.

8.4.1 활동력감소법

(1) 사면구배완화공

설계사면구배에 따라 원사면을 절토할 경우 시공 중에 사면의 활동이 발생하는 경우가 종종 보고되고 있다. 이런 사면에서의 복구대책으로 절토공이 적용되는데 절토공은 그림 8.16(a)에 도시된 바와 같이 사면구배를 설계사면보다 완만하게 수정하는 공법이다.

이때 설계사면과 수정사면 사이의 토사를 그림 8.16(a)에 도시된 바와 같이 절토 제거함으로써 활동하려는 토사가 미리 제거되고 활동하중이 경감되어 결과적으로 사면안정을 도모하게 되는 공법이다. 이 공법은 활동토괴를 미리 제거함으로써 확실한 사면안정공법으로 여겨진다.

그러나 이 공법을 적용한 과거의 경험에 의하면 설계사면을 수정하여 사면구배를 완만하게 수정하여 활동토괴를 제거하였음에도 불구하고 수차례에 걸쳐 사면파괴가 계속 발생하여 결국에는 억지말뚝이나 앵커로 지지시킨 사례가 많았다. 이는 사면의 불안전성이 활동토괴만의 영향이 아닐 수 있음을 의미한다. 즉, 사면 내의 잠재적 취약점이 있다면 사면이 계속적으로 불안정할 수 있다.

따라서 이 공법은 지중의 잠재적 취약점을 정확하게 조사하기 이전에는 안심할 수 없는 공법이다. 또한 대규모 산사태의 경우 굴착토량이 막대하여 경제성, 시공성이 없다. 따라서 이 공법은 소규모 및 중규모 산사태에 대한 방지 대책으로 적절한 방법이라 할 수 있다.

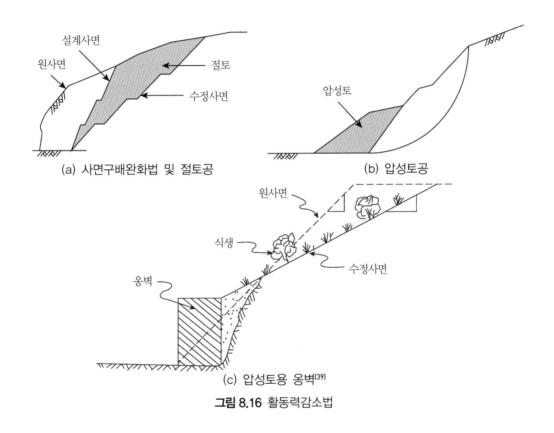

(a) 사면구배완화법 및 절토공

(b) 압성토공

(c) 압성토용 옹벽[39]

그림 8.16 활동력감소법

(2) 압성토공

압성토공법은 그림 8.16(b)에 도시된 바와 같이 산사태가 우려되는 자연사면의 하단부나 사면선단부에 토사를 성토하여 활동력을 감소시켜주는 공법이다. 그러나 이 공법을 적용하는 데는 여러 가지 제약을 받는다. 예를 들면 사면하단부가 하천에 연하여 있거나 민가 혹은 도로에 근접해 있어 성토할 수 있는 용지가 없거나 성토용 토사를 조달하기가 곤란한 경우 등이다. 이와 같이 압성토공을 적용하기 어려운 경우 압성토의 대안으로 옹벽을 적용할 수 있다. 그림 8.16(c)는 압성토 대안으로 옹벽을 설치한 경우를 도시한 그림이다.[39] 이 방법은 중력식 옹벽을 사면선단 혹은 하단에 설치하는 방법과 동일하다.

이 공법의 문제점은 압성토에 의해 사면선단부의 투수성이 나빠져서 지하수위가 상승하는 경우가 많다. 이로 인해 사면파괴에 대한 저항력을 감소시키는 경우도 발생하게 된다. 따라서 집수정이나 수평보링으로 지중수를 신속히 배제시킬 필요가 있다.

(3) 절토공

그림 8.17은 절토공을 실시한 한 사면의 단면도이다. 원지형의 사면은 지형의 고저차가 상당히 크고 급경사지로 구성되어 있다. 이러한 지반에 사면기울기를 급경사로 설계하여 설치하려 하였다. 그러나 이런 급경사 사면은 사면안전율이 안전하다고 판단되어도 우기철에 종종 사면파괴가 발생한다.

이때 부족한 사면안전성을 확보할 수 있는 방법으로 원지반의 고저차를 줄이는 방법을 고려할 수 있다. 고처차를 줄이려면 토사를 절토하여 제거해야 한다. 토사제거로 인하여 사면의 활동력이 감소하므로 사면안전율은 향상될 것이다.

만약 사면파괴에 대한 대책으로 그림 8.17에서 보는 바와 같이 원지형의 높이를 변경하면 상당량의 절토공을 시공해야 한다. 물론 이 경우 사면구배도 자연 완화되므로 사면구배완화공으로 분류할 수도 있다. 결국 사면구배완화공과 절토공은 그림 8.16(a) 및 그림 8.17에서 보는 바와 같이 함께 시공되는 경우가 많다.

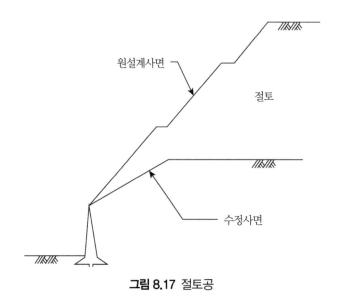

그림 8.17 절토공

8.4.2 저항력증가법

(1) 옹벽공

옹벽은 주로 자연사면 하단부에 도로를 축조하거나 주택단지를 조성할 경우 사용한다. 이 옹벽은 성토를 실시할 경우에 부지를 절약하기 위해 설치하거나 안전구배 이상으로 절토를 실시하고 경사면을 보호하기 위해 설치하는 구조물이다.

그러나 이 옹벽자체만으로는 배면의 경사진 자연사면에 대한 안정을 도모할 수 없다. 따라서 옹벽을 적용할 경우에는 반드시 경사진 배면 사면의 안정을 검토한 후 불안정하다고 판단되면 억지말뚝공이나 앵커공 등으로 배면의 사면안정을 먼저 확보시킨 이후에 옹벽을 설치하여야 한다.

옹벽공에 활용되는 옹벽으로는 중력식 옹벽, 켄티레버식 옹벽, 부벽식 옹벽, 타이백 옹벽, 특수 옹벽의 다섯 가지 형태가 주로 사용된다. 중력식 옹벽은 가장 일반적인 형태의 옹벽이다. 중력식 옹벽의 재료로는 보통 콘크리트 또는 흙이나 쇄석을 사용한다. 이 외에도 석축이나 벽돌옹벽도 사용되었다. 그러나 중력식 옹벽의 적용 가능 높이는 최대 10m 정도로 제한적이다.

현재까지 절·성토 사면에 주로 사용된 옹벽을 정리하면 다음과 같다.[41]

① 석축(marsonry wall)

돌이나 벽돌을 그림 8.18에서 보는 바와 같이 배면지반구배가 1:1보다 급하게 되도록 쌓은 형태의 석축이다. 그림 8.18(a)는 견치석으로 쌓은 석축이며 그림 8.18(b)는 굵은 돌(암석)을 쌓아 조성한 석축이다. 이들 그림에서 보는 바와 같이 석축은 약간 뒤로 경사진 각도로 설치한다. 지금까지 가장 많이 사용된 형태의 옹벽이다. 대부분의 석축은 사면의 선단 혹은 하단에 설치하므로 소규모의 사면파괴나 침식을 방지하는 데 효과적이다.

② 중력식 옹벽(gravity walls)

콘크리트옹벽의 자중으로 배면지반의 토압에 저항하게 한 형태의 옹벽이다(그림 8.19(a) 참조). 가장 일반적으로 적용하는 형태의 옹벽이다. 그러나 이런 중력식 옹벽 벽체 내에는 콘크리트의 저항력 이상의 인장력이 발생하지 않도록 한다.

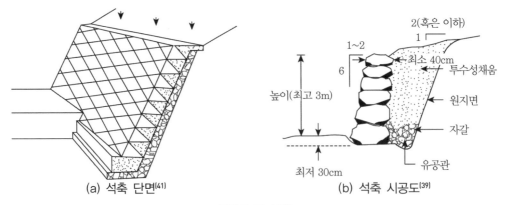

(a) 석축 단면[41]

(b) 석축 시공도[39]

그림 8.18 석축

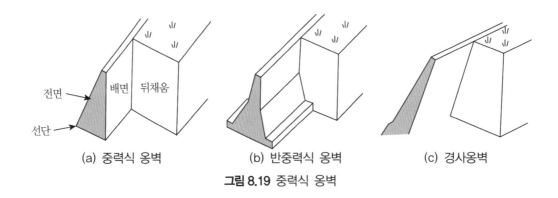

(a) 중력식 옹벽

(b) 반중력식 옹벽

(c) 경사옹벽

그림 8.19 중력식 옹벽

③ 반중력식 옹벽(semi-gravity walls)

만약 중력식 옹벽의 벽체 내에 인장력이 콘크리트의 저항력 이상으로 발생할 경우 발생하는 인장력에 대하여 철근을 넣어 저항하도록 보강한 형태의 옹벽이다. 이와 같이 옹벽을 철근으로 보강하게 되면 옹벽의 단면은 그림 8.19(b)에서 보는 바와 같이 중력식 옹벽보다 축소시킬 수 있다.

④ 타이백 옹벽(tieback walls)

그림 8.19(c)는 경사옹벽을 개략적으로 도시한 그림이다. 이런 경사옹벽은 보통 자립이 용이하지 못하여 앵커로 이 벽체를 배면 단단한 지반이나 암반에 고정시켜 지지시킨다.

즉, 이 형태의 옹벽은 약간 개량하여 현장에 앵커지지옹벽 등의 형태로 적용하는 경우가 많다. 이와 같이 사면의 경사지표면이나 기존 옹벽의 표면에 콘크리트 경사벽체를 조성한 후 이 경사벽체를 그림 8.20에서 보는 바와 같이 다단 앵커로 배면 지반이나 암반에 지지시켜 타이백 옹벽으로 사용한다. 그림 8.20(a)는 기존 옹벽을 보강할 목적으로 표면콘크리트벽체를 조성한 후 이를 앵커로 배면지반에 지지시킨 경우이고, 그림 8.20(b)는 연직벽체를 2단 앵커로 배면 암반에 고정지지시킨 경우의 타이백 옹벽의 개략도이다.

Weatherby & Nicholson(1982)은 타이백 옹벽을 성공적으로 설치하여 사면안정을 도모한 사례를 제시하였다.[30] Tysinger(1981)도 North Carolina의 Blue Ridge Mountain을 통과하는 Clinchfield 철도를 산사태로부터 보호하기 위해 연성벽 옹벽을 타이백 형태로 설치한 사례를 제시하였다.[29]

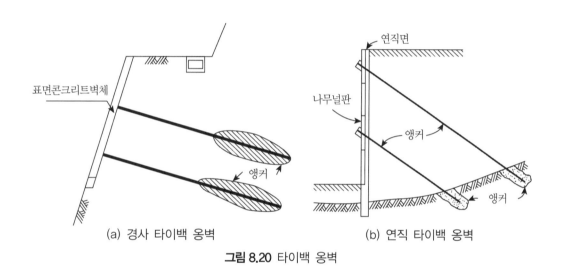

(a) 경사 타이백 옹벽   (b) 연직 타이백 옹벽

그림 8.20 타이백 옹벽

⑤ 켄티레버식 옹벽(cantilever walls)

연직벽과 저판으로 구성된 형태의 옹벽이다. 이 형태의 옹벽은 저판을 기준으로 연직벽이 켄티레버 형태의 구조로 되어 있어 캔티레버식 옹벽이라 부른다. 캔티레버식 옹벽의 단면은 중력식 옹벽에 비해 극히 작으므로 주로 철근으로 보강된 철근콘크리트벽체로 설계 시공된다.

켄티레버식 옹벽은 연직벽의 위치에 따라 그림 8.21에 도시된 역T형 옹벽, L형 옹벽, 역L형 옹벽의 세 가지로 분류된다.

이들 형태의 옹벽 중 어느 형태의 옹벽을 선택할 것인가는 옹벽을 설치할 현장의 부지여건에 따라 결정할 수 있다. 즉, 옹벽 외측에 부지여유가 있으면 그림 8.21(a)와 같은 역T형 옹벽이나 그림 8.21(c)와 같은 역L형 옹벽을 선택할 수 있지만 옹벽 외측에 부지여유가 없으면 그림 8.21(b)와 같은 L형 옹벽을 적용하여 뒤채움토사층 내로 옹벽저판이 들어가도록 하고 뒤채움토사의 중량으로 배면토압을 지지하도록 설치함이 바람직하다.

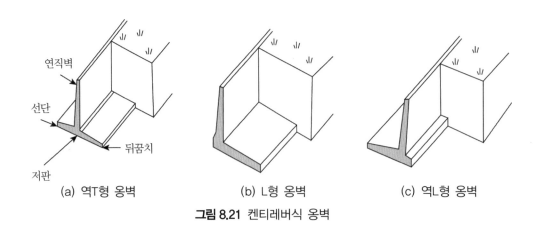

(a) 역T형 옹벽   (b) L형 옹벽   (c) 역L형 옹벽

그림 8.21 켄티레버식 옹벽

⑥ 부벽식 옹벽(counterfort walls)

연직벽과 저판 사이를 그림 8.22와 같이 격벽으로 연결하여 토압을 지지하도록 하는 형태의 옹벽이다.

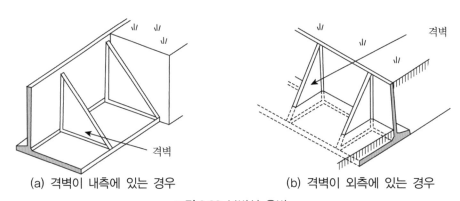

(a) 격벽이 내측에 있는 경우   (b) 격벽이 외측에 있는 경우

그림 8.22 부벽식 옹벽

부벽식 옹벽은 격벽의 위치에 따라 두 종류로 구분된다. 먼저 그림 8.22(a)와 같이 격벽을 토압이 작용하는 내측에 설치하는 경우(옹벽을 설치하는 부지에 여유가 없는 경우)와 그림 8.22(b)와 같이 격벽을 토압이 작용하는 외측(반대측)에 설치하는 경우(옹벽을 설치하는 부지에 여유가 있는 경우)이다.

전자의 경우는 격벽이 인장력에 저항하도록 설치하고 후자의 경우는 격벽이 압축력에 저항하도록 설치하는 경우이다.

⑦ 특수옹벽(special walls)

기성콘크리트부재나 나무를 그림 8.23과 같이 격자로 엮어 만든 크립벽(crib walls)을 옹벽으로 사용한다. 이 벽체는 사면 선단에 나무나 RC부재를 엮어 쌓고 그 내부에 흙을 채워 사용한다.

이 벽체를 축조하는 데는 특별한 기술을 요하지 않고 신속히 축조할 수 있다. 벽체의 변위도 작고 다짐이 용이하다. 그 밖에도 이 옹벽은 배수가 용이하고 식재가 가능하여 친환경적인 벽체를 조성할 수 있다.

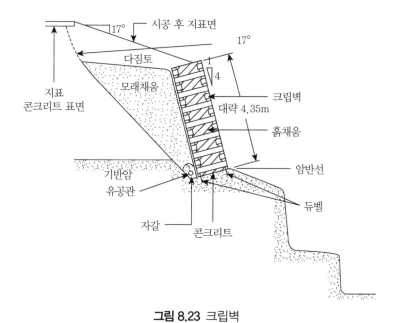

그림 8.23 크립벽

위에서 열거한 전형적인 옹벽 이외에도 최근에는 쇄석을 철망에 넣어 옹벽모양으로 쌓는 지오셀 옹벽(그림 8.24(a) 참조)과 사면의 절개지에 연직벽을 설치하는 보강토 옹벽(그림 8.24(b) 참조)이 있다.

지오셀 옹벽을 이용하는 특수옹벽공(그림 8.24(a) 참조)으로는 지오웨브, 게비온, 지오셀, 크라이브 블록 등이 있다. 일반적으로 이러한 옹벽은 가상활동면 내에 있는 사면 선단에 위치하게 되는데, 이러한 경우 사면의 안정성을 증가시키는 데 기여할 수가 없다. 따라서 특수옹벽에 의하여 사면안정성을 증가시키기 위해서는 특수옹벽이 가상활동면을 통과할 수 있도록 충분히 깊게 시공되어야 한다.

그 밖에도 사면의 절개지에 연직벽을 설치하는 보강토옹벽(그림 8.24(b) 참조)도 이 특수옹벽에 속한다고 할 수 있다. 이 옹벽은 보강재를 적절한 간격으로 포설하면서 성토를 단계적으로 시공하여 옹벽의 형태를 조성하는 공법이다. 보강토옹벽에는 보강재가 삽입되어 있어 성토체가 움직이려 할 경우 보강재와 성토재 사이에 마찰저항이 발생하여 파괴 발생 없이 벽체의 안정을 확보할 수 있게 된다. 보강토옹벽은 최근 수많은 절·성토 사면현장에서 많이 적용되고 있으며 적용실적도 착착 쌓여가고 있다,

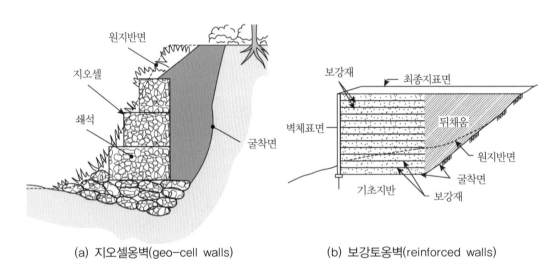

(a) 지오셀옹벽(geo-cell walls)　　　(b) 보강토옹벽(reinforced walls)

그림 8.24 특수옹벽[17]

(2) 억지말뚝공

억지말뚝공법은 그림 8.25에 도시한 바와 같이 활동토괴를 관통하여 사면활동면 하부지반까지 말뚝을 일렬로 설치함으로써 사면의 활동하중을 말뚝의 수평저항으로 지지하여 부동지반에 전달시키는 공법이다. 이러한 억지말뚝은 수동말뚝(passive pile)의 대표적 예 중에 하나로 활동토괴에 대하여 역학적으로 저항하는 공법이다.[7-10,17] 이 공법은 사면안전율증가 효과가 커서 일본과 미국 등의 외국에서는 예로부터 많이 사용되어오고 있다.[13,23,25] 특히 일본의 경우는 강관말뚝을 사용하여 산사태를 방지하려는 시도가 매우 활발하게 실시되고 있다.[19,20,31]

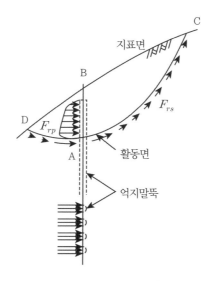

그림 8.25 억지말뚝공[12]

원래 억지말뚝공법은 새로운 공법은 아니다. 억지말뚝공법은 이미 일본 도꾸가와(德川)막부시대(1860년대)에 산사태지역에 적용되었다는 기록이 존재할 정도로 역사가 오래된 공법이다.[16] 그러나 억지말뚝이 본격적으로 사용된 것은 1950년대 후반부터이다.

이와 같이 산사태억지말뚝공법은 일본에서는 예로부터 경험적으로 사용하였던 공법이다.[16] 그러나 그 해석법이 제시된 것은 최근의 일이다.[16,19,20,32-34] 초기 억지말뚝으로는 나무말뚝이 사용되었으며 이후 계속 발전하여 강성이 큰 강말뚝을 적용하게 되었다.[16] 산사태 규모에 비하여 말뚝의 강성이 부족하여 억지말뚝이 파괴되거나 과다한 변형이 발생하여 산사태억지효과를 얻을 수 없는 경우도 발생하였다.[35-38]

현재 산사태억지말뚝으로는 직경이 수십 cm의 작은 마이크로파일에서부터 수 m의 대구경 현장타설말뚝(심초말뚝)에 이르기까지 다양한 말뚝이 사용되고 있으며 상당한 산사태 억지효과를 얻고 있다. 일본에서는 최근 대규모 산사태를 억지시키기 위해 수 m 직경의 현장타설말뚝을 수십 m 이상의 깊이까지 설치하는 심초말뚝도 사용하고 있다.[31]

우리나라에서는 1980년대 초반부터 산사태억지공법으로 적용되기 시작하였으며 현재는 가장 많이 적용되는 효과적인 산사태억지공법 중 하나로 적용되고 있다. 산사태억지말뚝은 우리나라에서도 대규모 산사태를 복구하는 데 활용하기도 하고 예상되는 사면불안정에 대한 대책공법으로 적극 활용하고 있으며 최근 억지말뚝을 사용하는 횟수도 늘어나고 있는 경향이다.[18] 억지말뚝에 관하여는 참고문헌[12]에 상세히 설명되어 있으므로 그곳을 참조하기로 한다.

억지말뚝공법은 타공법과 비교하여 지중 깊은 곳까지 활동이 발생하는 경우에도 지중에 저항할 수 있는 구조물을 설치할 수 있다는 장점을 가지고 있다.

억지말뚝의 거동은 말뚝과 주변지반의 상호작용에 의하여 결정된다. 말뚝의 사면안정 효과를 얻기 위해서는 말뚝과 사면 둘 다의 안정성이 충분히 확보되도록 말뚝의 설치 위치, 간격, 직경, 강성, 근입 깊이 등을 결정해야만 한다.

앞에서 설명한 바와 같이 사면안전율을 증가시키는 방법으로는 여러 가지 구조물을 사면에 설치하는 공법이 적용되는데 이 중 가장 많이 적용되는 것이 옹벽과 억지말뚝이다. 이들 두 공법을 비교하면 다음과 같다.

이 두 구조물은 사면활동 시 산지로부터 밀려오는 막대한 토압을 억지시키는 기능면에서는 동일하다고 할 수 있다. 그러나 어느 부위에 어떤 구조물을 설치하는가 하는 문제와 억지효과 면에서 어느 것이 더 효과적인가를 검토해볼 필요가 있다.

산지나 구릉지를 절개하여 도로를 축조할 경우 도로에 접한 절개사면 선단부에 사면파괴를 방지하기 위해 옹벽을 설치하는 경우가 많다. 그러나 이 옹벽은 여름철 갑작스러운 사면불안정에 효과적으로 작용하지 못한다. 일예를 들면 마산-진해 사이에 있는 장복산을 절개하고 사면 선단부에 옹벽을 설치하여 장복로를 축조하였으나 도로 개통 후 경사면에서의 토사 중량을 지탱하지 못하고 옹벽이 붕괴되었다.[17] 또 다른 예로 대청댐 공사 시 공사용 가설도로로 설치한 도로 개통 후 옹벽이 붕괴된 사례를 들 수 있다.[2]

원래 옹벽은 배면 지표면이 수평인 지역에서 옹벽 배면 뒤채움 지반 속에 발달하는 주동파괴면 상부의 토괴 중량에 의한 토압에 저항할 수 있게 설치하는 구조물이다. 그러나 산지를 절개하여 옹벽을 설치할 경우는 배면 지표면이 경사져 있어 옹벽배면의 주동파괴면 상부의 토괴는 상당히 커서 옹벽이 감당해낼 수 없을 뿐만 아니라 옹벽배면의 활동면도 주동파괴면보다는 훨씬 깊게 완경사로 발달한다.

따라서 Schuster & Fleming(1982)은 옹벽이 암석이나 토사의 소규모 크리프성 붕괴 방지에는 효과적이지만 급작스러운 토석류 파괴를 방지하기에는 효과적이지 못하다고 하였다.[26] 토석류에는 사방댐이 옹벽보다 더 효과적이라고 하였다. 이는 사방댐이 토석류의 토사를 저장해주는 저류장 역활을 하기 때문에 옹벽보다는 더 방재효과가 크다. 여기서 사방댐은 옹벽 기능을 하는 구조물이라 할 수 있다.

때때로 토석류에 대한 대책으로 흙막이벽과 같은 연성벽체를 적용하는 경우도 있으나 이 또한 소규모의 산사태예방에만 효과가 있을 뿐 일반적으로 발생하는 규모의 산사태를 막기에

는 효과가 제한적이다.[22]

따라서 이런 옹벽공법은 옹벽공법만을 단독으로 적용하기보다는 배수공법, 경사면완화공법 등과 같은 다른 대책공법과 같이 적용하도록 설계하는 경우가 많다.

그러나 사면 내부의 활동면이 깊은 경우 깊은 곳까지 옹벽을 설치하기가 어려울 뿐만 아니라 설령 설치할 수 있는 경우라도 강성벽이든 연성벽이든 흙막이구조물은 배면 경사지로부터의 막대한 토압을 감당할 수 없다.

이에 반하여 억지말뚝은 옹벽에 비하여 산사태억지 기능도 우수할 뿐만 아니라 경제적인 장점이 많다. 억지말뚝은 사면의 지표면에서부터 활동 토사층을 관통하여 예상파괴면 아래 견고한 지지층까지 근입 설치함으로써 거대한 토사층의 움직임을 저지할 수 있다.

한편 억지말뚝은 지중에 통상적으로 일정 간격을 두고 설치하여 슬리트(slit) 형태의 지중벽체 모양을 형성한다. 그러나 말뚝 사이가 열려 있기 때문에 옹벽과 같이 막혀 있는 경우와 달리 토압이 크지 않다. 또한 말뚝 사이가 열려 있으므로 유동토사가 이 말뚝들 사이를 빠져나갈 때 흙입자들 사이의 마찰저항에 의해 지반아칭(soil arching)현상이 발생하여 토사의 이동이 용이하지 않게 된다. 이 지반아칭으로 인하여 활동토사로부터의 압력을 지반 스스로가 분담하도록 하여 토압을 경감시키는 기능을 기대할 수 있다. 따라서 말뚝 강성만 충분하게 설계·설치하면 말뚝 사이를 토사가 빠져나갈 수 없게 되어 결과적으로 사면활동 억지기능을 발휘하게 된다.

옹벽은 사면의 선단부나 중간부에 수직 단면을 조성하여 흙막이벽의 역할을 하도록 설치하는 반면에 억지말뚝은 예상 토사의 흐름방향에 가로질러 지중벽체모양으로 설치한다. 따라서 억지말뚝은 예상 사면파괴면이 깊은 대규모 산사태 지역에서도 깊은 사면파괴면까지 설치할 수 있어 옹벽으로는 도저히 방지할 수 없는 대규모의 산사태 발생 지역에서도 적극 활용할 수 있는 대책공법이다.

(3) 앵커, 록볼트 및 쏘일네일링

앵커공은 그림 8.26(a)에서 보는 바와 같이 고강도 강재를 앵커재로 하여 앵커보링공 내에 삽입하여 그라우트 주입을 실시함으로써 앵커재를 지반에 정착시켜 앵커재 두부에 작용한 하중을 정착지반에 전달하여 안정시키는 공법이다.

앵커는 사용기간에 따라 가설앵커와 영구앵커로 구분하고 있으며, 일본의 경우 그 기준을 2년으로 한다. 영구앵커의 경우에는 장기간에 걸쳐 그 기능을 유지하기 때문에 특별한 방식대책이 필요하다.

이 공법은 구미 각국에서 오래전부터 많이 사용되어오고 있다. 앵커가 최초로 사용된 예로는 1934년 Coyne이 알제리의 Cheurfas댐에 프리스트레스를 주어 주입형 앵커를 시공한 사례를 들 수 있다.

앵커공은 주로 토목 및 건축의 지하굴착공사에 채용된 이후, 그 적용성이 인정되어 급속히 보급되기 시작했다. 이후 앵커용 천공기계가 도입, 개발되어 시공속도의 향상, 시공성 개선에 따른 비용절감 및 신뢰성의 증대가 이루어졌다.[29,30] 앵커공은 고강도의 강재를 사용하여 프리스트레스를 가하는 점이 특징이며 이를 통해 정착된 구조물에 하중이 작용하는 경우 구조물의 변위를 0으로 하거나 미소하게 하는 장점이 있다. 암반사면에서는 록앵커 및 록볼트를 적용하는 경우가 많다.

최근에는 철근이나 강봉을 사면 내에 삽입하여 사면안정을 기하는 쏘일네일링 혹은 네일링공법도 사용된다. 쏘일네일링은 NATM(New Austrian Tunneling Method)과 유사한 지반보강공법으로 절개사면 및 굴착면에 대한 유연한 지보 등의 목적으로 그림 8.26(b)에서 보는 바와 같이 유럽, 북미 및 동남아시아 등의 지역에서 널리 활용되고 있다. 쏘일네일링의 구조적 요소는 원지반, 저항력을 발휘하는 네일보강재 및 전면판이 있다. 쏘일네일링은 기본적으로 네일을 프리스트레스 없이 비교적 촘촘한 간격으로 사면지반에 삽입하여 원지반 자체의 전체적인 전단강도를 증대시키고, 시공전후 및 시공 중 발생할 수 있는 지반변위를 억제하는 공법이다. 특히 지진 및 동적하중의 경우애는 과대한 변위 없이 저항능력을 충분히 발휘하는 것으로 보고되었다. 암반지반에서는 네일링공법으로 암편의 박리 등을 방지하기 위해 사용하며 이 경우의 공법을 단순히 네일링공법이라 부른다.

1972년 프랑스에서 경사가 70°이고 높이가 24m인 사면에 대하여 중력식 옹벽 대신에 쏘일네일링을 채택하여 이와 같은 원리를 처음으로 적용시켰다. 그 이후 프랑스와 독일을 중심으로 유럽지역에서 점차 적용이 확대되었다.[24] 또한 미국에서는 Shen et al.(1981)에 의해 주로 흙막이 지보체계로 제안되었으며, 18.3m 깊이의 굴착지보에 성공적으로 적용되었다.[28]

쏘일네일링은 원지반에 네일보강재를 삽입함으로써 지반의 강도특성을 향상시킬 수 있으며, 지반 내부에 발생하는 인장응력을 네일이 분담하도록 하여 안전성을 확보하는 공법이다. 기본 메커니즘은 흙과 네일 간의 마찰력에 있으며 지반 내에 유발된 인장력은 네일로 전달된다.

앵커와 쏘일네일링은 그림 8.26에 개략적으로 도시된 바와 같다. 즉, 앵커는 옹벽이나 혹은 사면에 밀착시킨 콘크리트 벽체를 예상 사면파괴면을 지나 단단한 기반암에 고정시켜 지지하는 구조로 활용되고 쏘일네일링은 사면의 표면에서 예상파괴면을 관통하여 지중에 설치하여 지반 전체의 전단저항력을 증대시켜 사면의 안정을 도모하는 구조이다.

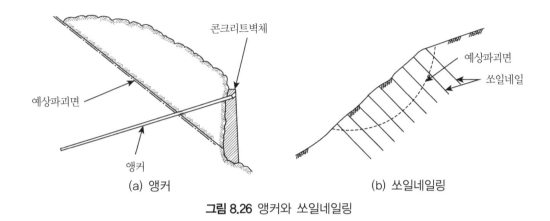

그림 8.26 앵커와 쏘일네일링

쏘일네일링 공법은 지반의 보강토공법으로서 가설흙막이, 영구옹벽, 영구사면보호공 등으로 널리 이용되고 있으며 우리나라에도 도입되어 설계 및 시공에 적극 적용하는 사례가 늘어가는 추세에 있다.

쏘일네일링 공법은 사면 정상부에서 하부로 순차적으로 시공하는 역타(Top-Down) 방식으로 시공되며 기본적으로 보강재를 프리스트레싱 없이 비교적 촘촘한 간격으로 원지반에 삽입하여 원지반 자체의 전체적인 전단강도를 증대시키고 공사도중 및 완료 후에 예상되는 지반의 변위를 가능한 억제시키는 공법이다.

쏘일네일링을 이용한 사면보강대책을 시공하는 경우는 시공 중 또는 시공 후 지반변위를 가능한 억제하기 위하여 배수방법, 철근이음방법 및 부식 방지 대책이 보완되고 시공관리가 철저히 수행되는 경우 시공성 등이 좋다.

(4) 고압분사주입공

산지에서는 그림 8.27에 개략적으로 도시한 바와 같이 성토나 광산폐기물야적으로 인하여 원지반과 새롭게 조성된 성토부 사이의 토질특성 차이로 이 경계면에서 사면활동이 발생되기 쉽다. 예를 들면 그림 8.27(a)는 산지에서 절·성토로 도로를 축조한 경우의 단면이고 그림 8.27(b)는 오래된 광산지역에서 광산폐기물(암석)을 투기하여 자연적으로 조성된 광석야적장 단면이다.

이들 두 경우에 대하여 성토부 ABC는 그림 8.27에서 보는 바와 같이 원사면 위에 조성되므로 원지반과 새롭게 조성된 성토부 사이의 경계면에서 평면파괴 형태의 사면파괴가 발생할 가능성이 많다. 결국 이 경계면이 사면안정상 취약부가 된다. 그러므로 사면의 안전성을 향상시키기 위해서는 새롭게 조성된 토괴 ABC와 원사면 사이 경계면에서의 저항력을 증대시켜야 한다. 이러한 도로 절개사면에서의 사면파괴를 방지하기 위해 신설된 도로의 기층부 특히 성토부 기층을 고압분사주입공법으로 보강할 수 있다.[3,4] 이런 현장의 대부분은 기존 비포장도로의 노폭협소와 노면불량을 해결하기 위해 도로확폭을 실시한 현장이다.

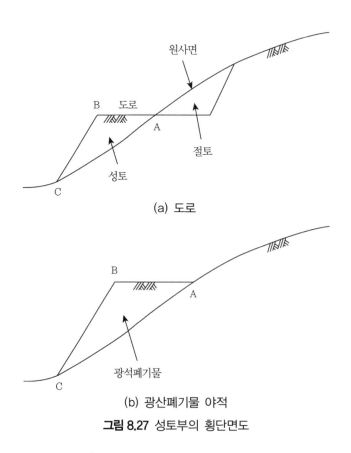

(a) 도로

(b) 광산폐기물 야적

그림 8.27 성토부의 횡단면도

그러나 여름철 집중호우로 인하여 급경사부에 설치된 본 도로가 구간별로 전폭 혹은 반폭 구간으로 재차 사면파괴를 일으킨다. 또한 이런 지역에 설치된 도로횡단암거와 도로절토 측의 무근콘크리트옹벽과 측구는 균열되거나 부분전도의 가능성이 잠재하고 있다.

고압분사주입공법은 효과적인 지반개량공법으로 개발된 고압분사주입공법(Jet Grouting)

을 사면에 적용하여 사면지반의 개량은 물론이고 기둥모양의 지반개량체가 사면활동에 저항할 수 있도록 하는 공법이다.

고압분사주입공법은 사면파괴 발생 가능 지역에서 적절한 방지 대책으로 도로를 전면차단하지 않고 시행할 수 있는 방법으로 주입경화재를 이용한 방법을 채택한다. 즉, 소구경을 천공하여 주입재인 시멘트페이스트를 $200kg/cm^2$의 초고압으로 지중에 수평으로 분사시켜 지반을 개량하는 고압분사주입방법을 사용할 수 있다. 이 고압분사주입방법은 단관 분사방식(CCP 공법 등), 2중관 분사방식(JSP 공법 등) 및 3중관 분사방식(SIG 공법 등)의 3가지가 있으나 현재 2중관 분사방식과 3중관 분사방식이 많이 사용되고 있다.

이 공법으로 시공할 경우 사면안전율 증가 기능면에서는 두 가지 효과를 기대할 수 있다. 하나는 활동면에서의 지반전단강도를 증대시키는 효과이며 또 하나는 활동면상부토괴를 개량체기둥이 지탱함으로써 억지말뚝과 유사한 추가적 저항력이 발휘되도록 하는 효과이다. 다만 이 경우 개량체기둥은 인장응력에 약하므로 개량체기둥에 큰 휨모멘트가 발생될 때는 억지말뚝과 같은 충분한 효과를 얻을 수 없다.

한편 그림 8.28(a)와 (b)는 각각 고압그라우팅으로 새로운 성토부에 개량체기둥을 조성한 현장의 단면도와 평면도이다. 먼저 사면파괴는 암반선과 붕적토 혹은 풍화암의 경계면(이 경계면이 원지반과 새로운 성토부 사이의 경계면에 해당하는 경우가 많다)을 따라 발생하므로 고압그라우팅 개량체기둥이 그림 8.28(a)에서 보는 바와 같이 활동경계면을 관통하도록 설치한다. 또한 고압그라우팅 개량체기둥은 그림 8.28(b)의 평면도에서 보는 바와 같이 일정한 간격으로 다열로 설치한다.

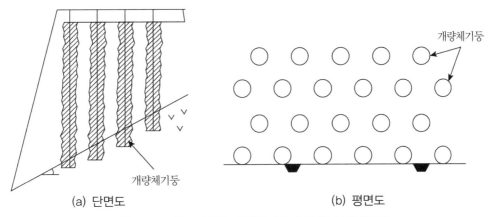

(a) 단면도   (b) 평면도

그림 8.28 고압그라우팅 개량체기둥에 의한 사면보강도

참고문헌

1. 김성환, 유병옥, 조성로(1996), "사면보호용 식생공법과 적용사례", '96년도 사면안정학술발표회 논문집, 한국지반공학회, pp.167~181.

2. 산업기지개발공사(1982), "'82 대청댐 우안옹벽 안전성검사 보고서".

3. 심재구(1984), "토질역학 이론의 현장시공적용 – 부산만덕동 수해복구공사 – ", 한국농공학회지, 제26권, 제3호, pp.14~16.

4. 심재구, 김관호, 박창옥(1988), "고수 – 사평 간 도로 수행복구공사 조사보고서", 대한토질공학회지, 제4권, 제1호, pp.67~76.

5. 최경(1986), "한국의 산사태 발생요인과 예지에 관한 연구", 강원대학교 대학원 박사학위논문.

6. 홍원표(1990), "사면안정(VIII)" 대한토질공학회지, 제6권, 제3호, pp.88~98.

7. 홍원표(1999), "말뚝이 설치된 사면의 안정해석 프로그램", '99년도 사면안정위원회 학술발표회 논문집, 한국지반공학회, pp.33~66.

8. 홍원표 외 2인(1995), "억지말뚝으로 보강된 절개사면의 거동", 한국지반공학회논문집, 제11권, 제4호, pp.111~124.

9. 홍원표(2003), "고달 – 산동 간 도로개설공사 사면붕괴구간의 사면안정성 확보에 관한 연구보고서", 중앙대학교.

10. 홍원표 외 3인(2003), "대절토사면에 보강된 억지말뚝의 활동억지효과에 관한 연구", 사면안정학술발표회 논문집, 한국지반공학회, pp.65~81.

11. 홍원표(2013), 롯고산 사방댐 답사. 2013,10.14~18.

12. 홍원표(2018), 산사태억지말뚝, 도서출판 씨아이알.

13. ASCE(1982), Application of Walls to Landslide Control Problems. Proc., two sessions sponsored by the Committee on Earth Retaining Structures of the Geotechnical Engineering Division of the Amarican Society of Civil Engineers at the ASCE National Convention Las Vegas, Nevada, April 29, 1982.

14. Gillon, M.D. and Hancox, G.T.(1992), "Cromwell Gorge landslides-a general overview", Proc., 6th ISL, Christchurch, New Zealand, Feb. 1992.

15. Fell, E.(1994), "stabilization of soil and rock slopes", Proc., The North-East Asia Symp., and Field Workshop on Landslides and Debris Flows(Pression), June 28-July 16, 1994, pp.7~73.

16. Fukuoka, M.(1977), "The effects of horizontal loads on piles due to landslides", Proc., 14th ICSMFE, Specialty Session 10, Tokyo, pp.27~42.

17. Hong, W.P.(1999), "Slope stabilization to control landslides in Korea", Geotechnical Engineering Case Histories in Korea, Special Publication to Commemorte the 11th ARC on SMGE, Seoul, Korea, pp.141~152.

18. Hong, W.P. and Park, N.S.(2000), A design of slope stabilization using piles; A case study on the slopes of Hwangryung-moutain in Pusan, Korea, Proc. of 8th International Symposium on Landslides, Cardiff, UK, pp.725~730.

19. Ito, T., Matsui, T. and Hong, W. P.(1981), "Design method for stabilizing piles against landslide-one row of piles", Soils and Foundations, JSSMFE, Vol.21, No.1, pp.21~37.

20. Ito, T., Matsui, T. and Hong, W.P.(1982), "Extended design method for multi-row stabilizing piles against landslides", Soils and Foundations, JSSMFE, Vol.22, No.1, pp.1~13.

21. Kim, S.K., Hong, W.P. and Kim, Y.M.(1991), "Prediction of rainfall-triggered landslides in Korea", Proceedings of the 6th International Symposium on Landslides, Christchurch, New Zealand, Vol.2, pp.989~994.

22. Morgenstern, N.R.(1982), "The analysis of wall supports to stabilize slopes", Application of Walls to Landslide Control Problems, ASCE, pp.19~29.

23. Nethero, M.F.(1982), "Slide control by drilled pier walls", Application of Walls to Landslide Control Problems, ASCE, pp.61~76.

24. Nicholson, P.J. et al.(1991), Soil nailing design and applications, Slurry Wall Committee, DFI, New Jersey.

25. Popescu, M.E.(1991), "Landslide control by means of a row of piles", Keynote paper, Proc., the International Conference on Slope Stability organized by the ICE and held on the Isle of Wight on 15-18 April 1991, pub. by Thomas Telford, pp.389~394.

26. Schuster, R.L. and Fleming, R.W.(1982), "Geologic aspects of landslide control using walls", Application of Walls to Landslide Control Problems, ASCE, pp.1~18.

27. Schuster, R.L.(1992), "Keynote paper : Recent advances in slope stabilization", Proc. of 6th ISL, Christchurch, New Zealand, pp.1715~1745.

28. Shen, C.K., Bang, S.C. and Herrmann, L.R.(1981), "Ground movement analysis of earth support system", Jour. of the Geotech. Engrg, ASCE, Vol.107, GT12.

29. Tysinger, G.L.(1981), "Slide stabilization 4th Rocky Fill, Clinchfield RR", Application of Walls to Landslide Control Problems, ASCE, pp.93~107.

30. Weatherby, D.E. and Nicholson, P.J.(1982), "Tiebacks used for landslide stabilization", Application of Walls to Landslide Control Problems, ASCE, pp.44~60.

31. 地すべり學會實行委員會事務局(1993), "長野縣北部各地における地すべり地および對策等の概要", 地すべり, Vol.30 No.1. pp.45~56.

32. 中村浩之(1970), "地すべり防止對策グイにかかる土壓とその設計", 地すべり, Vol.7, No.2, pp.8~12.

33. 中村浩之(1977), "地すべり防止對策グイの三の機能", 土質工學會論文報告集, Vol.17, No.1, pp.99~109.

34. 申潤植(1978), "彈性床上のハリとしての地すべり抑止グイの式－分布荷重が働く場合－", 地すべり, Vol.15, No.1, pp.1~9.

35. 福本安正(1976), "地すべり防止グイの擧動について", 土質工學會論文報告集, Vol.16, No.2, pp.91~103.

36. 福本安正(1975), "地すべり防止杭打工法について", 地すべり, Vol.11, No.2, pp.21~29.

37. 福本安正(1975), "地すべり防止杭の擧動に關する實驗的研究(2)", 地すべり, Vol.12, No.2, pp.38~43.

38. 福本安正(1977), 地すべり調査報告書－地すべり工法(抗打)調査－, 新潟縣農林部治山課.

39. 松井保·早川淸(2004), 植生技術による斜面安定工法, 森北出版, pp.131~177.

40. 山田 邦光(1982), 最新の斜面安定工法(設計.施工), 理工圖書, 東京.

41. 土質工學會(1982), 土質工學ハンドブック.

안전율유지법에 의한
사면안정 사례

CHAPTER

09 안전율유지법에 의한 사면안정 사례

그림 8.1의 분류도에 수록된 사면안정공법 중 안전율유지법으로 주로 많이 적용되는 공법으로 배수공과 지표면보호공을 들 수 있다. 제9장에서는 이들 공법이 적용된 국내외의 6개 사례현장에 대하여 설명한다.

그림 8.1의 사면안정공법 분류도에서 보는 바와 같이 배수공은 지표수배제공과 지하수배제공으로 구분할 수 있다. 이 중 지표수배제공으로는 수로공과 사방댐을 적용한 사례를 설명한다. 먼저 수로공에 대한 사례로는 용인지역 산사태 복구현장을 대상으로 설명하고[9] 사방댐에 대하여는 일본 고베지역의 롯고산(六甲山)에서 종종 발생하는 수많은 산사태 피해를 방지하기 위한 방재구조물로 많이 적용된 사방댐에 대하여 설명한다.[11] 우리나라에서도 2011년 서울시 서초구 우면산지역에서 발생한 다수의 산사태 복구 현장에 사방댐을 적극적으로 적용하였다.[4,7]

한편 지하수배제공으로는 지하수가 존재하는 심도에 따라 천층지하수배제공과 심층지하수배제공으로 구분한다. 우선 천층지하수배제공 적용 사례로는 충북 단양군 영춘면 지역 휴석동에서 진행되었던 포행성 산사태에 대한 방지 대책공으로 적용된 암거공 적용 사례를 열거 설명한다.[2] 또한 천층지하수배제공으로 많이 적용되는 맹암거공을 보다 발전시켜 트렌치공법을 개발하였다. 이 트렌치공법으로 설계한 우면산 추가산사태 예방 트렌치 설계를 예시한다.[5]

다음으로 심층지하수배제공으로는 뉴질랜드 남섬 최남단부에 축조된 Clyd댐 부근 산지의 사면안정 대책공 적용 사례를 설명한다.[10] 이 현장에서는 Clyd댐을 축조 후 담수를 시작함으로써 댐 주변 산지의 지하수위가 상승하였고 그 결과 대규모 사면의 변위가 진행되었다. 이로 인한 사면불안정 현상을 해결하기 위해 산지에 배수터널을 축조하고 지하수를 집배수하여 지하수위의 상승을 억제시킴으로써 사면안정성을 유지한 사례이다.

마지막으로 지표면보호공으로 사면의 표면을 쇼크리트로 보호한 공법 사례로 배면절개지를 쇼크리트로 피복한 사례에 대하여 설명한다.[3] 이 사례는 아파트를 신설하기 위해 산지를 절개하였을 경우 초래되는 사면의 노출을 쇼크리트로 피복하여 보호한 사례이다.

9.1 수로공에 의한 지표수배제 사례

1991년 7월 21일 약 3시간에 걸쳐 내린 114~284mm의 집중호우로 경기도 안성~용인 지역에 1,152개의 산사태가 동시 다발적으로 발생하였다.[9]

이 지역에서 발생한 사면파괴를 이동속도, 지질학적 조건, 사면구성재료 및 형상에 따라 발생 유형을 분석한 결과 이동파괴(Translational failure) 형태가 가장 많고 다음은 토석류파괴(Debris failure) 형태가 뒤를 이어 많이 발생하였다. 반면에 회전파괴(Rotaional failure) 형태의 사면파괴는 거의 발생하지 않았던 것으로 조사되었다.[9]

본 지역은 장기간 변성작용을 받은 선캄브리아기의 퇴적변성암류와 화강암류들이 불규칙으로 혼재하고 있고, 표토층은 0.5~1.0m의 풍화잔류토가 얇게 존재하고 있으며 그 하부에는 기반암이 존재하고 있다.

산사태가 발생한 사면 중 대표적 사면으로 용인군 이동면 덕성리에 발생한 산사태를 도시하면 그림 9.1과 같다. 그림 9.1(a)는 이 산사태가 발생한 사면의 단면도이며 그림 9.1(b)는 사면의 평면도이다. 이 그림으로부터 산사태가 발생한 규모를 짐작할 수 있다. 그림 9.1(a)에서 보는 바와 같이 용인군 이동면 덕성리에 발생한 산사태는 한국의 산사태 발생 특성과 거의 흡사하다. 즉, 사면경사는 급하고 표토층의 두께는 45~70cm, 사면길이는 76~83m, 사면폭은 40~42m로 소규모 파괴로 구분된다.

그림 9.1(a)의 AA 단면도 및 그림 9.1(b) 평면도에 도시된 바와 같이 사면정상부의 토사 유실부 사면구배는 사면선단부의 퇴적부 사면구배보다 훨씬 크고 산사태 발생 후에도 여전히 가파른 경사면을 가지고 있어 추가로 산사태가 발생할 가능성을 보이고 있다.

이 산사태에 대한 복구 대책방안으로 그림 9.1(b)에서 보는 바와 같이 지표수배제용 수로공을 설치하였으며 2개의 배수로를 설치하여 지표수를 신속히 집배수할 수 있도록 하였다. 또한 이들 배수로에 직각방향으로 계단식 식생공(주로 나무를 식생)을 추가 조성하여 산사태가 발생한 사면지역의 자연복원을 촉진시켰다.

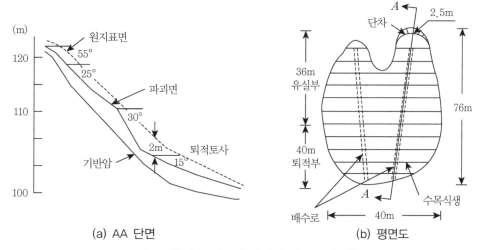

(a) AA 단면

(b) 평면도

그림 9.1 용인군 이동면 덕성리 산사태 사례[9]

9.2 사방댐에 의한 지표수배제 사례

사방댐이 산사태 발생 시 재해 규모를 감소시키는 데 효과적임을 보여 줄 수 있는 사례로 일본 고배(神戶)지역 롯고산(六甲山)에 설치한 사방댐의 효과를 설명할 수 있다.[11] 고베시의 지리적 특성은 우리나라 부산지역과 비슷한 상황으로 도시가 위치해 있다. 즉, 북쪽의 롯고산 아래 해안선과 산정상 사이의 2~3km 폭의 좁은 지역에 길게 도시가 형성되어 많은 인구가 집중되어 살고 있다. 이러한 지형적 여건 하에서 최근 인구가 급격히 증가함에 따라 필요한 택지를 확보하기 위해 인접한 롯고산의 산지를 개발하게 되었다. 인구 증가로 롯고산정상을 향해 점차 높은 고도로 주택건설이 확산중이며 현재 340m 고도까지 분포되어 가고 있어 산사태 위험성이 나날이 증가하고 있다. 물론 이로 인하여 토석류 재해도 점차 늘어나고 있다.

롯고산은 10km 거리에 걸쳐 고도 931m의 롯고산이 존재하므로 평균 경사는 1/10의 급한 경사도를 가지는 사면으로 구성되어 있다. 이와 같이 롯고산은 남쪽 경사지 해안에서 산정상까지 가파른 경사지로 되어 있으며 지질특성은 부서지기 쉬운 화강암지대(화강암질 자갈) 풍화도가 심하다.

롯고산 부근에는 네 개의 중소도시가 인접하여 조성되어 있다. 이 지역의 인구는 고베시에 154만 명, 아시야시에 9만 4천 명, 니시노미야시에 48만 4천 명 및 타까라쯔까시에 22만 8천

명이 살고 있다.

실제 이 지역에서는 1893년부터 수차례 홍수와 산사태로 피해를 입었으며 특히 1938년과 1967년의 재해피해는 기록적이었다. 롯고산에 대해서는 방재 대책으로 1902년부터 사방조림 사업이 시작되었다. 그러나 사방댐을 본격적으로 설치하기 시작한 해는 1939년부터였다.

롯고산에는 과거 크게 피해를 입은 두 차례의 큰 풍수해(토석류 산사태 포함)시의 기록과 피해 규모를 비교해보면 표 9.1과 같다. 첫 번째 재해는 1938년의 한신대홍수이고 두 번째 재해는 1967년 7월에 발생한 자연재해이다.

즉, 1938년 한신대홍수 시의 강우기록은 일일강우량이 326.8mm였고 강우강도는 60.8mm/hr 였으며 당시 고베시의 인구는 99만 명이었다. 이 토석류의 산사태로 인한 토사유출량은 5백만 m^3 나 발생하였고 이 재해로 인하여 주택 15만 채가 파손되었으며 695명이 사망·실종되었다.

표 9.1 두 대형 재해의 비교

| 재해 및 재해년도 | 인구 및 강우기록 | | | 피해 규모 | | | 비고 |
	당시 고베시 인구(만 명)	일일강우량 (mm)	강우강도 (mm/hr)	주택 파손 (만 채)	토사유출량 (millionm³)	사망 실종 (명)	사방댐 수 (개)
1938년 한신대홍수	99	326.8	60.8	15	5.02	695	–
1967년 7월 재해	124	319.4	75.6	3.8	2.29	98	174

한편 1967년 7월 자연재해 시의 강우기록은 일일강우량이 319.4mm였고 강우강도는 75.8mm/hr 로 한신대 홍수 시보다 컸으며 당시 고베시의 인구는 124만 명이었다. 이 토석류의 산사태로 인한 토사유출량은 2.29백만m^3로 발생하였으며 이 재해로 인하여 주택 3만 8천 채가 파손되었으며 98명이 사망·실종되었다. 그러나 이 당시에는 1939년 이후 건설하기 시작한 사방댐이 롯고산에 174개나 축조되어 있었다.

이들 재해를 자세히 비교해보면 강우강도나 인구는 1967년도 재해 때가 1938년 한신대홍수 때보다 더 불리하였지만 피해 규모는 훨씬 감소하였음을 알 수 있다. 즉, 두 재해의 일일 강우량은 320~330mm로 비슷하였으나 강우강도는 1938년에는 60.8mm/hr이었으며 1967년에는 75.8mm/hr으로 더 크게 발생하였고 인구는 1938년 99만 명에서 1967년에는 124만 명으로 증가하였다.

그러나 토사유출량은 1938년의 5백만m³에서 1967년의 2.29백만m³으로 크게 줄었다. 주택

피해 규모도 1938년에는 15만 채였고 1967년에는 3만 8천 채로 대폭 줄었다. 무엇보다 효과적인 것은 사망·실종자 수의 감소이다. 즉, 1938년에는 사망·실종자 수가 695명인 데 비하여 1967년에는 98명으로 대폭 줄었다. 인구가 99만 명에서 124만 명으로 증가하였음에도 불구하고 이러한 재해 규모의 감소는 당시 설치되어 있던 174개의 사방댐의 방재효과가 컸음을 의미한다.

이들 댐들 중 그림 9.2에 보이는 사방댐은 1957년도에 축조된 고수께댐(Gosuke댐)이다. 이 사방댐은 높이 30m, 길이 78m인 댐이며 전체토사침전물 저류용량은 38만m³인데 1967년 재해 당시 토사침전물저류량은 12만m³으로 전체 토사침전물저류용량의 30% 정도만 채워져 있었음을 의미한다. 이는 1967년 재해 당시 이 사방댐이 상당한 토사침전물 저류능력으로 작용하였고 그로 인하여 재해 규모를 대폭 감소시킬 수 있었음을 의미한다.

(a) 댐 전면부   (b) 댐 내 토사침전물 저류상태

그림 9.2 롯고산사방댐 고수께댐[11]

1938년 이후 계속적으로 사방댐을 축조하여 2013년 4월 현재 롯고산에는 524개의 사방댐이 축조되어 있고 롯고사방사무소(六甲砂防事務所)에서는 계속하여 매년 더 추가로 축조할 예정에 있다.[11] 현재 롯고산지역에는 524개의 사방댐이 설치되어 있으며 이들 사방댐으로 처리할 수 있는 토사침전물 저류율은 57%이라고 한다. 아직 전체 토사침전물의 저류율을 달성하기는 부족하나 사방댐이 이 지역 재해를 상당히 막아주고 있다고 말할 수 있다.

9.3 맹암거에 의한 천층지하수배제 사례

충북 단양군 영춘면의 남한강과 접한 휴석동 마을 진입로 부근 붕적층 지역의 산지에서 진행된 포행성 산사태에 대한 방지 대책공으로 천층지하수배제공을 적용하였다.[2]

본 현장의 산사태 발생 분포 및 지형도는 그림 9.3(a)와 같다. 본 지역은 우리나라에서는 보기 드문 포행성 활동지반으로 1965년 이후부터 1994년까지의 지형도 변화를 토대로 약 30여 년간 20~30m의 수평변위가 발생한 것으로 추정되며 1972년 456mm의 집중호우 시 발생한 인장균열 등이 그림에서 보는 바와 같이 명확히 존재하고 있다. 특히 1990~1994년의 4년 동안 휴석동 마을 진입로의 중간에서 수직침하가 약 6.0m, 수평변위가 약 3.5m 발생하였으며, 연평균 70cm의 변위가 발생하는 것으로 추정된다.

활동경향을 조사하기 위하여 1995년 7월 이후 약 250여 일간 측정된 3차원 측량 결과에 의하면 누적강우량이 증가하면 변위량이 크게 증가하였다. 수직침하는 30~40cm, 수평변위는 30~60cm가 발생하였다.

본 현장의 지질 및 지층은 하부로부터 조선 누층군의 대석회암이 통과하고 이를 부정합으로 피복하는 평안 누층군으로 구성되어 있으며, 지표로부터 6~10m의 붕적층과 얇은 풍화대 및 기반암이 분포한다. 본 지역의 활동토괴는 주로 투수성이 큰 토사 및 사력 등 붕적토층으로 구성되어 있으며, 이것은 하부 기반암을 부정합으로 피복하고 있다. 그리고 두 층 사이로 강우 시에 침투된 지하수로가 형성되어 있으므로 활동토괴 내 세립토사가 유실되고, 지하수위를 상승시켜 상부 토괴의 활동력을 증가시키게 된다. 또한 단층 및 파쇄대가 발달된 남한강 상류 측은 호우 시 활동의 촉진요소가 될 수 있으며 장마철 호안절벽부의 침식도 지반활동을 가속시키게 된다.

한편 산사태지역은 사면경사가 28~40°로 급한 경사를 이루고 있으며 지형의 배사, 향사구조가 반대로 되어 있어 강우 시 계곡부로 물이 유입되지 못하여 지중으로 침투되는 등 지형적으로 불리하다.

본 현장의 산사태 발생 지역은 광범위하므로 배수파이프와 배수정을 설치하여 강우 시 침투되는 천층우수를 신속히 배제시켜 지하수위 상승을 억제시킬 목적으로 그림 9.3(b)에서 보는 바와 같이 천층지하수배제공을 설치하였다. 유공관의 배수파이프를 부설하고 일정 거리에 직경 2.0m의 집수정을 설치하였다.

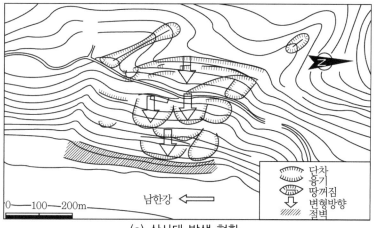

(a) 산사태 발생 현황

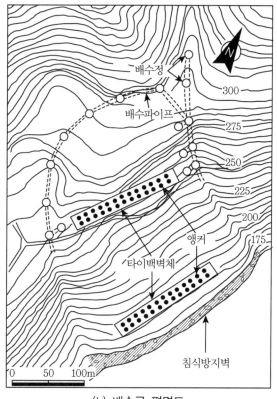

(b) 배수공 평면도

그림 9.3 휴석동 지역 산사태 사례[2]

추가적으로 사면 하단에는 타이백벽체를 설치하고 이 벽체를 타이백 형태로 지지하는 억지공도 함께 설치하였다. 물론 이 타이백벽체공은 사면안정공법 중 저항력증가법에 해당하는 공법이다. 따라서 본 현장에는 안전유지법으로 천층지하수배제공을 주 공법으로 사용하고 타이백벽체공을 보조공법으로 사용한 사례라 할 수 있다.

9.4 트렌치에 의한 천층지하수배제 사례

2011년 7월 27일 서울특별시 서초구에 위치한 우면산 내 12개 지역에서 토석류 산사태가 발생하여 많은 시민의 희생과 재산피해가 발생하였다. 이 산사태로 사망 16명 부상 51명의 시민이 피해를 입었으며 주택 11세대(전파 1, 반파 10), 자동차 76대, 침수피해건물(주택 2,103세대, 공장 상가 1,583개소)의 재산피해가 발생하였다.

이 산사태가 발생되기 전의 이 지역 재해기록을 살펴보면 우선 2010년 태풍 곤파스(9월 1일~9월 3일)의 영향으로 덕우암과 신동아아파트 두 지역에서 산사태 및 토석류가 발생하였으며 토석류 발생 지역에 대한 보수작업을 시작하였다. 그러나 복구작업이 채 완료되지 않은 상태에서 2011년 재차 발생한 토석류로 인해 이 지역에서 다시 피해가 발생하였다.

한편 2011년에는 태풍 메아리(6월 22일~6월 27일) 및 계절적 강우의 영향으로 사면붕괴 150개소 및 토석류 33개소가 발생하였다. 이때 우면산 남쪽과 북쪽 지역에서 대부분의 사면붕괴 및 토석류가 발생하였다. 남쪽 사면의 토석류는 대부분 계류를 따라 흐르는 수로형 토석류의 형태를 보였으며 북쪽 사면의 토석류는 계류 수로를 벗어나 사면을 따라 빠른 속도로 흐르는 사면형 토석류의 특성을 보였다.

서울시에서는 두 차례에 걸친 산사태 발생 원인 조사용역을 실시하였다. 1차 원인 조사는 한국지반공학회에 용역으로 의뢰하였다.[7] 2011년 7월~11월까지 사이에 수행한 이 용역에서는 우면산 산사태 발생 지역 중 4개소(래미안/임광아파트, 신동아아파트, 형촌마을, 전원마을)에 대해서만 조사를 실시하였다.

2차 원인 조사는 대한토목학회에 용역으로 의뢰하여 우면산 산사태 발생 원인을 추가로 조사하였다.[4] 2012.5.31.~2014.2.21. 사이에 실시한 이 2차 추가 및 보완조사에서는 산사태가 발생한 12개 지역(69만m^2) 전체에 대해서 발생 원인 분석 및 위험도 평가 등을 시행하였다.

그러나 이들 두 차례에 걸친 조사는 주로 산사태 발생 원인 조사에 치중하였으며 향후 추가 산사태 발생에 대한 안전대책은 검토하지 않았다. 이에 서울시 도시기반시설본부에서는 우면산 산사태 예방사업 사면보강 대책으로 맹암거를 발전시킨 트렌치 천층지하배수공법을 검토

한 바 있다.[5]

이 대책에서는 우면산 산사태가 재발할 우려가 있는 지역의 천층지하수(주로 5m 깊이 이내 심도의 지하수)를 신속 처리하기 위해 산지부에 맹암거 트렌치 지하배수로를 그림 9.4에서 보는 바와 같이 설치하도록 설계하였다. 본 설계에서는 지표면 아래 심도 5m 이내에 맹암거 형태의 트렌치 지하배수로를 설치하도록 하였다. 또한 이 천층지하배수로의 트렌치 내에는 유공관을 설치하여 트렌치에 집수된 지하수를 신속히 배제할 수 있게 하였다.

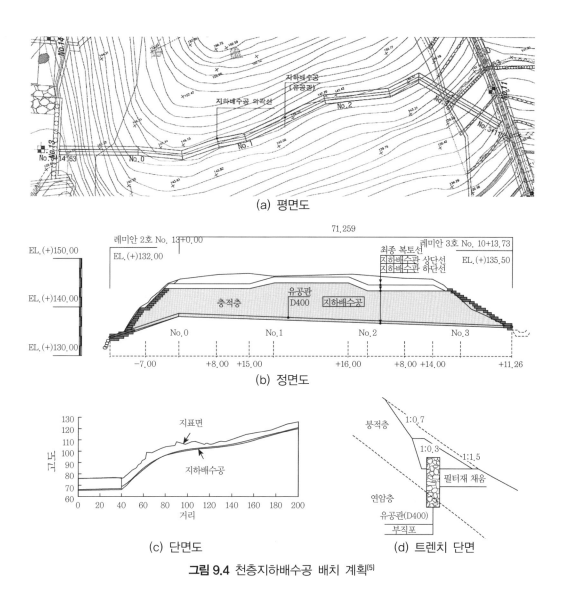

그림 9.4 천층지하배수공 배치 계획[5]

지하배수로의 단면인 트렌치 맹암거는 도로설계 요령 및 도로설계매뉴얼에서 제안한 바와 같이 형식 6~10으로 정하고,[6] 이 트렌치 내에 유공관을 넣도록 하였다. 유공관의 직경은 400mm으로 하며 토사구간에서는 부직포를 사용하여 토립자로 인한 막힘현상을 예방하도록 하였다. 유공관의 여유폭은 한국토지공사 및 경기도시공사 토목설계기준을 준용하여 0.6m로 결정하였다.[1,8]

그림 9.4는 지하배수공을 설치할 한 위치의 설치도이다. 지하배수공을 설치할 이 구역의 평면도, 정면도 및 단면도는 각각 그림 9.4(a), (b) 및 (c)에서 보는 바와 같다. 트렌치지하배수로는 좌우측 수로부에 연결되도록 하여 트렌치에 집수된 천층지하수가 신속히 양측 및 하류의 계류로 배수되도록 하였다. 여기서 유공관의 종단기울기는 3.0~32.3%로 하였다.

트렌치의 단면은 그림 9.4(d)의 트렌치단면도에서 보는 바와 같이 트렌치 내의 유공관의 여유폭을 고려하여 트렌치폭을 1.6m으로 하였고 유공관의 직경은 D400mm로 토사구간에서는 부직포로 쌓아 설치하였다.

지하배수로의 트렌치를 조성할 골재 필터재는 지하배수로 단면을 유지시키고 지하수의 원활한 집수 및 토사유입으로 인한 트렌치지하배수로의 막힘현상을 억제할 수 있는 재료를 사용하도록 한다. 이러한 조건을 만족시키기 위해 필터재는 0.08mm 이하의 입자를 5% 이상 함유해서는 안 되며 점착성이 있어서도 안 된다.

9.5 배수터널에 의한 심층지하수배제 사례

뉴질랜드 Central Otago의 편암지대에는 대형 활동 크리프성 잠재적 산사태가 그림 9.5에 도시된 바와 같이 광범위하게 분포되어 있다.[10] 이들 산사태는 Clutha, Kawarau 및 Shotover 강 저수지에 분포되어 있다.

특히 1992년으로 예정된 Clyde댐 후방 Dunstan호수의 담수로 Clutha강 Cromwell Gorge의 몇몇 산사태 선단은 침수될 것이 예상된다. Clyde댐 상류 2km Clutha강에 건설되는 발전소의 안전에도 영향을 미칠 것이다. 호숫가의 25%는 이들 산사태와 접하고 있다.

이들 산사태의 범위, 특성, 활동성, 및 안정성은 이 지역의 지질, 기상, 기후, 식생, 지하수 조건에 양향을 받는다. 이들 산사태의 특성, 호수담수의 영향, 활동위험도를 파악하기 위한 철저한 지질학적 및 지반공학적 조사가 수행되었다.

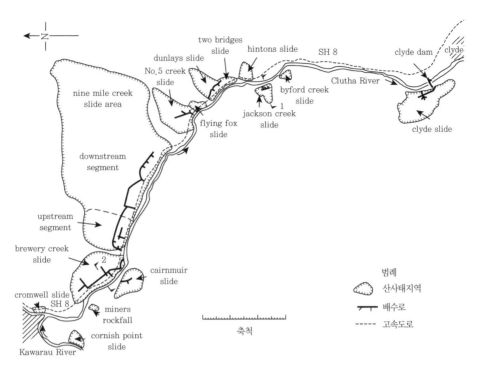

그림 9.5 Cromwell Gorge 지역(Clyde댐) 산사태[10]

호수담수영향을 방지하고 저수지봉쇄나 파도 발생과 같은 위험성을 경감하기 위해 강력한 보강대책이 효과를 보고 있다. 이 현장에 적용되는 주된 보강대책은 배수공(드릴홀, 지표면공)과 선단벽체지지이다. 그 밖에도 그라우팅, 펌프배수 및 계측도 적용되고 있다. 그림 9.6은 그림 9.5 중에 표시한 Jackson Creek 산사태지역에 적용한 대책공법들이다.

Clyde댐은 높이 102m의 콘크리트댐이고 발전용량은 432MW이다. Clyde댐 저수지 (Dunstan 호수)의 수심은 62m이다. 댐 본체는 현제 완공되었으나 부근에서 대형 산사태가 발생함으로써 담수는 지연되고 있다. 1992년 중반에 예정된 담수에 앞서 사면을 안정화시키기 위해 1990년 중반부터 산사태 방지 대책이 강구되었다. 주로 적용된 대책은 대규모 터널에 의한 심층지하수배수공을 적용하였다. 이 터널을 저수지담수에 앞서 시공하며 사면선단부에 벽체공도 병행하였다.

배수공은 대규모 암반파괴에 대한 가장 효과적이고 경재적인 사면안정공이다. 배수공은 터널에서 천공하는데 Cromwell Gorge 산사태의 배수 시스템은 그림 9.5와 같다. 배수구는 터널로부터 천공하는데 지하수를 배수하거나 담수 시 지하수위 상승을 조절할 수 있다. 만약 중력식 배수공으로 사면안정효과를 못 얻었을 경우 벽체지지공을 설치할 수 있다. 그림 9.6은

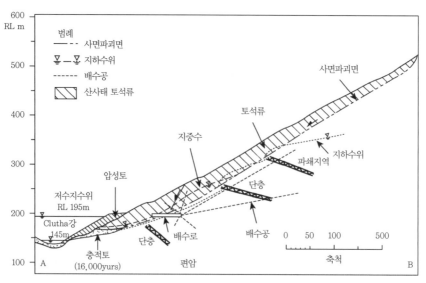

그림 9.6 Jackson Creek 산사태 지역에서의 배수공과 벽체공(1-1 단면)[10]

Jackson Creek 산사태에 적용된 배수공과 벽체지지공을 도시한 그림이다.

9.6 쇼크리트에 의한 지표면보호공 사례

부산광역시 부산진구 전포동 일대에 ○○아파트를 건축하기 위해 산지경사면을 절토하여 부지를 조성하였다.[3] 자연사면의 절개로 아파트 후면 전체와 좌우면 일부가 급경사의 절개사면 형태로 공기 중에 노출하게 되었다.

부지 인근의 기반암은 불국사 화강암류로서 흑운모화강암과 화강반암이 분포되어 있다. 대부분의 지역이 점토 및 암편이 불규칙하게 혼합된 토사에 의해 피복되어 있으며 일부는 미풍화된 암괴가 노두 지표에 노출되어 있다.

풍화를 받은 부분은 절리 균열이 발달되어 있고 기계적인 풍화작용을 받아 화강암류의 장석분이 점토화되어 점토성분이 많음이 특징이다. 암석의 구성성분은 중립 조립의 입상으로 석영, 장석, 흑운모 등의 조광물이고 부분적으로 반상구조를 보이기도 한다.

아파트의 부지는 산계 중턱에 위치하고 지맥의 형성이 미약하여 좌우 변화보다는 상하 변화가 높은 산지경사부에 부지를 조성하였다. 좌우의 변화가 적은 관계로 수계의 발달이 빈약하고 따라서 계곡천의 지배를 벗어나고 있다. 산림의 상태는 양호한 편으로 강우에 의한 침식도도 낮고 침투의 상태도 빈약하여 갈수기 지하수의 유출량도 미흡한 편이다.

수직적인 지질구조상태는 토사층, 풍화암층, 연암층, 경암층으로 구분되고 지하수의 침투는 각 층 내로의 침투보다는 층경계면을 따라 유입률이 높을 것으로 판단된다. 따라서 각 지층의 경계면이 판상의 연속면을 이루며 절리 균열 등은 불연속면을 이루고 있다.

이 급경사면은 자연상태의 안전유지가 어렵고 상부토사의 흘러내림이나 암편의 붕락, 붕괴 등으로 향후 사면활동으로 발전하여 재해의 위험성을 내포하고 있다.

이를 방지하기 위해 절개사면의 노출면을 그림 9.7에서 보는 바와 같이 쇼크리트로 피복하여 풍화를 방지하고 사면안전을 확보하도록 하였다. 그러나 쇼크리크에 의한 지표면보호공은 노출면을 피복함으로 인하여 풍화방지에는 효과적이지만 사면 자체의 역학적 안전성에는 반드시 안전하다고 말할 수 없는 단점이 있다. 따라서 쇼크리트 피복공을 적용하는 대부분의 경우에는 사면토사의 흘러내림이나 암편의 붕락, 붕괴를 방지하기 위해 록볼트 혹은 록앵커를 시공한다.

그림 9.7 쇼크리트에 의한 사면보호공[3]

본 현장에서도 록볼트와 록앵커를 사면에 적용하여 시공하고 최하단에 옹벽 설치 등으로 안전대책을 마련하였다. 따라서 본 현장에서도 쇼크리트공을 도입·적용하였지만 표면을 정리한 후 와이어메쉬를 정해진 위치에 앵커핀으로 고정시킨 후 시멘트 모르타르를 콤프레셔로 뿜어 지표면 보호공을 시공하였다.

쇼크리트공은 지표면보호능력이 우수하여 낙석발생이 예상되는 암반사면에 적합하며, 연약한 암반층과 단단한 암반층이 교호되어 있는 경우와 절리가 발생한 연암 이상의 암반사면에서 매우 효과적이다.

단점으로는 지하수가 많은 경우 수압으로 인하여 쇼크리트표면의 탈락이 발생할 수 있으며, 배수성이 나쁘다. 그리고 겨울에는 동결로 인한 균열이 발생할 수 있다. 또한 쇼크리트에 의해 피복된 사면의 경우 미관이 불량하다. 이러한 미관상 불량한 단점을 보완하기 위해서는 넝쿨식물을 사용하여 표면을 덮는 개선 방법을 적용한다.

본 현장에 사면안정유지법으로 적용한 시공과정을 상세히 설명하면 다음과 같다. 우선 사면안정 사면절개의 굴곡면을 따라 와이어매쉬(규격: $8 \times 100 \times 100$)로 노출면을 피복하고 그 위에 이형철근($\phi 19$)을 200×200 형태로 덮어씌운 후 록볼트로 고정하고(록앵커 부분은 록앵커로 고정) 쇼크리트를 시공하였다.

쇼크리트사용재료는 포틀랜드 시멘트와 세골재($\phi 5mm$), 조골재($\phi 15mm$), 급결재이고 세골재와 조골재의 혼합비율은 6:4로 하였으며 급결재의 분량은 시멘트중량의 6% 이하로 하였다. 쇼크리트의 압축강도는 24시간 이내에 80kg/cm^2 이상으로 시공하고 28일 강도는 180kg/cm^2 이상으로 시공하였다.

본 현장에서와 같이 쇼크리트로 사면안정을 도모하는 현장에서는 쇼크리트만으로 시공하기 보다는 보다 적극적인 사면억지효과를 거두기 위해 록볼트나 록앵커를 함께 시공하는 경우가 많다. 따라서 안전율유지공법이면서 안전율증가법을 병용하는 경우라 하겠다. 이 사례에서의 록볼트와 록앵커공에 대한 효과는 제10.6절에서 자세히 설명하므로 그곳을 참조하기로 한다.

참고문헌

1. 경기도시공사(2011), 토목설계기준.

2. 김교원, 김상규, 우보명(1996), "붕적토 사면의 포행성 지반활동", '96년도 사면안정학술발표회 논문집, 한국지반공학회, pp.33~52.

3. 대한토목학회(1991), ○○아파트신축부지절개사면 안전성검토연구용역보고서.

4. 대한토목학회(2012), 우면산 산사태 원인 추가·보완 조사 용역 보고서.

5. 서울특별시 도시기반시설본부(2012), 우면산 산사태 예방사업 사면보강용역 설계보고서.

6. 한국도로공사(2009), 도로설계요령 및 산악지 도로설계매뉴얼.

7. 한국지반공학회(2011), 우면산 산사태 원인조사 및 복구대책수립 용역 최종보고서.

8. 한국토지공사(2006), 토목설계기준.

9. Jang, Y.S. et al.(1994), "A study on the landslides and their shape of failure in Yongin-Ansung county", Proceedings of the North-East Asia Symposium and Field Workshop on Landslides and Debris Flows, The Korean Geotechnical Society, pp.291~306.

10. Gillon, M.D. and Hancox, G.T.(1992), "Cromwell Gorge landslides-a general overview", Proc., 6th ISL, Christchurch, New Zealand, Feb. 1992, Vol.1, pp.83~102.

11. 六甲砂防事業所(2013), 六甲砂防事業所の事業概要.

안전율증가법에 의한 사면안정 사례

10 안전율증가법에 의한 사면안정 사례

10.1 절토공에 의한 사면안정 사례

그림 10.1은 부산시 수영구 망미동에 있는 수목보전지구 부근의 한 아파트단지 건설현장 평면도로 산림이 울창한 구릉지의 사면에 산사태 방지 대책 공법으로 절토공을 시공한 사례이다.[4] 그림 10.1에 도시된 바와 같이 이 수목지구를 둘러싸고 여러 동의 아파트를 건설하였으며 아파트단지 중앙에 위치한 구릉지 사면을 정지하고 중앙부 정상에 지하물탱크를 설치하였다.

그림 10.1(a)는 최초 설계된 사면의 등고선을 나타낸 도면이다. 원지형은 지형의 고저차가 20m 이상인 급경사지이며 수목이 울창한 지역이다. 정상부는 점토층 및 붕적층으로 구성되어 있으며 사면 선단하부에는 자갈층 및 풍화암층으로 구성되어 있다. 이러한 구릉지에 사면 기울기를 1:1로 하고 5m 높이마다 소단을 설치하여 사면을 설계·시공하였다.

그러나 1985년 5월 4일부터 3일간 274mm의 집중호우 시에 그림 10.1(b)에 도시되어 있는 바와 같이 대규모 사면파괴 및 사면변형이 발생하였다. 집중호우로 물탱크 좌측에서는 1~3m의 지반침하가 발생하였고 물탱크 우측에서는 1~10cm의 균열이 발달하였다. 또한 아파트 13동쪽으로는 사면붕괴가 발생하였다.

이 산사태에 대한 복구대책으로 그림 10.2(a)에서 보는 바와 같이 수목보전지구의 높이를 해발 85m에서 해발 55~65m 이하로 변경하였다. 절토공을 적용 시행한 이후의 복구 완성 후의 사면 전경은 그림 10.2(b)와 같다.

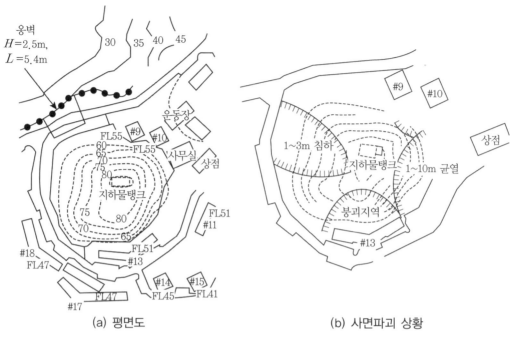

(a) 평면도   (b) 사면파괴 상황

그림 10.1 수목보전지구 부근의 아파트단지 건설현장

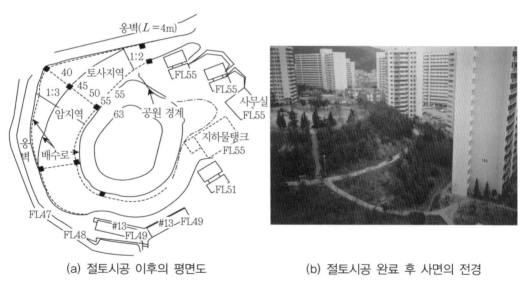

(a) 절토시공 이후의 평면도   (b) 절토시공 완료 후 사면의 전경

그림 10.2 절토공으로 복구한 사면

절토공에 의한 복구대책을 적용하여 복구작업을 실시한 전후의 절토사면 단면도는 그림 10.3과 같다. 지하물탱크가 설치된 정상부의 표고를 해발 85m에서 해발 63m로 변경하였고

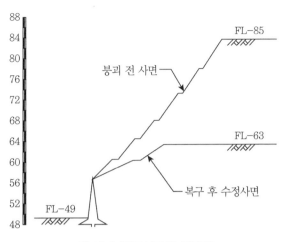

그림 10.3 절토사면의 단면도

사면구배를 1:2로 완만하게 조정한 후 인공수목림을 조성하였다.

10.2 옹벽에 의한 사면안정 사례

통상적인 옹벽공을 이용한 사면안정 사례는 매우 많다. 이들 사례 중 그림 10.4는 중력식 옹벽공 사례이고 그림 10.5는 앵커지지옹벽의 대표 사례이다.[3]

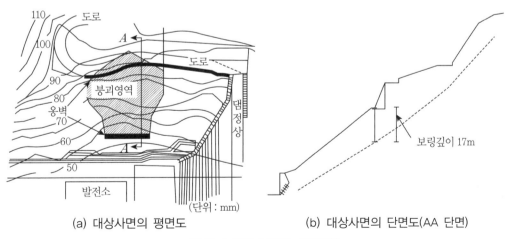

(a) 대상사면의 평면도   (b) 대상사면의 단면도(AA 단면)

그림 10.4 사례 지역의 상황도[3]

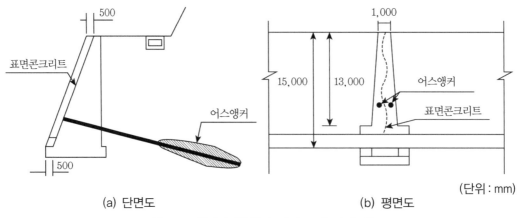

(a) 단면도   (b) 평면도

(단위 : mm)

그림 10.5 앵커지지옹벽의 평면도 및 단면도[3]

다목적댐인 충주댐의 하류우안사면과 댐우안의 연결도로 아래 콘크리트 옹벽이 높이 2.5~15m, 길이 80m로서 댐시공을 위한 가설도로로 시공되었다. 본 사면은 급경사가 50~60°인 협곡을 이루고 있고 옹벽 좌우단은 경암에 고착되어 있다. 그러나 상부옹벽은 협곡부 약 20m 구간에 걸쳐 15m의 버럭층 위에 중력식으로 시공되었다.

시공 도중 많은 양의 토석이 유입되어 붕적층을 이루고 있으며 암반이 노출되어 있고 풍화침식도가 낮아 자연수로의 발달이 미약하므로 집중호우 시 협곡을 통해 대부분의 우수가 유출되는 지역이다. 이 옹벽 하부 사면은 폭 50m, 길이 60m, 표고차 33m의 급사면을 이루고 있다. 하단부에는 높이 11m, 길이 40m의 옹벽이 설치되어 있고 그 옆에 발전소(지상 3층, 지하 3층)가 위치하고 있다(그림 10.4 참조).

하부옹벽과 사면이 1980년, 1981년 두해에 걸쳐 하절기 집중호우로 인해서 붕괴가 발생하였다. 즉, 1980년 7월 22일 호우로 인해 이들 두 옹벽 사이 경사면과 하부옹벽이 붕괴되었다. 이에 대한 복구대책으로 콘크리트 조경블록의 표면피복공을 실시하였다. 그러나 1981년 6월 말 또다시 산사태가 발생하여 콘크리트 조경블록이 모두 유실되고 상부옹벽의 2개소에 균열이 발생하였다.

1980년 7월 22일의 집중호우는 200년 빈도의 강우로 최대시간강우강도가 84.7mm, 1일 누적강우량이 209.1mm가 내림으로써 지표수가 우안하류 발전소 우측계곡으로 범람하여 파괴가 발생하였다. 1차 붕괴는 지표수처리에 대한 미비로 인하여 발생한 것이다. 즉, 배수용 측구가 산사태토사로 메워지면서 과다한 지표수가 사면으로 유출되어 사면토사가 유실되었다. 유입된 유수가 집수면적의 2배에 달해 급경사의 계곡을 토석류와 함께 미끄러지며 옹벽을 파괴시켰다.

2차 붕괴는 1차 붕괴 시 보강대책으로 시공된 콘크리트 조경블록으로 인하여 지하수처리가 용이하지 않아 발생하였다. 1981년 7월 111.6mm의 집중호우와 사고 당시 42.8mm의 호우로 인해 암반의 절리 및 발파 시 사면 틈새로 우수가 유입되었다. 그러나 콘크리트 조경블록으로 피복 시공한 사면부위가 지하로 유입된 지하수의 과포화상태를 유발하여 붕괴가 발생하였다.

본 지역은 협곡과 사면구배가 50~70°의 급경사를 이루고 있고, 특히 우안댐 정상부는 케이블 가동단 및 가설도로 공사 시 많은 양의 토석이 계곡에 유입 붕적되어 사면을 이루고 있다. 버럭층의 두께는 15~20m로 추정되고 현 지표면에서 경암층까지 두께는 3~17m로 추정된다. 본 지역은 암반이 노출되어 있고 풍화침식도가 낮아 자연수로의 발달이 미약하므로 집중호우 시 협곡을 통해 대부분의 우수가 유출되는 지역이다.

1차 붕괴에 대한 복구대책으로 하부옹벽을 재시공하고 콘크리트 조경블록으로 사면안정블록공을 실시하였다. 즉, 사면의 표면에 콘크리트 조경블록을 두께 20cm, 면적 1,880m²으로 설치하였으며 하부암반에는 앵커볼트를 보강한 후 하부옹벽을 높이 11m, 길이 40m로 재시공하였다.

한편 2차 붕괴에 대한 복구대책으로 다음과 같은 두 가지를 마련하였다.

① 상부옹벽 아래 경사면에는 콘크리트 조경블록을 제거하고 사면의 종방향과 경사방향으로 맹암거돌망태의 배수구와 나무말뚝(ϕ=150mm, L=3m) 180본을 설치하고 잣나무 아카시아 등으로 사면부 조경을 실시하였다. 이로서 지표수의 처리는 물론 지하수의 배수처리도 용이하게 하였다.
② 상부옹벽의 보강대책으로는 그림 10.5에 도시한 바와 같이 균열이 발생한 부위의 양쪽에 앵커를 설치하고 미관을 보호하기 위하여 균열부위 1~4m 폭 구간에 콘크리트 피복을 실시하였다. 옹벽공은 사면절개 시에 사면안정공으로 많이 사용되고 있으나 이상의 검토에서 알 수 있는 바와 같이 시공 후 문제가 발생하는 경우가 많이 있으므로 충분한 검토와 안정성 확보가 요구되는 바이다.

10.3 특수옹벽에 의한 사면안정 사례

그림 10.6은 부산시 북구 화명지구에 위치한 한 사면이 붕괴된 상태를 도시한 그림이다.[4]

이 사면의 선단에는 중력식 옹벽이 설치되어 있었다.

그러나 1991년 8월 22일 태풍으로 인한 집중호우로 인하여 일일강우량이 505.5mm를 기록하였다. 이로 인하여 그림 10.6에서 보는 바와 같이 옹벽 바로 위의 사면에서는 사면파괴가 발생하였으며, 그 위에서는 4m 깊이의 2개의 인장균열이 발생하였다.

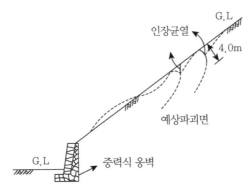

그림 10.6 부산 화명지구 사면붕괴 상황

사면붕괴 시 이 지역에 설치된 중력식 옹벽은 파괴되지 않았다. 그러나 옹벽 위의 사면파괴에는 억지역할을 하지 못하였다. 이 사면붕괴 지역을 복구하기 위해 특수옹벽인 지오셀을 그림 10.7과 같이 적용하였다.

그림 10.7은 붕괴사면을 지오셀 옹벽 설치로 복구한 사례이다.[20] 고속도로 건설 시 절개사면에 대하여 지오셀을 이용한 중력식 옹벽으로 보강하였다. 그림에서 보는 바와 같이 옹벽위의 사면은 설계 시 사면구배를 1:1.05가 되도록 계획되었으나 시공 시 사면구배를 수정하여 1:1로 하였으며 사면에는 2개의 소단을 두었다.

사면파괴가 발생한 사면에 대한 보강은 시공 완료 시점의 사면구배를 비교적 그대로 유지하도록 시공하였으며 시공이 완료된 원사면보다 사면상부를 낮추도록 하여 상재하중의 부담을 감소시켰다.

사면에 대한 보강대책은 그림 10.7에서 보는 바와 같이 지오셀 옹벽을 이용한 특수옹벽을 적용하였다. 이 옹벽은 당초의 옹벽배면에서 수평거리 1.3m 지점에 높이 12.8m로 시공되었다. 각각 5단의 지오셀를 설치하였고 옹벽의 법면 구배가 1:1.05가 되도록 보강하였다. 또한 옹벽표면의 표층부는 식생공으로 표면처리하였다. 한편 지오셀과 배면에는 배수성이 좋은 골재를 이용하여 뒤채움을 행히였다.

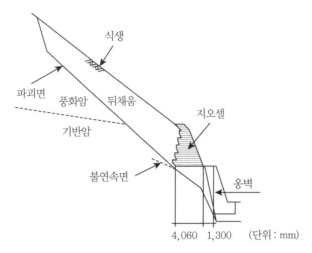

그림 10.7 지오셀을 적용한 사면보강 사례[12]

10.4 억지말뚝에 의한 절개사면안정 사례

억지말뚝공법은 활동토괴를 관통하여 사면활동면 하부지반까지 말뚝을 일렬로 설치함으로써 사면의 활동하중을 말뚝의 수평저항으로 지지하여 부동지반에 전달시키는 공법이다. 이러한 억지말뚝은 수동말뚝(passive pile)의 대표적 예 중에 하나로 활동토괴에 대하여 역학적으로 저항하는 공법이다.[6] 이 공법은 사면안전율증가 효과가 커서 일본과 미국 등의 외국에서는 예로부터 많이 사용되어오고 있다.[8,15] 특히 일본의 경우는 강관말뚝을 사용하여 산사태를 방지하려는 시도가 매우 활발하게 실시되고 있다.[13,14] 미국, 영국, 일본에서의 억지말뚝 시공 사례는 이미 제1.4절에서 설명한 바 있다. 우리나라에서도 최근 억지말뚝을 사용하는 횟수가 늘어나고 있는 경향이다.

억지말뚝공법은 타공법과 비교하여 지중 깊은 곳까지 활동이 발생하는 산사태의 경우에도 지중에 저항할 수 있는 구조물을 설치할 수 있다는 장점을 가지고 있다.

억지말뚝의 거동은 말뚝과 주변지반의 상호작용에 의하여 결정된다. 말뚝의 사면안정 효과를 얻기 위해서는 말뚝과 사면 둘 다의 안정성이 충분히 확보되도록 말뚝의 설치 위치, 간격, 직경, 강성, 근입 깊이 등을 결정하여야만 한다. 억지말뚝으로 사용되는 말뚝은 강관말뚝, H말뚝, PC말뚝, PHC말뚝 등을 들 수 있다. 최근에는 소구경 마이크로파일에서 대구경 현장타설말뚝(심초말뚝)까지 다양한 말뚝이 억지말뚝으로 사용되고 있다.

국내에서도 억지말뚝의 사면안정효과를 확인하기 위하여 현장계측을 실시하였으며, 이를 통하여 억지말뚝이 설치된 사면의 거동을 면밀히 조사·분석하였다.[10,11] 현장계측 결과 일정 간격의 줄말뚝으로 설치된 억지말뚝의 사면안정효과는 상당히 양호한 것으로 나타났다. 결과적으로 현장계측을 통하여 억지말뚝의 합리성을 충분히 확인할 수 있었다.

그림 10.8은 국내 한 택지조성공사 현장에서 억지말뚝으로 절개사면의 안정성을 얻을 수 있었던 한 사례이다.[2] 이 현장 적용 사례를 좀 더 자세히 설명하면 다음과 같다.

대한주택공시 부산덕천지구 택지개발 사업지구의 택지조성공사에서 단지 내 계획 평균 경사도를 1:1.5~1:2로 계획하였으나 동 지구가 지형상 급경사지로서 부산지방 특유의 토성, 잦은 사면붕괴 사고 등을 감안하여 단지 내 설계 사면은 물론 단지외 남측 상층부 자연사면에 대한 안정 검토가 요구되므로 현장답사 및 토질조사 등의 자료를 종합적으로 조사 분석하여 사면안정 여부를 검토하고 불안정사면에 대한 안정대책을 강구한다.

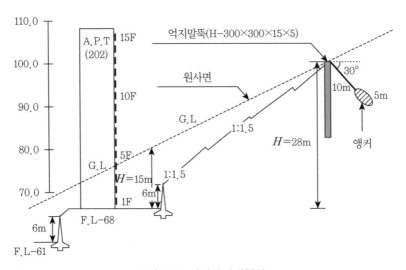

그림 10.8 사면안정대책안

본 지역의 토질 분포 상태는 토질조사 당시의 지표면하로부터 붕적토(점토와 전석 혼합층)에 이어 기반암의 풍화대인 풍화토 및 풍화암 그리고 기반암인 연암의 순으로 분포되어 있다.

특히 단지 내는 부지 정지로 인하여 절 성토가 병행되어 나가는 지역으로 부지 정리상 붕적토로서 고성토를 시행하는 경우가 있다. 붕적토층은 표층부에 과거 수차례에 걸쳐 상부지역에서 발생한 붕괴토사 운반, 퇴적된 조사지역의 최상부 지층으로서 실트 또는 점토질 흙에 자갈 및 전석을 함유한 상태의 혼합층이다. 지층의 두께는 0.8~8.0m로 지역에 따라 황갈색, 적갈색 및 회색의 토층이 혼재한 지층이다. N값은 5~50회 이상이다.

풍화토층은 기반암인 화강암이 풍화되어 생성된 잔적풍화대로 풍화 정도에 따라 풍화토와 풍화암으로 구분된다. 절리와 균열이 매우 발달해서 시료를 채취하여 강도를 결정하는 데 매우 어려움을 겪은 지층이다. 상부풍화토는 실트질 내지 실트질 점토의 풍화 잔류토로서 지층의 두께는 0.4~8.5m이고 풍화토의 색은 다양하여 회색, 황갈색, 흰색, 붉은색 등을 띠우고 있으며 지형적인 차이, 풍화 정도 그리고 단지 내에서는 부지 정리로 인한 절 성토에 따라 두께에 많은 변화를 보인다. N값은 4~46이다. 상부는 풍화토에 따라 연약한 상태를 보이다가 중 하부로 갈수록 견고한 지층을 형성하고 있다. 풍화 정도가 비교적 덜한 풍화암층은 풍화잔류암층으로서 지층의 두께는 1.4~6.5m로 황갈색을 띠우며 N값은 50회를 상회한다.

연암층은 토질조사 당시 지표면으로부터 0.0~18.0m 깊이에 형성 분포되어 있으며 시추 시 회수된 코아를 육안 관찰한 결과 화강암질 암으로 분류되나 지형적인 차이에 기인하여 분포심도에 많은 변화를 보여준다. 암의 절리 및 균열이 매우 발달되어 있어 코아의 상태도 저조함을 보인다.

단지 외곽 자연사면에 대하여는 갈수 시에는 모두 안전하나 우기시나 집중호우 시는 지하수위의 상승으로 소요안전율을 확보할 수 없게 된다. 보강대책으로는 300X300X10X15 H말뚝을 일정한 간격으로 일렬로 설치하는 다음의 두 가지공법을 생각할 수 있다. 이들 줄말뚝의 두부는 띠장으로 연결하여 암반층에 앵커를 지지시키며 말뚝길이는 연암층에 충분한 근입장을 가지도록 한다.

① 지하수위가 지표면에 도달한 경우에 대한 대책으로는 말뚝 간격을 0.8~1.0m 간격으로 일렬로 설치한다. 위치에 따라서는 말뚝을 1m 간격으로 3렬로 설치하기도 한다.
② 지하수위가 붕적토층 내에 존재하는 경우에 대한 대책으로는 말뚝 간격을 1.5m 간격으로 일렬로 설치한다.

특히 두 번째 경우, 즉 지하수위가 붕적토층 내에 존재하는 상황에 대한 설계를 택할 경우는 붕적토층 내의 지하수위가 지표면으로 높아지지 않도록 각별한 주의와 대책이 병행되어야 한다. 그러나 실제 현장에서는 공사가 완료된 후 지하수위를 관리하기란 그다지 용이하지 않다. 따라서 사면안정설계에서는 지하수관리를 할 수 없는 최악의 현장 상황을 고려함이 바람직하므로 지하수위가 지표면에 도달한 경우로 정함이 바람직하다.

말뚝설치공법은 항타공법보다 천공공법이 좋다. 우수의 지중침루를 방지하기 위해 자연사면 내에 배수로를 설치하여 표면배수를 시켜야 하며 침투된 지하수는 조속히 배출시킬 수 있도록 맹암거를 설치하여야 한다.

그림 10.8은 본 현장외곽 자연사면의 사면안정대책으로의 억지말뚝을 적용한 경우의 사면구배를 포함한 설계도면이다. 이 도면에서 보는 바와 같이 본 택지지구 외곽 경계부에 억지말뚝을 1열 설치하고(위치에 따라서는 3열 설치한다) 단지 내 사면구배를 1:1.5~1:2로 설계하였다. 그림 10.9는 이들 억지말뚝을 시공하는 사진이고 그림 10.10은 사면정지작업이 완료된 후의 사면 전경이다.

그림 10.9 억지말뚝 시공 과정   **그림 10.10** 억지말뚝 설치 완료 후 사면

10.5 억지말뚝에 의한 성토사면안정 사례

한국토지개발공사가 시행하고 있는 북평국가공단 조성사업 지구 내 철도주변에 조성된 고성토사면의 보강을 위한 초기설계에서는 그림 10.11에서 보는 바와 같이 상단사면에는 토목섬유 보강토 구조물이, 하단사면에는 모래자갈 치환공법이 적용되었고 사면 전체의 활동 방지를 위해 억지말뚝이 사용되었다.[5]

그러나 억지말뚝 및 하단사면 보강이 완료된 후 상단 사면보강 공법인 토목섬유 보강토 구조물을 시공하던 중 사면활동변위가 발생하였다. 상단 보강토 구조물은 우선 총높이 5m를 전

구간에 걸쳐 시공하는 기간 중에는 사면활동의 징후기 발견되지 않았다. 나머지 2m 높이의 토목섬유 보강토 구조물을 시공하는 시점에서 약 60m 길이 구간에 걸쳐 활동파괴가 발생하였다.

사면 상하단 변위 발생 위치와 사면단면을 도시하면 그림 10.11과 같다. 이 그림에 표시한 바와 같이 사면 상단 지표에 발생한 균열 위치는 사면정상에서 8~9m 내측 공단 쪽으로 떨어진 곳에 도로의 종방향으로 평행직선에 가깝게 한 줄로 나타나 있었으며 하부 지표에 발생한 균열은 사면 선단에서 3m 거리에 떨어진 철로 옆으로 발생하였다.

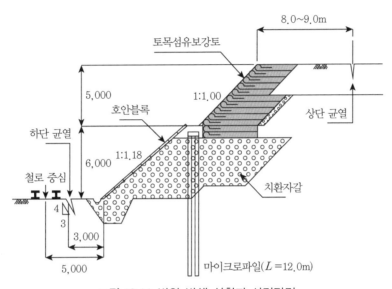

그림 10.11 변위 발생 상황과 사면단면

추가 토질조사 및 사면안정성을 검토한 결과 사면하부에는 초기 토질조사에서 파악하지 못한 연약 점성토층이 존재하고 있었으며 이들의 강도와 분포는 지점에 따라 크게 변화하는 불균일한 상태일 것으로 추정되었다.

변위발생 구간의 파괴면은 억지말뚝의 하단을 통과하고 있으며 변위 발생의 원인은 퇴적층 하부에 존재하는 N값 4~10의 비교적 연약토층 때문인 것으로 추정되었다.

변위 발생구간에 대한 보강대책은 그림 10.12에 정리해놓은 바와 같이 소단에 설치한 기존의 억지말뚝과 동일한 규격 및 배치 간격으로 하단사면의 중앙부에서 암반층 2m 심도까지 도달하는 억지말뚝을 추가 설치한다. 이들 억지말뚝을 추가 보강한 후의 사면안전율은 1.26으로 되어 향상되어 사면안정성을 만족하였다.

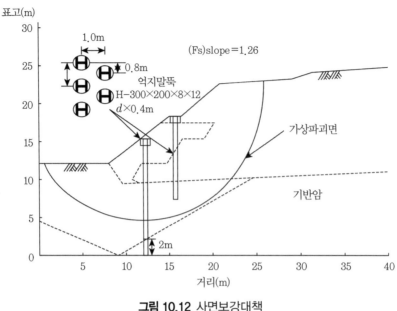

그림 10.12 사면보강대책

억지말뚝의 설치 방법은 먼저 천공 후 H말뚝을 삽입하고 H말뚝과 천공 사이의 공간을 시멘트 그라우팅으로 충진한다. H말뚝의 두부는 토압이 작용하는 쪽에 띠장을 대고 용접으로 부착시킨다. 억지말뚝 전후열의 말뚝 접합부를 동일한 규격의 H-형강으로 사지보재를 연결시켜 트러스 형태로 형성해야 한다.

10.6 록볼트와 록앵커에 의한 절개사면안정 사례

그림 9.7은 쇼크리트로 피복하여 절개사면 노출면의 풍화를 방지하고 록볼트와 록앵커로 사면안정을 확보하도록 시공한 사례였다.[1] 즉, 사면안정공법으로 사면안전율유지법과 사면안전율증가법을 함께 사용한 사례이다. 이 중 사면안전율유지법의 지표면보호용으로 적용한 쇼크리트공에 관한 사항은 이미 제9장에서 설명하였으므로 여기서는 사면안전율증가법으로 적용한 록볼트와 록앵커에 의한 사면안정공에 관하여만 설명하고자 한다.

본 현장은 아파트를 신축하기 위해 산지경사면을 절개하여[1] 그림 10.13과 같이 아파트 부지를 조성하였기 때문에 아파트 후면 전체와 좌우면 일부가 급경사의 절개사면 형태로 지언에 노출하게 되었다. 이 급경사면은 자연상태의 안전유지가 어렵고 상부토사의 흘러내림이나 암편의 붕락, 붕괴 등으로 향후 사면활동으로 발전하여 재해의 위험성을 내포하고 있다.

이러한 사면재해를 방지하기 위해서는 절개사면의 노출면을 쇼크리트만으로 피복하여 풍화를 방지하고 추가적인 저항력으로 증가시켜주기 전에는 향후의 사면안전성에 대한 걱정이 완전히 해소될 수가 없을 것이다.

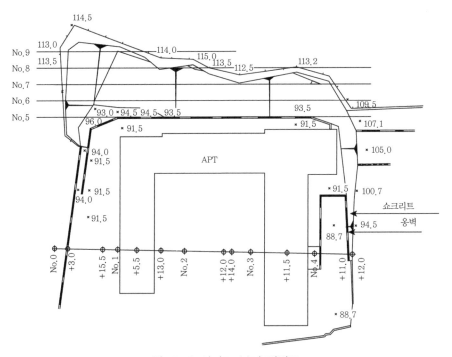

그림 10.13 아파트 부지 평면도

말할 것도 없이 쇼크리크에 의한 지표면보호공은 노출면을 피복함으로 인하여 풍화방지에는 효과적이지만 사면 자체의 역학적 안전성에는 반드시 안전하다고 말할 수 없는 단점이 있다. 즉, 절개사면의 안전성이 소요 안전성을 확보하고 있지 못하면 언젠가 또다시 절개면이 붕괴될 것이므로 보다 확실한 안전율증대공이 병행되어야 한다.

이와 같이 쇼크리트 피복공을 적용하는 대부분의 사면에는 사면토사의 흘러내림이나 암편의 붕락, 붕괴를 방지하기 위해 록볼트나 록앵커를 적용해야 한다.

본 현장에 사면안정공으로 적용한 대책공법의 시공과정을 상세히 설명하면 다음과 같다. 우선 사면안정 사면절개의 굴곡면을 따라 와이어매쉬(규격 : 8×100×100)를 노출면에 피복하고 그 위에 이형철근(φ19)을 200×200 형태로 덮어씌운 후 록볼트로 고정하고(록앵커 부분은 록앵커로 고정) 쇼크리트를 시공하였다.

록앵커에 비해 록볼트는 경암부위에서 절리나 균열이 비교적 없는 부분과 암괴 형태의 독립개소로 존재하는 부분 및 하단 옹벽 전 구간에 걸쳐 설치 시공하였다. 이 록볼트를 경암부분에서는 3m×3m 간격으로 종횡 등분포 간격으로 시공하였고 옹벽구간에서는 옹벽상단으로부터 1.0m 위치에 횡방향으로 2m 간격으로 1열 설치하였다.

절개사면 정상부에 노출된 암괴부분과 암굴착 시 발생된 균열부위에는 간격구분 없이 록볼트를 불규칙하게 배치 설치하였다. 록볼트의 표준규격은 직경 40mm로 천공하고 길이 3~4m의 이형철근(ϕ25mm)을 공내에 삽입한 후 급결재로 레진을 사용하였다. 또한 지압판으로는 300×300×10의 철판을 사용하였다(그림 10.14 참조).

한편 록앵커는 최상부 토사부분에서부터 경암부분까지의 구간으로 비교적 활동가능성이 높다고 판단되는 부분에 대해서만 설치하였다. 록앵커의 배치는 종방향으로 2m 간격 횡방향으로 3m 간격으로 시공하였으나 위험성이 높은 부분은 추가공을 실시하였다.

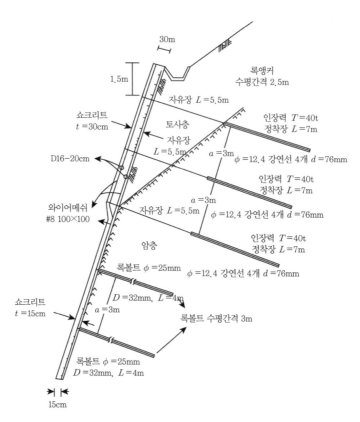

그림 10.14 록볼트와 록앵커에 의한 사면안정공 구조도

록앵커의 천공경은 76mm, 길이는 12m(자유장 5.0m, 정착장 7.0m)로 하였으며 앵커스트랜드는 직경 12.7mm의 강연선을 4가닥 사용하였으며 지압판은 $300 \times 300 \times 20$ 이상의 철판으로 허용인장력이 본당 40t이 되게 하였다(그림 10.14 참조).

배수구는 옹벽구간에서는 직경 50mm의 PVC파이프를 횡방향 간격 2m로 설치하였고 사면부위에 대해서는 직경 50~100mm 배수공을 50개소 설치하였다.

10.7 네일링에 의한 사면안정 사례

그림 10.15는 유료고속화도로 공사 중 기 시공된 절개사면 상단부 풍화암층 일부가 국부적으로 표면탈락되는 현상이 발생하였으며 이에 대한 대책으로 네일링공을 이용하여 복구한 사례이다.[9]

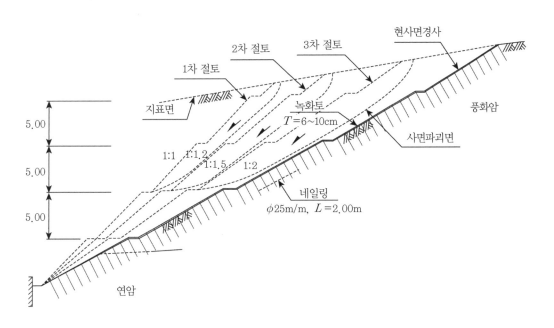

그림 10.15 네일링에 의한 사면보강 단면도

이 지역에서의 산사태는 1992.6.~1992.11. 사이에 발생하였으며 사면의 규모는 길이 220m, 높이 25~30m 사면구배는 1:1.2이며 토질조건에 따라 각각 연임 1:0.3, 풍화암 1:0.5, 토사

1:1.2의 사면구배로 절개시공되었다. 절개된 노출사면의 과다한 풍화작용으로 기반암의 절리 방향으로 국부적인 표면파괴가 자주 발생하였다.

본 사면에 대한 대책공으로는 절개사면의 국부적인 표면붕괴 발생을 억제하기 위해 절개사면구배를 1:2로 완만하게 시공하는 절토공과 향후 우수침투 및 동결 융해로 인한 풍화작용을 방지하기 위해 네일링공법을 적용하였다. 사면에는 록볼트로 보강하고 표면의 세굴현상을 막기 위해 연속장섬유를 혼합하여 녹화하는 녹화토공법을 적용하였다.

위험암괴를 제거하고 이완된 표면을 제거하기 위해 전 사면에 대해 절토공을 한 후 록볼트를 터널하행선 시점부 우측사면은 $1m^2$당 2개소, 길이 2.0m, 터널 하행선 종점부 우측사면은 $1m^2$당 2개소, 길이 3.0m, 터널 종점부 사면은 $1m^2$당 1.43개소, 길이 3.0m로 총 3,000개소에 설치 시공하였다. 록볼트는 이형철근($\phi25mm$)을 길이 2~3m로 하였으며 지압판은 $150 \times 150 \times 5$로 하였고 급결재로 레진을 사용하였다.

록볼트 시공 완료 후 법면 낙석방지 및 녹화토 부착의 용이성을 위해 와이어메쉬를 앵커핀, 착지판으로 결속하고 지압판을 와이어메쉬 상단에 체결하였다. 녹화토 두께는 사면구배가 완만하도록 전 지역에 걸쳐 두께가 6.0cm가 되도록 동일하게 시공하여 보강하였다.

10.8 앵커에 의한 사면안정 사례

그림 10.16은 안양시립도서관 신축공사부지 서측 암반절개사면에 산사태가 발생하여 앵커공을 적용하여 복구한 사례이다.[9]

본 지역의 도서관 부지의 정지표고는 해발 70m이고 절개사면이 위치한 서쪽의 산능선은 EL.135m 정도로써 매우 급한 사면경사를 이루고 있다(그림 10.16 참조).

본 절개사면은 중앙부에 소단 폭 5~9m로 도서관 부지 서쪽 상부사면에 산사태가 발생하여 신축중인 도서관 동쪽 비상계단이 탈착과 건물 일부가 완전파괴 및 부분적 파괴가 발생된 적이 있다.

본 지역은 수암봉(389m), 수락산(474.8m)를 잇는 험준한 산계가 발달되어 있고 제4가층인 충적퇴적암층이 넓게 분포하고 있다. 서측은 비교적 풍화작용에 대한 저항력이 강한 규암으로 구성되어 있으나 동측은 비교적 풍화작용에 약한 편암, 안구상편마암으로 구성되어 있다.

본 지역의 지층 분포는 지표로부터 붕적층, 풍화암 및 기반암 순으로 구성되어 있다. 붕적층은 실트질모래, 실트질점토 및 쇄석자갈로 구성되어 있고 절토구간 좌우측은 0.6~3.6m, 산사면은 0.5~0.7m로 분포하고 있다. 풍화암층은 주로 편마암, 편암 및 규암이 풍화작용을 받아 실트질모래, 실토질점토 및 소편으로 나타나고 있다. 또한 지표면하 14~14.05m, 19.5~19.66m 구간에 5~16cm의 단층점토가 협재되어 있다. 대체로 본 지역은 입체의 변성잔유물을 포함한 복잡한 변성퇴적암층으로 되어 있고 3상의 절리군과 2상의 엽리군으로 나타나고 있다.

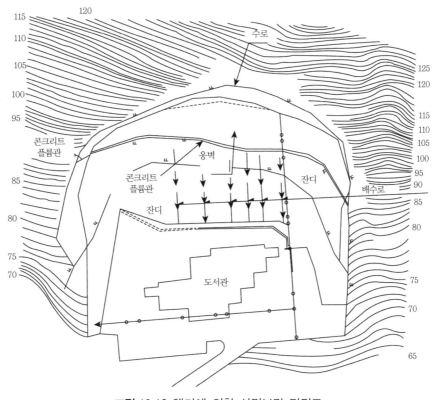

그림 10.16 앵커에 의한 사면보강 단면도

이와 같은 지층으로 구성된 본 절개사면의 주절리면 N78W/76SW을 따라 파괴가 발생된바 장기간의 강우 및 폭우로 인한 수압의 증가로 불연속면 내 협재된 점토광물의 전단력 감소가 주 원인이라 할 수 있다. 또한 높은 각도의 엽리면과 상호작용이 부수적으로 작용하였을 것으로 추측된다. 이에 대한 붕괴사면과 암반의 불연속면을 토대로 가상파괴면을 결정할 수 있다.

본 절개사면파괴에 대한 보강대책으로 L=120m, H=6~20m 옹벽을 설치하고 록앵커를

109공 및 배수공 34공(길이 30m)을 설치하였으며 록앵커는 107.8t의 설계인장력, 5도의 경사로 27m 천공되었다.

사면에 보강된 앵커의 단면은 그림 10.17과 같다. 또한 신축도서관과 인접한 하부사면의 사면구배는 1:2로 하였고 4~6m의 옹벽을 설치하였다. 옹벽설치구간의 하부의 사면은 경관조성을 고려하여 우수 등의 사면 내 침투로 인한 위험을 최소화할 수 있도록 측구 및 배수구 등의 배수시설을 하였다. 한편 표층처리공법으로 블록, 콘크리트격자블록을 설치하였다.

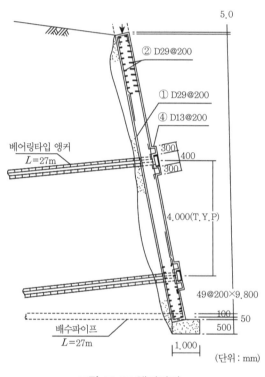

그림 10.17 앵커단면

10.9 고압분사주입공에 의한 사면안정 사례

그림 10.19는 주택단지 건축기초공사 중 여러 곳의 사면에 인장균열이 발생하여 고압분사주입공법을 이용하여 보강한 사례이다.[4,7] 1980년 9월 9일~12일 사이의 태풍에 의한 집중호우(시간강우강도 102㎜)와 장기석인 장마로 인하여 사면의 붕괴가 여러 곳에서 발생하였으

며 사면활동이 발생한 지역의 평면도는 그림 10.18(a)와 같다. 붕괴된 사면은 그림 10.18(a)에서 보는 바와 같이 잔적토층으로 구성된 원지반 위에 최대 15m, 최소 4m, 평균 12m로 성토한 인공사면이다.

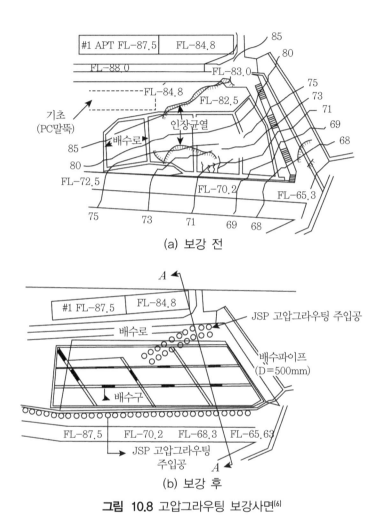

(a) 보강 전

(b) 보강 후

그림 10.8 고압그라우팅 보강사면[6]

사면의 파괴 형태는 그림 10.18(a)에서 보는 바와 같이 성토사면의 여러 개소에 침식 및 인장균열이 발생하였다. 또한 역T형 옹벽과 사면상단에 설치된 각종구조물, 아파트 앞 도로, 암거를 포함한 배수구조물, 석축 등의 파괴가 발생하였다. 성토재료는 느슨한 상태의 사질점토 및 점성토로 구성되어 있으며 부분적으로 자갈과 전석층을 함유하고 있다.

본 사면파괴에 대한 복구대책으로 U형 측구 및 맹암거를 격자 형태로 설계·시공하였으며 과잉성토층 일부를 제거하고 맹암거를 설치하였으며 다짐에 의해 강도를 증진시켰다(그림 10.19 참조). 또한 중요구조물인 아파트의 안전을 위해 고압분사주입공법을 도입하여 그림 10.18(b)에서 보는 바와 같이 주입공을 사면상단부에 2열로 총 66본을 시공하였으며 옹벽 하단부의 보강을 위해 1열로 90본을 설치하였다. 한편 옹벽구조물의 안정을 위해 옹벽하단부에도 고압분사주입공법을 이용하여 옹벽에서 발생하는 변위와 기초지반침하에 대해 저항하도록 하였다.

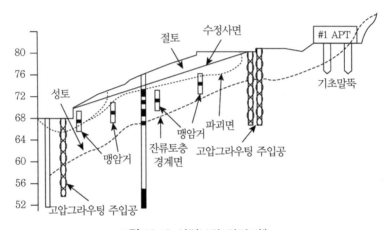

그림 10.19 사면보강 단면도[6]

참고문헌

1. 대한토목학회(1991), ○○아파트신축부지절개사면 안전성검토연구용역보고서.

2. 대한토질공학회(1989), 대한주택공사 부산덕천지구 사면안정검토 연구용역보고서.

3. 산업기지개발공사(1982), "'82 대청댐 우안옹벽 안전성검사 보고서".

4. 정상문(1994), "아파트부지 절개사면의 보강사례 연구", 중앙대학교 건설대학원 석사학위논문.

5. 한국지반공학회(1994), 북평 국가공단 철도주변 성토사면 보강공법에 대한 안정성 검토연구보고서.

6. 홍원표(1983), "수평력을 받는 말뚝", 대한토목학회지, 제31권, 제5호, pp.32~36.

7. 홍원표(2018), 산사태억지말뚝, 도서출판 씨아이알.

8. ASCE(1982), Application of walls to landslide control problems.

9. Hong, W.P. and Han, J.G.(1994), "Measures ti control landslides in Korea", Proc., the North-East Asia Symposium and Workshop on Landslides and Debris Flows(Pressession).

10. Hong, W.P. and Han, J.G.(1996), "The behavior of stabilizing piles installed in slopes", Proceedings of the 7th International Symposium on Landslides, Trondheim, Norway, Vol.3, pp.1709~1714.

11. Hong, W.P. et al.(1997), "Stability of a cut slope reinforced by stabilizing piles", Proceedings of the 14th International Conference on Soil Mechanics and Foundation Engineering, Hamburg, Germany, pp.1319~1322.

12. Hong, W.P.(1999), "Slope stabilization to control landslides in Korea", Geotechnical Engineering Case Histories in Korea, Special Publication to Commemorte the 11th ARC on SMGE, Seoul, Korea, pp.141~152.

13. Ito, T., Matsui, T. and Hong, W.P.(1981), "Design method for stabilizing piles against landslide-one row of piles", Soils and Foundations, JSSMFE, Vol.21, No.1, pp.21~37.

14. Ito, T., Matsui, T. and Hong, W.P.(1982), "Extended design method for multi-row stabilizing piles against landslides", Soils and Foundations, JSSMFE, Vol.22, No.1, pp.1~13.

15. 福本安正(1977), 地すべり調査報告書-地すべり工法(抗打)調査-, 新潟縣農林部治山課.

활동억지 시스템 보강 사면의 안정해석 프로그램

CHAPTER

11 활동억지 시스템 보강 사면의 안정해석 프로그램

제11장에서는 활동억지 시스템인 억지말뚝, 앵커, 쏘일네일링으로 보강된 성토사면 및 절개사면에 적용 가능하도록 개발한 SLOPILE(Ver 3.0) 프로그램을 설명한다.[7] 이 프로그램에서는 기본적으로 한계평형이론에 의한 평면파괴 및 원호파괴에 대한 사면안정해석이 가능하도록 하였다. 한편, SLOPILE(Ver 3.0) 프로그램의 설계 적용성을 검토하기 위하여 현재 범용적으로 사용되고 있는 TALREN[13] 및 SLOPE/W[10] 프로그램과 비교한다. SLOPILE(Ver 3.0) 프로그램은 억지말뚝, 쏘일네일링 및 앵커로 보강된 사면의 안정해석이 모두 가능하다. 그러나 TALREN 및 SLOPE/W 프로그램에서는 억지말뚝으로 보강된 사면의 안정해석이 불가능하므로 억지말뚝의 효과는 비교할 수가 없다.

11.1 서 론

산사태의 발생 요인은 내적 요인(잠재적 소인)과 외적 요인(직접적 유인)의 두 가지로 크게 나눌 수 있으며 이들 두 요인이 함께 구비되었을 때 비로소 산사태가 발생하게 된다. 즉, 내적으로 취약한 지질구조를 가지고 있는 사면에 강우 및 절토 등의 외적 요인이 가해질 경우 산사태가 발생되기 쉽다. 최근에 발생되는 대부분의 산사태는 구릉지와 산지개발에 따른 인위적인 유인에 의한 경우가 대부분이다. 따라서 산사태 발생을 방지할 대책을 마련하려면 이들 발생 요인을 잘 파악하여 이에 대한 효과적인 사면안정공법을 결정하여야 할 것이다.

최근에 우리나라에서도 산사태를 방지하고자 많은 사면안정공법이 채택·적용되고 있다. 그러나 효과적인 사면안정공법은 대상지역의 지질학적, 지형학적 및 지반공학적 특성에 따라 다를 수 있다. 그러므로 각 지역의 특성에 적합한 사면안정공법을 제안, 설계 및 시공할 필요가 있다.

종래의 사면안정공법으로는 경사면을 식물이나 블록으로 피복하여 강우에 의한 세굴을 방지하는 소규모의 공법이나 사면의 구배를 완만하게 하는 공법이 많이 사용되었다. 그러나 최근에 이르러서는 이들 공법으로 산사태를 방지시키기에는 한계가 있어 억지말뚝, 쏘일네일링, 앵커, 옹벽 등으로 사면의 저항력을 증대시키는 적극적인 공법이 많이 사용되고 있다. 이와 같이 사면의 저항력을 증대시키는 억지말뚝, 쏘일네일링 및 앵커를 활동억지 시스템으로 분류한다.[1]

제11장에서는 기존의 말뚝의 사면안정효과를 고려한 해석 프로그램인 CHAMP, SPILE 및 SLOPILE(Ver 2.0)을 개선하여 활동억지 시스템(억지말뚝, 앵커, 쏘일네일링)으로 보강된 성토 및 절개사면에 적용 가능한 범용 프로그램으로 개발한 SLOPILE(Ver 3.0) 프로그램을 설명한다.

이 프로그램에서는 기본적으로 한계평형이론에 의한 평면파괴 및 원호파괴에 대한 사면안정해석이 가능하도록 한다. 한편, 현재 사면안정해석 및 보강공법 설계 시 범용적으로 통용되고 있는 TALREN 및 SLOPE/W 프로그램과 비교 검토하여 SLOPILE(Ver 3.0) 프로그램의 안정성과 정확성을 확인하고, 활동억지 시스템으로 보강된 사면의 안정해석 시 SLOPILE(Ver 3.0) 프로그램의 우수성을 검토하고자 한다.

11.2 활동억지 시스템 보강 사면의 안정해석법

송영석(2004)은 최근 많이 적용되고 있는 억지말뚝, 쏘일네일링 및 앵커의 사면안정공법을 활동억지 시스템(earth retention system)이라고 정의하였다.[1] 활동억지 시스템은 사면의 저항력을 증가시키기 위하여 말뚝, 네일, 록볼트, 앵커 등을 사용하여 이들 재료의 전단, 휨, 인장, 압축 등의 역학적 저항특성을 이용하는 방법이다. 이들 역학적 저항력을 사면활동의 저항력에 부가시켜 통상적인 사면안정해석법을 적용하면 사면의 안정성을 검토할 수 있다. 이들 활동억지 시스템에 대한 일반적인 내용과 안정해석법은 요약하면 다음과 같다.

11.2.1 억지말뚝지지

억지말뚝공법은 사면의 활동토괴를 관통하여 부동지반까지 말뚝을 일렬로 설치함으로써 사면의 활동하중을 말뚝의 수평저항으로 받아 부동지반에 전달시키는 공법이다. 이러한 억지말뚝은 수동말뚝(passive pile)의 대표적인 예 중의 하나로서 활동토괴에 대하여 역학적으로 저항하는 공법이다. 이 공법은 사면안전율증가효과가 커서 우리나라에서도 최근에는 사용되는 횟수가 늘어가고 있다. 말뚝의 거동은 말뚝과 주변지반의 상호작용에 의하여 결정된다. 말뚝의 사면안정효과를 얻기 위해서는 말뚝과 사면 모두의 안정성이 충분히 확보될 수 있도록 말뚝의 설치 위치, 간격, 직경, 강성, 근입 깊이 등을 결정하여야만 한다. 억지말뚝으로 사용되는 말뚝으로는 강관말뚝, H말뚝, PC말뚝, PHC말뚝 등을 들 수 있다. 최근에는 Micropile을 사용하는 사례도 보고되고 있다(제8.4.2절 참조).

말뚝의 사면안정 효과를 얻기 위해서는 말뚝과 사면 모두의 안정성이 충분히 확보되도록 말뚝의 설치 위치, 간격, 직경, 강성, 근입 깊이 등을 결정하여야만 한다. 억지말뚝을 일렬로 사면에 설치하여 사면안정을 도모할 경우 억지말뚝으로 보강된 사면의 안전율 $(F_s)_{slope}$ 은 식 (11.1)과 같이 표현된다.

$$(F_s)_{slope} = \frac{F_r}{F_d} = \frac{F_{rs} + F_{rp}}{F_d} \tag{11.1}$$

여기서, F_r 과 F_d 는 사면의 저항력과 활동력이며, F_{rs} 는 사면파괴면의 전단저항력이고, F_{rp} 는 말뚝의 저항력이다.

만약 활동파괴면이 원호일 경우에는 식 (11.2)가 이용된다.

$$(F_s)_{slope} = \frac{M_r}{M_d} = \frac{M_{rs} + M_{rp}}{M_d} \tag{11.2}$$

여기서, M_r 은 저항모멘트, M_d 는 활동모멘트, M_{rs} 는 파괴면의 전단저항력에 의한 저항모멘트, M_{rp} 는 줄말뚝 반력에 의한 저항모멘트이다.

11.2.2 쏘일네일링지지

쏘일네일링공법은 절토면에서 수평하향방향으로 천공한 후 강봉(steel bar)을 삽입하여 보강된 지반을 일체화시켜 작용토압에 저항하도록 하는 공법이다. 시공방법은 소형천공기를 이용하여 천공한 후 철근을 삽입하고 시멘트 그라우팅을 실시하여 고결시킨 후 지표면부에 쇼크리트로 마감 처리하여 보강한다.

본 공법은 토사 혹은 풍화가 심한 암반사면에 사용이 가능하며 평면활동이 우려되는 곳에 주로 사용된다. 영구사면의 경우에는 네일의 부식 방지 대책이 필요하다. 장점은 시공이 간편하고, 소형장비로 시공이 가능하며 얕은 지표활동 억제가 가능하다. 단점으로는 추가적인 표면처리공법을 적용해야만 한다.

쏘일네일링의 사면안정효과를 얻기 위해서는 쏘일네일링과 사면 모두의 안정성이 충분하게 확보되도록 쏘일네일링의 설치 위치, 간격, 직경, 강성, 근입 깊이 등을 결정하여야만 한다. 쏘일네일링이 일렬로 설치되어 사면안정을 도모할 경우 쏘일네일링으로 보강된 사면의 안전율 $(F_s)_{slope}$은 식 (11.3)과 같이 표현된다.

$$(F_s)_{slope} = \frac{F_r}{F_d} = \frac{F_{rs} + F_{rn}}{F_d} \tag{11.3}$$

여기서, F_r과 F_d는 사면의 저항력과 활동력이며, F_{rs}는 사면파괴면의 전단저항력이고, F_{rn}는 쏘일네일링의 저항력이다.

위 식에서 F_r 및 F_d는 통상의 사면안정해석에서의 분할법에 의하여 구하여 진다. 만약 활동파괴면이 원호일 경우에는 식 (11.4)가 이용된다.

$$(F_s)_{slope} = \frac{M_r}{M_d} = \frac{M_{rs} + M_{rn}}{M_d} \tag{11.4}$$

여기서, M_r은 저항모멘트, M_d는 활동모멘트, M_{rs}는 파괴면의 전단저항력에 의한 저항모멘트, M_{rn}는 쏘일네일링에 의한 저항모멘트이다.

11.2.3 앵커지지

앵커공법은 고강도 강재(PC strand)를 앵커재로 하여 보링공 내에 삽입하고, 그라우팅 주입을 실시함으로써 앵커재를 지반에 정착시킨다. 앵커재 두부에 인발력(jacking force)을 가하고, 이를 정착지반에 전달하여 사면을 안정화시키는 공법이다.

앵커공법은 고강도의 강재를 사용하여 프리스트레스를 가한다는 점에서 공법의 특징이 있다. 프리스트레스를 가하는 장점은 정착된 구조물에 하중이 작용하는 경우 구조물의 변위를 영(zero)으로 하거나 혹은 미소하게 할 수 있는 점이다.

본 공법은 두꺼운 붕적토층 혹은 파쇄가 심한 풍화잔류토와 풍화암지역에 적합하며, 쐐기활동이 우려되는 지역에서 적합하다.

앵커의 사면안정효과를 얻기 위해서는 앵커와 사면 모두의 안정성이 충분하게 확보되도록 앵커의 설치 위치, 간격. 직경, 강성, 근입 깊이, 인장력 등을 결정하여야만 한다. 앵커가 일렬로 설치되어 사면안정을 도모할 경우 앵커로 보강된 사면의 안전율 $(F_s)_{slope}$은 식 (11.5)와 같이 표현된다.

$$(F_s)_{slope} = \frac{F_r}{F_d} = \frac{F_{rs} + F_{ra} + F_{rt}}{F_d} \tag{11.5}$$

여기서, F_r과 F_d는 사면의 저항력과 활동력이며, F_{rs}는 사면파괴면의 전단저항력이고, F_{ra}는 앵커의 저항력이며, F_{rt}는 앵커축방향 prestress에 대한 파괴면상의 전단저항력 증가분이다.

위 식에서 F_r 및 F_d는 통상의 사면안정해석에서의 분할법에 의하여 구해진다. 만약 활동파괴면이 원호일 경우에는 식 (11.6)이 이용된다.

$$(F_s)_{slope} = \frac{M_r}{M_d} = \frac{M_{rs} + M_{ra} + M_{rt}}{M_d} \tag{11.6}$$

여기서, M_r은 저항모멘트, M_d는 활동모멘트, M_{rs}는 파괴면의 전단저항력에 의한 저항모멘트, M_{ra}는 앵커체에 의한 저항모멘트이고 M_{rt}는 축방향 인장력에 의한 파괴면상의 저항력

증가분에 의한 저항모멘트이다.

11.3 해석 프로그램 개발

교대측방이동에 대한 안정해석이 가능한 CHAMP(Ver 1.0) 프로그램,[3,4] 말뚝으로 보강된 사면의 평면파괴해석이 가능한 SPILE(Ver 1.0) 프로그램[2,5]을 통합하고, 이를 Windows상에서 작업이 가능하도록 SLOPILE(Ver 2.0) 프로그램이 개발되었다.[6] 기존의 SLOPILE(Ver 2.0) 프로그램에서는 억지말뚝으로 보강된 절·성토사면 및 무한사면에 대하여 Fellenius법[9] 및 Bishop 간편법[8]을 이용한 원호파괴해석과 평면파괴해석이 가능하도록 개발되었다. 최근에도 SLOPILE(Ver 2.0) 프로그램을 이용하여 해석한 사례 연구가 있으며, 이를 통하여 프로그램의 합리성을 검증한 바 있다.[11,12] 이를 토대로 하여, 본 연구에서는 기존의 SLOPILE(Ver 2.0) 프로그램에서 억지말뚝뿐만 아니라 쏘일네일링 및 앵커로 보강된 사면의 안정해석이 가능하도록 수정하여 SLOPILE(Ver 3.0) 프로그램을 발전시킨다.

SLOPILE(Ver 3.0) 프로그램의 해석 흐름도는 그림 11.1과 같다. 먼저, 해석대상사면의 해석을 위해 전체 사면을 일정한 분활할소로 구분한 후 사면안정해석법을 선택한다. 그리고 설정된 사면안정해석법에 따라 평면파괴해석(무한사면해석)과 원호파괴해석으로 구분하여 실행되도록 하였다.

원호파괴면 해석법의 경우 가상원호활동면의 원점으로 예상되는 부분에 중심망을 작성하여 중심망의 각 절점을 중심점으로 한 무수한 가상원호활동면에 대하여 사면안전율 계산을 반복하여 최소사면안전율이 구해지는 원점과 가상원호활동면을 찾는다. 사면안전율계산은 한계평형원리에 입각한 절편법을 사용하였고, 각각의 가상원호활동면에 대하여 사면의 활동모멘트와 지반의 전단저항에 의한 저항모멘트를 계산하여 기억시킨다. 활동억지 시스템이 설치되어 있지 않으면 곧바로 활동모멘트와 저항모멘트로 사면안전율을 계산한다.[6] 그러나 활동억지 시스템에 의한 사면보강이 필요할 경우 억지말뚝, 앵커 및 쏘일네일링을 선정하여 이를 고려한 사면안전율을 계산한다.

만약 활동억지 시스템 가운데 억지말뚝이 설치되어 있으면, 먼저 줄말뚝에 작용하는 측방토압식을 사용하여 측방토압을 산정한다. 그 다음으로 원호활동면상부의 말뚝부분은 활동토괴로부터 측방토압을 받고 이 측방토압에 의하여 발생될 말뚝의 수평변위에 대하여, 말뚝이 지반으로부터 지반반력을 받도록 한다. 또한 말뚝머리와 선단의 구속조건을 고려하여 말뚝의 강성매트릭스를 작성한다. 말뚝의 휨응력과 전단응력 및 변위량을 계산하여 말뚝의 안전율을 계산한다. 만약 말뚝의 안전율이 소요안전율보다 낮으면 측압부가계수를 수정하여 말뚝의 측방토압을 줄여 계산을 반복한다. 이러한 작업을 말뚝의 안전율이 소요안전율 이내가 될 때까지 반복한다. 말뚝의 안전율이 소요안전율보다 크게 되면 말뚝의 안정에 사용한 측방토압을 사용하여 가상원호활동면의 원점을 기준으로 추가적인 저항모멘트를 구한다.[6]

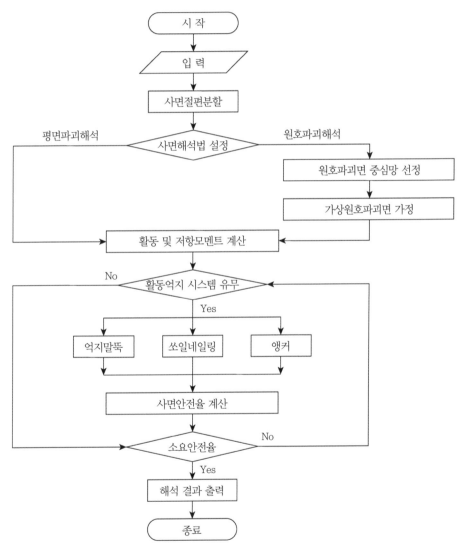

그림 11.1 SLOPILE(Ver 3.0) 프로그램의 해석흐름도

앵커 및 쏘일네일링의 경우도 마찬가지로 앵커 및 쏘일네일링의 안정성을 검토한 이후 가상원호활동면의 원점을 기준으로 추가적인 저항모멘트를 구한다. 사면안전율 계산 시 구하였던 사면파괴면에서의 전단저항에 의한 저항모멘트에 활동억지 시스템에 의한 저항모멘트를 가산하여 사면안전율을 계산하여 활동억지 시스템의 사면안정효과를 산정한다.

이러한 계산작업은 다른 가상원호활동면에 대하여도 반복 실시하여 한 원점에 대한 무수한 가상원호활동면 중 최소안전율을 가지는 활동면과 안전율을 구한다. 또한 이 원점을 중심망상의 각 절점으로 이동시키면서 동일한 계산을 반복한다.

11.4 기존 해석 프로그램과의 비교

11.4.1 TALREN

TALREN 프로그램은 사면안정해석 범용 프로그램 중의 하나로서 2차원 한계힘평형해석이 가능하며, 본 프로그램에 대한 원리 및 특징을 간략하게 정리하면 다음과 같다.[13]

(1) 개 요

TALREN 프로그램은 토체 내부의 구조와 응력에 대한 경험적 연구를 바탕으로 개발된 사면안정해석 전용 프로그램이다. 지반굴착이나 사면의 설계 시 실제의 파괴면 구조나 가상파괴면 구조를 대상으로 하여 안전율을 해석할 수 있으며, 수압과 진동에 관한 입력자료를 처리할 수 있다. 본 프로그램의 개발회사는 TERRASOL(France)이며, 적용범위는 Nail, Anchor, Brace, Reinforcing strip, Geotextile로 구성된 지반굴착, 보강토, 성토 및 사면안정 분야이다.[13]

(2) 기본 원리

TALREN 프로그램의 기본 원리는 사면이나 연직굴착 또는 보강토구조물의 설계 시 사면안정해석법의 고전적인 이론인 한계평형상태 해석을 실시하는 것이며 이에 대한 구체적인 방법으로서 Bishop 또는 Fellenius의 절편법을 이용하여 경사면과 원호면 또는 임의의 파괴면에 대한 활동토체의 평형을 고려하는 것이다.

사면안전율 F_s는 파괴면에 작용하는 전단력 τ에 대한 전단강도 τ_{max}의 비로 정의되며, 이때 지반정수에 대한 감소율 c/F_c와 $\tan\phi/F_\phi$이 해석 과정에서 고려된다. 여기서 F_c와 F_ϕ는 각각 점착력 c와 마찰계수 $\tan\phi$를 감소시키는 안전율 개념의 계수이다.

(3) 해석 가능 조건

연직분포하중(distributed load) 및 선하중(line load)에 대한 해석이 가능하며, Bishop 간편법 및 Fellenius법을 이용하여 상재하중으로 인한 원호파괴면상 모멘트의 증감해석이 가능하다. 진동하중은 토압, 간극수압에 따른 수평가속도와 흙, 물, 상재하중에 따른 수직가속도에 관련된 힘을 고려한 유사정적해석방법으로 적용된다.

파괴면을 따르는 수압을 계산하는 데 필요한 조건은 침윤선, 임의 점에서의 간극수압, 미세요소 유선분석에서 주어진 삼각형 mesh에 의한 간극수압, 각 토층에 대한 간극수압비이다.

(4) 해석 보강재

지반이 여러 가지 보강재에 의해 보강되었을 때 파괴면에서 요소에 작용하는 힘은 정적으로 평형상태를 유지하는 것으로 간주한다. 본 프로그램에서 각 보강재에 따라 고려해야 될 힘은 다음과 같다.

① 쏘일네일링 – 인장력과 전단력
② 앵커 – 인장력

11.4.2 SLOPE/W

(1) 개 요

SLOPE/W 프로그램은 GEO-SLOPE International LTD.(Canada)에서 개발되었으며,[10] 2차원 사면안정해석 프로그램이다. PC-SLOPE 프로그램의 후속 version으로 PC-SLOPE이 DOS 환경에서 운영되었던 것에 비하여, 이것은 그 운영체제를 WINDOWS 환경으로 변경한 것이다. 그러므로 그래픽 능력이 뛰어나 사용자가 데이터를 입력 및 검토하는 데 상당히 편리하게 되어 있다.

(2) 기본 원리

본 프로그램은 데이터 입력에 이용되는 'DEFINE', 문제의 수치해석을 수행하는 'SLOVE', 해석 결과를 시각적으로 볼 수 있게 해주는 'CONTOUR' 그리고 각종 자료들을 그래프로 보여주는 'GRAPH'로 구성되어 있다.

사면안정해석법은 한계평형상태의 해석을 수행하며, 본 프로그램에서 적용이 가능한 해석법은 Ordinary법, Fellenius법, Bishop 간편법, Janbu 간편법, Spencer법, Morgenstern-Proce법, GLE법 등이 있다.

(3) 해석 가능 조건

사용자가 지정한 가상활동면의 안전율을 구하거나 임의 발생에 의한 가상활동면을 구할 수 있으며, 여러 해석법을 동시에 사용할 수 있다. 절편 사이의 힘, 즉 절편력에 가정을 실시하고 이러한 가정들이 비선형 안전율 방정식을 만들어내면 프로그램은 활동면에서 절편과 관련된 몇가지 힘들이 수렴될 때까지 반복하여 계산하게 된다.

또한 전단강도에서 Bilinear 전단강도 포락선이 이용될 수 있으며, 불포화 흙에 대해서는 확장된 Mohr-Coulomb 파괴포락선을 이용할 수 있다. 또한 부분적으로 사면이 물에 잠겼을 경우나 인장균열, 사면이 물에 완전히 잠겼을 경우의 해석도 가능하다.

이 경우에 간극수압을 고려하는 방법은 여러 가지 방법을 사용함으로써 물에 대한 영향도 비교적 현실적으로 고려될 수 있다.

한편, 지표면의 등분포하중 및 집중하중에 대한 해석이 가능하며, 지진하중도 고려할 수 있도록 되어 있다. 그리고 활동면의 형상은 원호활동, 평면활동, 복합활동 중 선택 사용이 가능하다.

한편, SEEP/W(침투해석), SIGMA/W(유한요소해석)의 프로그램과 연계한 해석이 가능하도록 되어 있다.

(4) 해석 보강재

본 프로그램에서는 앵커, 네일 및 보강토에 대한 해석이 가능하다.

11.4.3 해석 결과의 비교

SLOPILE(Ver 3.0) 프로그램과 현재 범용적으로 사용되고 있는 TALREN 프로그램 및 SLOPE/W 프로그램을 비교·검토하였다. 표 11.1은 SLOPILE(Ver 3.0), TARLEN 및 SLOPE/W를 비교한 결과이다.

표 11.1 사면안정해석 결과 비교

구분		SLOPILE(V3.0)	TALREN	SLOPE/W
개발 국가		한국	프랑스	캐나다
사용성(한글지원)		○	×	×
WINDOWS 호환성		○	○	○
평면파괴해석		○	○	○
원호파괴해석	Fellenius법	○	○	○
	Bishop 간편법	○	○	○
예상활동면 제어 가능		○	○	×
지하수위 설정 여부		○	○	○
상재하중 고려 가능		○	○	○
억지말뚝	휨해석	○	×	×
	거동해석	○	×	×
	활동면지반반력 고려	○	×	×
	간격비 고려 (준3차원 해석)	○	×	×
쏘일네일링	네일작용력 계산	○	○	×
	수평/수직 간격	○	○	×
앵커	주면마찰력 고려	○	○	○
	수평/수직 간격	○	○	○
교대기초말뚝	거동 해석	○	×	×
	교대변위 제어	○	×	×
	축하중 고려	○	×	×

이 표에서 보는 바와 같이 SLOPILE(Ver 3.0) 프로그램은 국내에서 개발된 것으로 국내기술력을 축적할 수 있으며, 이를 토대로 사면안정해석에 대한 계속적인 발전을 기대할 수 있게 되었다. 그리고 모든 명령어와 입력자료가 한글로 되어 있어 프로그램에 대한 이해와 사용성이 우수함을 알 수 있다.

SLOPILE(Ver 3.0), TARLEN 및 SLOPE/W 프로그램에서 사면안정해석법은 평면파괴, 원호파괴 및 복합파괴에 대한 해석이 가능하며, SLOPILE(Ver 3.0), TARLEN 프로그램에서는 사면활동면을 임의로 지정할 수 있는 기능이 있다. 그리고 SLOPILE(Ver 3.0), TARLEN 및 SLOPE/W 프로그램에서 상재하중 및 지하수위를 모두 고려할 수 있도록 되어 있다.

앵커로 보강된 사면의 경우 SLOPILE(Ver 3.0), TARLEN 및 SLOPE/W 프로그램에서 앵커의 정착장에서의 주면마찰력, 앵커의 설치 간격 및 설치 각도를 모두 고려할 수 있도록 되어 있다. 따라서 SLOPILE(Ver 3.0), TARLEN 및 SLOPE/W 프로그램은 앵커로 보강된 사면을 해석하는 데 적합함을 알 수 있다.

쏘일네일링으로 보강된 사면의 경우 SLOPILE(Ver 3.0), TARLEN 프로그램에서는 해석이 가능하지만 SLOPE/W 프로그램에서는 해석이 불가능하다. SLOPE/W 프로그램의 매뉴얼에서는 네일의 해석이 가능하다고 되어 있으나, 실제 프로그램상에서 네일에 대한 입력항이 존재하지 않는 것으로 나타났다.

SLOPILE(Ver 3.0), TARLEN 프로그램에서는 네일의 간격 조절이 가능하며, 네일에 발생되는 저항력의 계산이 가능하다. 따라서 SLOPILE(Ver 3.0) 및 TARLEN 프로그램은 쏘일네일링으로 보강된 사면의 해석하는 데 적합함을 알 수 있다.

말뚝으로 보강된 사면의 경우 SLOPILE(Ver 3.0) 프로그램에서는 해석이 가능하지만, TALREN 및 SLOPE/W 프로그램에서는 해석이 불가능하다. TALREN 프로그램의 매뉴얼에서는 말뚝의 해석이 가능하다고 되어 있으나, 실제 프로그램상에서 말뚝에 대한 입력항이 존재하지 않는 것으로 나타났다. SLOPILE(Ver 3.0) 프로그램에서는 말뚝의 휨해석이 가능하고, 해석 결과로 말뚝의 거동을 알 수 있다. 그리고 말뚝의 간격비를 조절할 수 있으므로, 준3차원의 해석이 가능하도록 되어 있다. 한편 교대기초말뚝의 해석도 가능하도록 되어 있다. 교대기초말뚝의 거동, 교대변위를 제어한 해석 등이 가능하므로 합리적인 교대의 설계가 가능하다.

기존 SLOPILE(Ver 2.0) 프로그램을 이용하여 억지말뚝 및 교대기초말뚝에 대한 해석 및 설계 사례를 통하여 이미 본 프로그램에서 말뚝해석에 대한 검증이 완료된 상태이다.

이상의 결과를 정리하면 SLOPILE(Ver 3.0) 프로그램은 억지말뚝, 쏘일네일링 및 앵커로 보강된 사면의 안정해석이 모두 가능하지만, TALREN 및 SLOPE/W 프로그램에서는 억지말뚝으로 보강된 사면의 안정해석이 불가능함을 알 수 있다. 따라서 활동억지 시스템인 억지말뚝, 쏘일네일링 및 앵커로 보강된 사면에 대한 안정해석이 가능한 컴퓨터 프로그램은 SLOPILE(Ver 3.0) 프로그램뿐임을 알 수 있다.

SLOPILE(Ver 3.0) 프로그램의 정확도를 확인하기 위하여 동일한 해석단면을 대상으로 SLOPE/W 프로그램과 TARLEN 프로그램을 이용한 해석을 수행하여 비교해본다.[7] 즉, 동일한 단면에 동일한 활동억지 시스템을 적용하였을 경우 SLOPILE(Ver 3.0) 프로그램, SLOPE/W 프로그램 및 TARLEN 프로그램을 적용하여 해석한 결과를 서로 비교·검토하였다. 억지말뚝에 대한 해석은 SLOPE/W 프로그램 및 TARLEN 프로그램에서 불가능하므로 쏘일네일링 및 앵커에 대한 해석만을 수행하였다.

그림 11.2는 해석단면을 나타낸 것으로서 국내의 일반적인 도로절개사면의 예를 나타낸 것이다.[7]

이 그림에서 살펴보면 무보강 시, 쏘일네일링 보강 시 및 앵커보강 시로 구분하여 나타내었다. 해석단면에 적용된 지반의 물성치와 쏘일네일링 및 앵커의 입력자료는 일반적으로 사용되는 값을 이용하였으며, 이를 정리하면 표 11.2 및 표 11.3과 같다.

표 11.2 지반의 물성치

구분	$c(\text{t/m}^2)$	$\phi(°)$	$\gamma_t(\text{t/m}^3)$	$\gamma_{sat}(\text{t/m}^3)$
토사층	2	30	1.9	2.0
리핑암층	5	32	2.1	2.2
발파암층	20	35	2.4	2.5

표 11.3 쏘일네일링과 앵커의 입력자료

구분	수평간격	설치 각도	설치 길이	인장강도	천공직경	강선수 및 직경
쏘일네일링	1.5m	20°	10m	7.5ton	0.1m	–
앵커	5.0m	25°	자유장 8m, 정착장 8m	11.22ton/본	0.1m	4본, 0.0127m

그림 11.3은 SLOPILE(Ver 3.0) 프로그램을 이용하여 해석한 결과이고, 그림 11.4는 TARLEN 프로그램을 이용하여 해석한 결과이며, 그림 11.5는 SLOPE/W 프로그램을 이용하여 해석한 결과이다. SLOPE/W 프로그램에서는 쏘일네일링에 대한 해석이 불가능하므로 이를 제외시켰다.

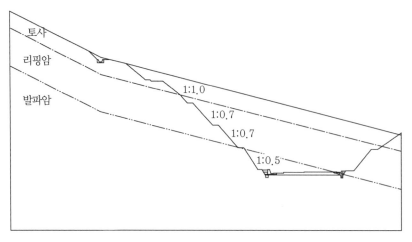

(a) 무보강 시

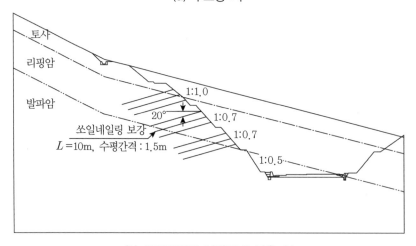

(b) 쏘일네일링 보강공법 적용 시

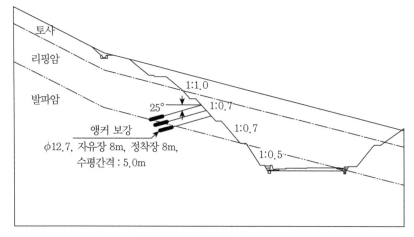

(c) 앵커 보강공법 적용 시

그림 11.2 사면안정해석 단면도

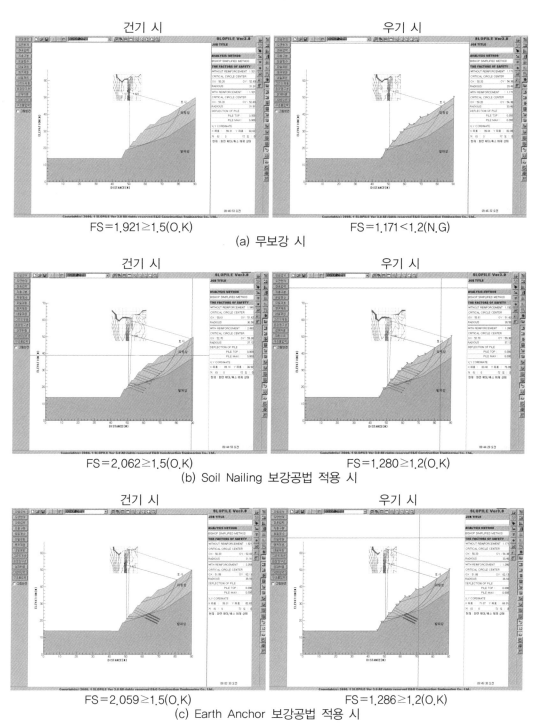

건기 시   우기 시

FS=1.921≥1.5(O.K)   FS=1.171<1.2(N.G)

(a) 무보강 시

건기 시   우기 시

FS=2.062≥1.5(O.K)   FS=1.280≥1.2(O.K)

(b) Soil Nailing 보강공법 적용 시

건기 시   우기 시

FS=2.059≥1.5(O.K)   FS=1.286≥1.2(O.K)

(c) Earth Anchor 보강공법 적용 시

그림 11.3 SLOPILE(Ver 3.0) 프로그램 결과

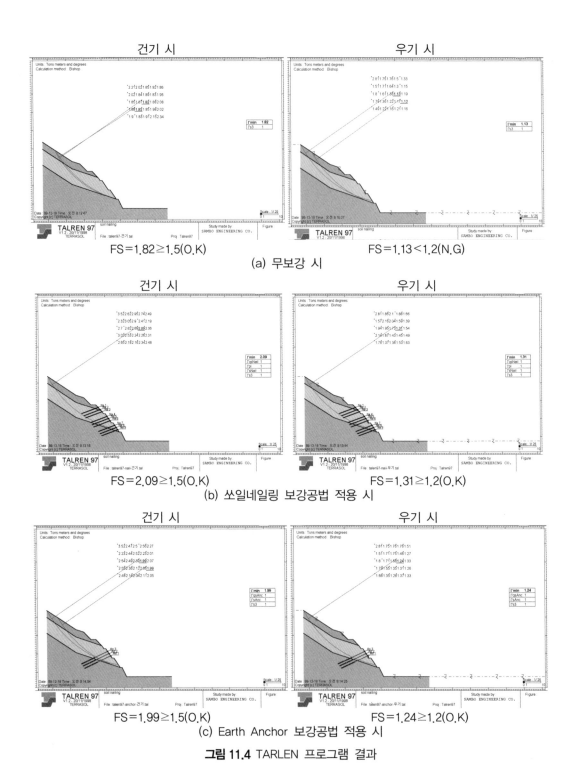

FS=1.82≥1.5(O.K)   FS=1.13<1.2(N.G)

(a) 무보강 시

FS=2.09≥1.5(O.K)   FS=1.31≥1.2(O.K)

(b) 쏘일네일링 보강공법 적용 시

FS=1.99≥1.5(O.K)   FS=1.24≥1.2(O.K)

(c) Earth Anchor 보강공법 적용 시

그림 11.4 TARLEN 프로그램 결과

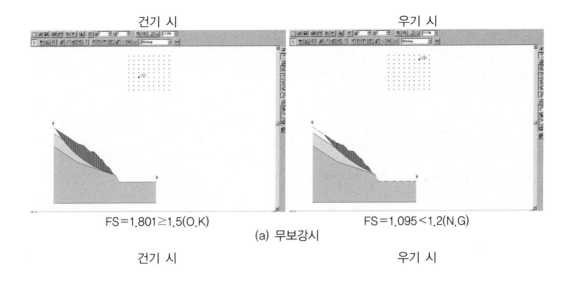

건기 시   우기 시

FS=1.801≥1.5(O.K)   FS=1.095<1.2(N.G)

(a) 무보강시

건기 시   우기 시

–   –

(b) 쏘일네일링 보강공법 적용 시

건기 시   우기 시

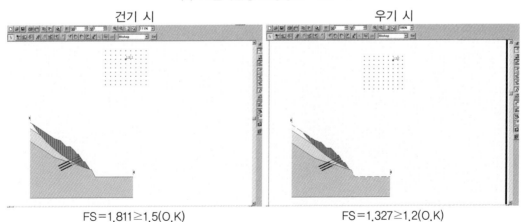

FS=1.811≥1.5(O.K)   FS=1.327≥1.2(O.K)

(c) Earth Anchor 보강공법 적용 시

그림 11.5 SLOPE/W 프로그램 결과

표 11.4는 이들 해석 결과를 비교하여 나타낸 것이다. 이 표에서 보는 바와 같이 SLOPILE (Ver 3.0)(프로그램)은 기존 프로그램과 비교하여 무보강 시 사면안전율은 최대 0.1 정도의 오차를 나타내고 있고, 쏘일네일링 보강 시 사면안전율은 최대 0.03 정도의 오차를 나타내고 있으며, 앵커 보강 시 사면안전율은 최대 0.25 정도의 오차를 나타내고 있다. 그리고 SLOPILE (Ver 3.0) 프로그램과 TARLEN 프로그램의 해석 결과는 유사하며, SLOPE/W 프로그램은 사면안전율을 약간 과소산정하는 것으로 나타났다. 따라서 본 연구를 통하여 개발된 SLOPILE (Ver 3.0) 프로그램을 기존 프로그램과 비교한 결과 오차가 미소하므로 SLOPILE(Ver 3.0) 프로그램에 대한 해석 결과의 안정성과 정확성을 확인할 수 있다.

표 11.4 사면안전율 해석 결과의 비교

프로그램	조건	무보강	쏘일네일링	앵커
SLOPILE(Ver 3.0)	건기 시	1.92	2.06	2.06
	우기 시	1.17	1.28	1.29
TARLEN	건기 시	1.82	2.09	1.99
	우기 시	1.13	1.31	1.24
SLOPE/W	건기 시	1.80	–	1.81
	우기 시	1.10	–	1.33

참고문헌

1. 송영석(2004), 활동억지시스템으로 보강된 사면의 설계법, 중앙대학교 대학원 박사학위논문, pp.1~15.

2. 홍원표(1991), "말뚝을 사용한 산사태 억지공법", 한국지반공학회논문집, 제7권, 제4호, pp.75~87.

3. 홍원표, 이우현, 안종필, 남정만(1991), "교대기초말뚝의 안정", 대한토질공학회지, 제7권, 제2호, pp.67~79.

4. 홍원표, 권오현, 한중근, 조성한(1994), "연약지반상 교대의 측방이동에 관한 연구", 한국지반공학회논문집, 제10권, 제4호, pp.53~65.

5. 홍원표(1997), 흙사면 보강, 사면안정, 지반공학시리즈 5, 한국지반공학회, pp.245~280.

6. 홍원표(1999), "말뚝이 설치된 사면의 안정해석 프로그램", 사면안정위원회 학술발표회 논문집, 한국지반공학회, pp.33~66.

7. 홍원표, 송영석(2006), "활동억기시스템으로 보강된 사면의 안정해석 프로그램 개발", 대한지질공학회논문집, 제16권, 제1호, pp. 45~58.

8. Bishop, A. W.(1955), "The use of slip circle in the stability analysis of slopes", Geotechnique, Vol.5, pp.7~17.

9. Fellenius, W.(1936), "Calculation of stability of earth dams", Trans., 2nd International Congr. Large Dams, 4, p.445.

10. GEO-SLOPE(2002), SLOPE/W for slope stability analysis, Geo-Slope International LTD.

11. Hong, W. P., Song, Y. S. and Lee, S. J.(2001), "A case study on lateral movement of bridge abutment", Proceedings of the 11th International Offshore and Polar Engineering Conference (ISOPE-2001), Stavanger, Norway, pp.607~614.

12. Hong, W. P., Song, Y. S., Shin, D. S., Lee, S. J.(2002), "The Use of Piles to stabilize a cut slope in soft ground", Proceeding of 12th Internatinal Offshore and Polar Engineering Conference (ISOPE-2002), Kitakyushu, Japan, pp.820~826.

13. TERRASOL,(1997), TALREN 97 program for the stability analysis of geotechnical structures, TERRASOL Geotechnical Consultants.

Bishop 도표

어스댐의 안정계수(Stability coefficients) m과 n
$F = m - nr_u$

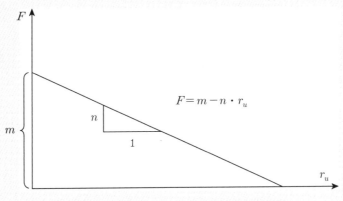

그림 5.35 사면안전율과 간극수압비의 관계

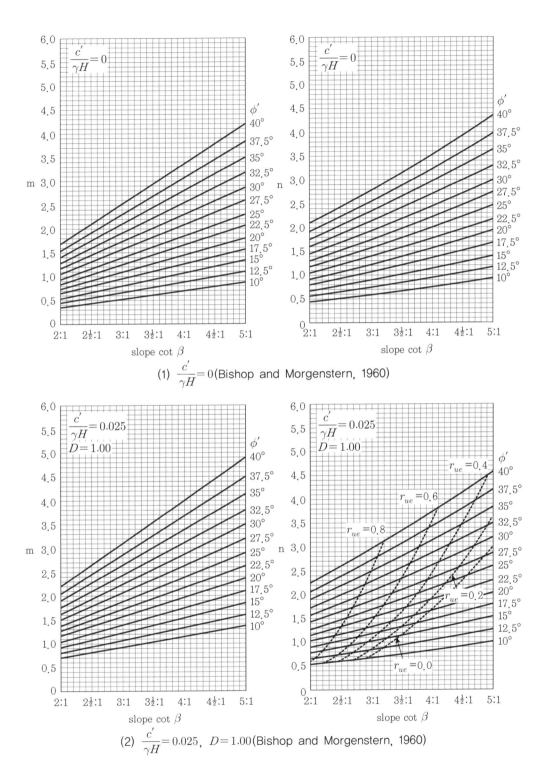

(1) $\dfrac{c'}{\gamma H}=0$(Bishop and Morgenstern, 1960)

(2) $\dfrac{c'}{\gamma H}=0.025$, $D=1.00$(Bishop and Morgenstern, 1960)

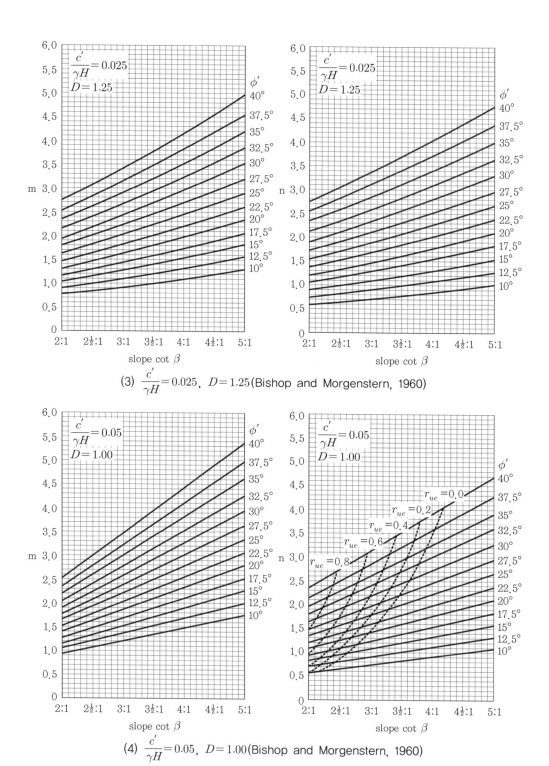

(3) $\dfrac{c'}{\gamma H} = 0.025, \quad D = 1.25$ (Bishop and Morgenstern, 1960)

(4) $\dfrac{c'}{\gamma H} = 0.05, \quad D = 1.00$ (Bishop and Morgenstern, 1960)

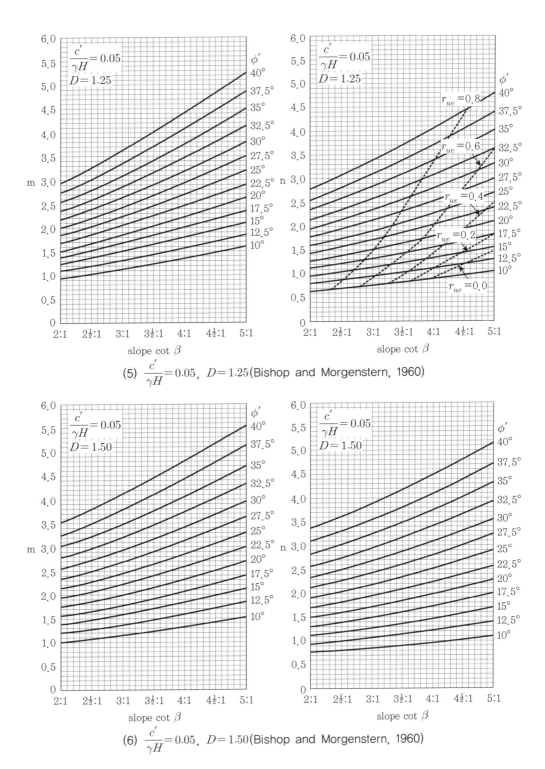

(5) $\dfrac{c'}{\gamma H} = 0.05$, $D = 1.25$(Bishop and Morgenstern, 1960)

(6) $\dfrac{c'}{\gamma H} = 0.05$, $D = 1.50$(Bishop and Morgenstern, 1960)

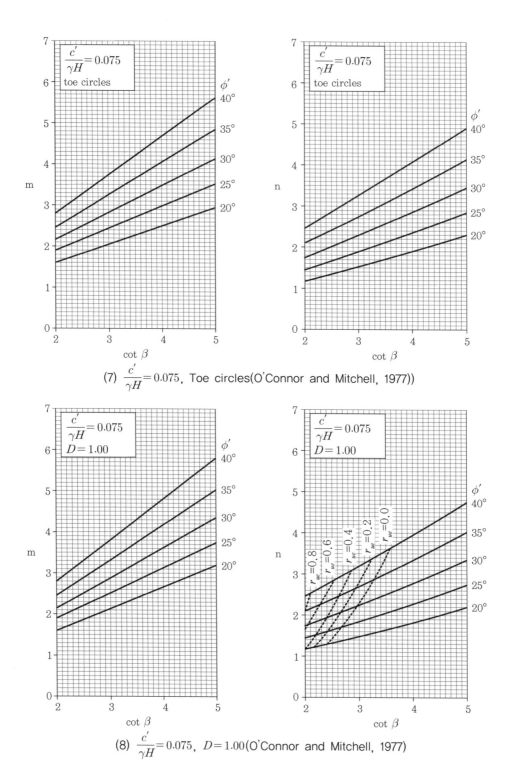

(7) $\dfrac{c'}{\gamma H} = 0.075$, Toe circles(O'Connor and Mitchell, 1977))

(8) $\dfrac{c'}{\gamma H} = 0.075$, $D = 1.00$(O'Connor and Mitchell, 1977)

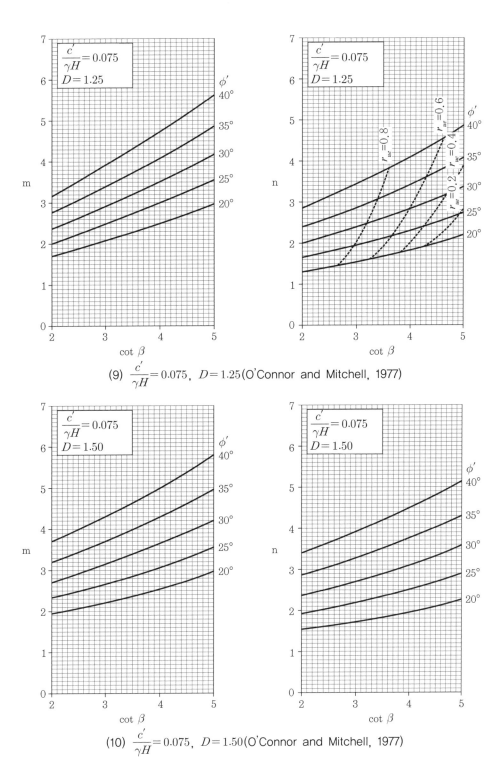

(9) $\dfrac{c'}{\gamma H} = 0.075$, $D = 1.25$(O'Connor and Mitchell, 1977)

(10) $\dfrac{c'}{\gamma H} = 0.075$, $D = 1.50$(O'Connor and Mitchell, 1977)

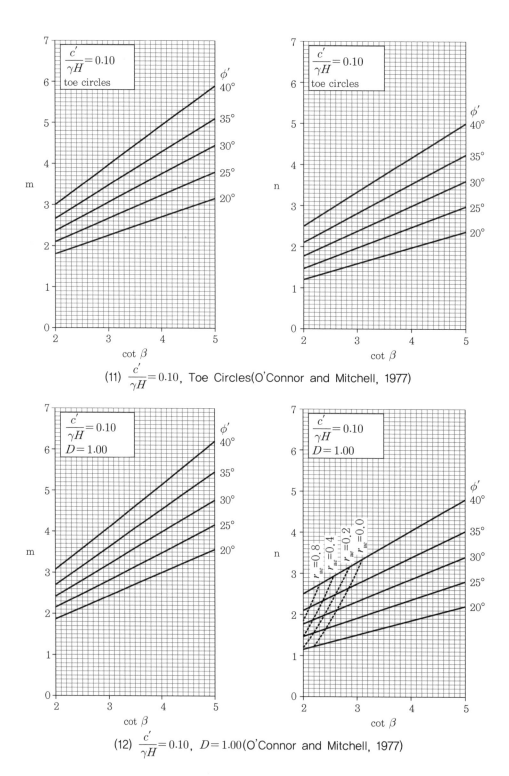

(11) $\dfrac{c'}{\gamma H}=0.10$, Toe Circles(O'Connor and Mitchell, 1977)

(12) $\dfrac{c'}{\gamma H}=0.10$, $D=1.00$(O'Connor and Mitchell, 1977)

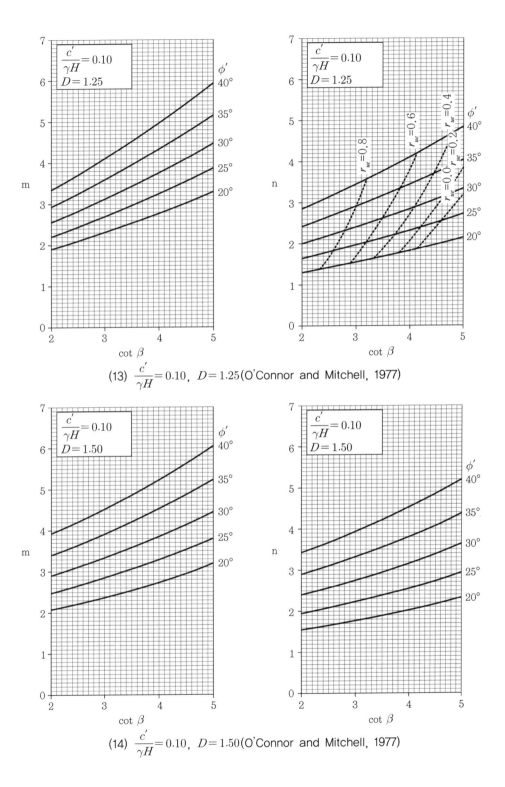

(13) $\dfrac{c'}{\gamma H} = 0.10$, $D = 1.25$(O'Connor and Mitchell, 1977)

(14) $\dfrac{c'}{\gamma H} = 0.10$, $D = 1.50$(O'Connor and Mitchell, 1977)

참고문헌

1. Bishop, A.W. and Morgenstern, N.(1960), "Stability coefficients for earth slopes", Geotechnique, Vol.10, No.4, pp.129~150.
2. O'Connor, M.J. and Mitchell, R.J.(1977), "An extension of the Bishop and Morgenstern slope stability charts", Canadian Geotechnical Journal, Vol.14, No.1, pp.144~151.

찾아보기

사면안정

초판인쇄 2019년 11월 20일
초판발행 2019년 11월 27일

저 자 홍원표
펴 낸 이 김성배
펴 낸 곳 도서출판 씨아이알

책임편집 박영지
디 자 인 윤지환, 박영지
제작책임 김문갑

등록번호 제2-3285호
등 록 일 2001년 3월 19일
주 소 (04626) 서울특별시 중구 필동로8길 43(예장동 1-151)
전화번호 02-2275-8603(대표)
팩스번호 02-2265-9394
홈페이지 www.circom.co.kr

I S B N 979-11-5610-794-1 (94530)
979-11-5610-792-7 (세트)
정 가 23,000원